普通高等教育中医药类"十三五"规划教材
全国普通高等教育中医药类精编教材

高 等 数 学

（第 2 版）

（供中药学、药学、中医学、中西医临床医学等专业用）

主 编

邵建华　陈世红

副主编

汪旭升　胡灵芝　崔红新　张忠文
关红阳　李晓红　王蕴华

主 审

王世钦

上海科学技术出版社

图书在版编目(CIP)数据

高等数学 / 邵建华,陈世红主编. —2 版. —上海：
上海科学技术出版社,2019.5(2024.8 重印)
普通高等教育中医药类"十三五"规划教材　全国普
通高等教育中医药类精编教材
ISBN 978 - 7 - 5478 - 4362 - 8

Ⅰ.①高… Ⅱ.①邵… ②陈… Ⅲ.①高等数学－中
医学院－教材 Ⅳ.①013

中国版本图书馆 CIP 数据核字(2019)第 033927 号

高等数学(第 2 版)
主编　邵建华　陈世红

上海世纪出版(集团)有限公司
上 海 科 学 技 术 出 版 社 出版、发行
(上海市闵行区号景路 159 弄 A 座 9F - 10F)
邮政编码 201101　　www.sstp.cn
常熟市华顺印刷有限公司印刷
开本 787×1092　1/16　印张 15.5
字数 330 千字
2014 年 8 月第 1 版
2019 年 5 月第 2 版　**2024 年 8 月第 5 次印刷**
ISBN 978 - 7 - 5478 - 4362 - 8/O・71
定价：35.00 元

普通高等教育中医药类"十三五"规划教材
全国普通高等教育中医药类精编教材

普通高等教育中医药类"十三五"规划教材
全国普通高等教育中医药类精编教材

普通高等教育中医药类"十三五"规划教材
全国普通高等教育中医药类精编教材

新中国高等中医药教育开创至今历六十年。一甲子朝花夕拾,六十年砥砺前行,实现了长足发展,不仅健全了中医药高等教育体系,创新了中医药高等教育模式,也培养了一大批中医药人才,履行了人才培养、科技创新、社会服务、文化传承的职能和使命。高等中医药院校的教材作为中医药知识传播的重要载体,也伴随着中医药高等教育改革发展的进程,从少到多,从粗到精,一纲多本,形式多样,始终发挥着至关重要的作用。

上海科学技术出版社于1964年受国家卫生部委托出版全国中医院校试用教材迄今,肩负了半个多世纪的中医院校教材建设和出版的重任,产生了一大批学术深厚、内涵丰富、文辞隽永、具有重要影响力的优秀教材。尤其是1985年出版的全国统编高等医学院校中医教材(第五版),至今仍被誉为中医教材之经典而蜚声海内外。

2006年,上海科学技术出版社在全国中医药高等教育学会教学管理研究会的精心指导下,在全国各中医药院校的积极参与下,组织出版了供中医药院校本科生使用的"全国普通高等教育中医药类精编教材"(以下简称"精编教材"),并于2011年进行了修订和完善。这套教材融汇了历版优秀教材之精华,遵循"三基""五性""三特定"的教材编写原则,同时高度契合国家执业医师考核制度改革和国家创新型人才培养战略的要求,在组织策划、编写和出版过程中,反复论证,层层把关,使"精编教材"在内容编写、版式设计和质量控制等方面均达到了预期的要求,凸显了"精炼、创新、适用"的编写初衷,获得了全国中医药院校师生的一致好评。

2016年8月,党中央、国务院召开了新世纪以来第一次全国卫生与健康大会,印发实施《"健康中国2030"规划纲要》,并颁布了《中医药法》和《〈中国的中医药〉白皮书》,把发展中医药事业作为打造健康中国的重要内容。实施创新驱动发展、文化强国、"走出去"战略以及"一带一路"倡议,推动经济转型升级,都需要中医药发挥资源优势和核心作用。面对新时期中医药"创造性转化,创新性发展"的总体要求,中医药高等教育必须牢牢把握经济社会发展的大势,更加主动地服务和融入国家发展战略。为此,精编教材的编写将继续秉持"为院校提供服务、为行业打造精品"的工作要旨,在全国中医院校中广泛征求意见，多方听取要求，全面汲取经验，经过近一年的精心准备工作，在"十三五"开局之年启动了第三版的修订工作。

本次修订和完善将在保持"精编教材"原有特色和优势的基础上，进一步突出"经典、精炼、新颖、实用"的特点，并将贯彻习近平总书记在全国卫生与健康大会、全国高校思想政治工作会议等系列讲话精神，以及《国家中长期教育改革和发展规划纲要(2010—2020)》《中医药发展战略规划纲要(2016—2030 年)》和《关于医教协同深化中医药教育改革与发展的指导意见》等文件要求，坚持高等教育立德树人这一根本任务，立足中医药教育改革发展要求，遵循我国中医药事业发展规律和中医药教育规律，深化中医药特色的人文素养和思想情操教育，从而达到以文化人、以文育人的效果。

同时，全国中医药高等教育学会教学管理研究会和上海科学技术出版社将不断深化高等中医药教材研究，在新版精编教材的编写组织中，努力将教材的编写出版工作与中医药发展的现实目标及未来方向紧密联系在一起，促进中医药人才培养与"健康中国"战略紧密结合起来，实现全程育人、全方位育人，不断完善高等中医药教材体系和丰富教材品种，创新、拓展相关课程教材，以更好地适应"十三五"时期及今后高等中医药院校的教学实践要求，从而进一步地提高我国高等中医药人才的培养能力，为建设健康中国贡献力量！

教材的编写出版需要在实践检验中不断完善，诚恳地希望广大中医药院校师生和读者在教学实践或使用中对本套教材提出宝贵意见，以敦促我们不断提高。

全国中医药高等教育学会常务理事、教学管理研究会理事长

胡鸿毅

2016 年 12 月

　　高等数学是一门研究复杂现象的学科,其思想、方法等在自然科学、社会科学、医药科学和工程技术中发挥着重要的作用,使许多学科产生了质的飞跃,同时对人类文明、社会进步产生了巨大的影响,它既是大学素质教育重要的组成部分,又是中医药院校一门重要的基础课。

　　就中医药及相关专业开设高等数学课程而言,对应用性和创新性方面提出了更高的要求,必须对教材的定位、专业要求、教学对象进行认真的思考。我们将努力编写一本以学生为本,教师好教,以培养学生数学素养、提高综合能力等为目标,适应中医药时代发展的高等数学教材。

　　本教材是在全国中医药高等教育学会教学管理研究会的指导下,由上海中医药大学和江西中医药大学具体组织全国 10 余所高等中医药院校的专家教授,按照教育部对高等中医药院校高等数学的基本要求,同时结合各自院校的实际情况而编写的普通高等教育中医药类"十三五"规划教材。教材中充分体现了高等数学的数学思想、方法和文化,既满足了大众化教育对学生素养的要求,又体现了数学的系统性和应用性。

　　本书共分九章,主要包括一元函数微积分、多元函数微积分、微分方程基础和线性代数基础。在编写中注意在保持教学系统性的同时编入一些与医药结合的例题和习题,尽量体现中医药院校教材的特色。在每章的开始编写了导学部分(掌握、熟悉、了解)内容,便于学生抓住重点,另外在每章最后编写了拓展阅读,简要介绍数学发展的各类趣事及发现和发明过程,以增强学生热爱科学,努力进取的信心。

　　本教材的第一章和第二章由崔红新、陈继红、黄爱武编写;第三章由陈世红、张忠文、韦杰、魏新民编写;第四章由胡灵芝、陈丽君编写;第五章由郝小枝、刘敏、李晓红编写;第六章由胡灵芝、陈丽君编写;第七章由汪旭生、王蕴华、王剑编写;第八章由关红阳、汪春华、谢国梁编写;第九章由邵建华、孙继佳、赵莹编写。本书主要供高等中医药院校中药学、药学、中医学、中西医临床医学、护理学、针灸推拿学、康复、营养、卫生管理等专业各层次的学生使用。

在教材编写过程中,我们注意吸取各版教材的编写长处和各院校的教学经验,集思广益,力求编出特色,便于教学。由于水平所限,书中疏漏之处在所难免,敬请广大师生和读者提出宝贵意见,以便再版时修正和改进。

《高等数学》编委会

2019 年 2 月

目
录

第一章 函数与极限

导学

本章介绍函数、极限的概念,无穷小量与无穷大量,极限运算法则,两个重要极限,函数的连续性。

(1) 掌握函数极限的基本运算法则;两个重要极限的应用。

(2) 熟悉极限的概念;无穷小量与无穷大量;函数的连续性。

(3) 了解函数和极限的实际应用。

客观世界的一切事物,无时无刻地发生变化,其运动现象及其内在的变化规律可以用变量之间的关系来描述。高等数学研究的主要对象就是变量之间的函数关系。研究函数的主要方法是极限。本章将主要介绍高等数学中的函数、极限和函数连续性等基本概念。

第一节 函 数

一、函数的定义与性质

1. 常量、变量与邻域 在某变化过程中,不变的量是**常量**;变化的量是**变量**。

例如,球的体积公式为 $V = \frac{4}{3}\pi r^3$,其中,π 是固定不变的量为常量;V 和 r 是变化的量为变量。

设 x_0 与 δ 是两个实数,$\delta > 0$,区间 $(x_0 - \delta, x_0 + \delta)$ 称为点 x_0 的**邻域**,记作 $U(x_0, \delta)$;$(x_0 - \delta, x_0) \bigcup (x_0, x_0 + \delta)$ 称为点 x_0 的**去心邻域**,记作 $\mathring{U}(x_0, \delta)$。点 x_0 称为**邻域的中心**,δ 称为**邻域的半径**。

从几何上看,点 x_0 的邻域就是距点 x_0 的距离小于 δ 的点所形成的开区间。根据 δ 取值的大小,可以描述点 x_0 附近的点与 x_0 的接近程度。

在球体积公式中,当半径 r 在 $(0, +\infty)$ 范围内任取一个数时,体积 V 按对应法则都有唯一确定的值与之对应,这两个变量间的关系称为函数关系。

2. 函数的概念

定义 在某一过程中,设有两个变量 x 和 y,D 为一非空数集,如果对于 D 内任一个数 x,按照一

定的对应法则 f 存在唯一确定的值 y 与之对应,则称 f 是定义在 D 上的**函数**,记作 $y=f(x)$。

x 称为**自变量**,y 称为**因变量**。数集 D 称为函数的**定义域**。因变量 y 相应的取值所构成的集合称为函数的**值域。**

函数 $y=f(x)$ 在点 x_0 处的**函数值**,记为 $f(x_0)$、$y(x_0)$、$y\mid_{x=x_0}$。

例如,$y=2x$ 是函数关系,而 $y>2x$ 不是函数关系。

显然,$y=2x$ 满足 x 与 y 的函数关系。然而对于 $y>2x$,由于变量 x 和 y 的对应关系不符合函数的定义,即对任一 x 值,不存在唯一确定的 y 值与之对应,故此表达式不是函数关系。

3. 函数的表示法 函数的表示法有解析法、列表法、图象法。

(1) 解析法:用数学公式或方程来表示变量间的函数关系,其优点是便于计算和理论分析。如自由落体运动规律 $S=\frac{1}{2}gt^2$,圆的轨迹 $x^2+y^2=1$。

(2) 列表法:把一系列自变量的值及其对应的函数值列成一个表格来表示的函数关系,其优点是不用计算,便于直接从表格中读出函数值。

(3) 图象法:用坐标平面内的图形表示变量间的函数关系,其优点是直观、曲线特征性强。

几种常用的函数举例

取整函数

设 x 为任意实数,取不超过 x 的最大整数,记为 $y=[x]$。

例如,对于取整函数,当 $x=3.4$,$y=[3.4]=3$;当 $x=-3.4$,$y=[-3.4]=-4$。

分段函数

对应法则在不同区间上用不同的解析式来表示的函数。

绝对值函数

$$y=\mid x\mid=\sqrt{x^2}=\begin{cases}x & x\geqslant 0 \\ -x & x<0\end{cases}°$$

符号函数

$$y=\operatorname{sgn}x=\begin{cases}1 & x>0 \\ 0 & x=0 \\ -1 & x<0\end{cases}°$$

显然,这两个函数都是分段函数,图形分别为图 1-1、图 1-2 所示。

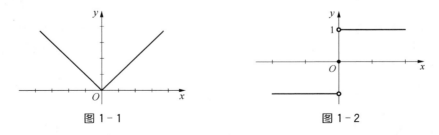

图 1-1 　　　　　　　　　　　　　　图 1-2

定义域和对应法则是函数的两要素,也是函数的主要构成部分。若两个函数的定义域和对应法则都相同,这两个函数称为**相同的函数**。

例如,判断 $y=\sin^2 x+\cos^2 x$ 与 $y=1$ 是否是相同的函数。

解　虽然两个函数的解析式形式不同,但它们的定义域与对应法则相同。因此,它们是相同的函数。

4. 函数的性质

(1) 函数的有界性:函数 $y=f(x)$ 的定义域为 D,数集 $X\subset D$,$\forall x\in X$,若存在一个正数 M,恒有 $|f(x)|\leqslant M$ 成立,则称**函数在 X 上有界**,也称此函数在区间 X 上为**有界函数**;否则为无界函数。

例如,函数 $y=\cos x$ 在区间 $(-\infty,+\infty)$ 上有界;函数 $y=x^3$ 在区间 $(-\infty,+\infty)$ 上无界。

(2) 函数的单调性:函数 $y=f(x)$ 的定义域为 D,$\forall(x_1,x_2)\in D$,当 $x<y$ 时,恒有 $f(x_1)<f(x_2)$(或 $f(x_1)>f(x_2)$)成立,则称函数 $y=f(x)$ 在区间 D 上是**单调增加**(或**单调减少**)。

例如,函数 $y=x^2$ 在整个 $(-\infty,+\infty)$ 不具有单调性,但在区间 $(-\infty,0)$ 上单调减少,在区间 $(0,+\infty)$ 上单调增加。

(3) 函数的奇偶性:函数 $y=f(x)$ 的定义域为 $D[-a,a]$,$\forall x\in D$,若有 $f(-x)=-f(x)$(或 $f(-x)=f(x)$),则称函数为**奇函数**(或**偶函数**)。

例如,$y=x^3$ 是奇函数,$y=x^2$ 是偶函数,$y=x^2+x^3$ 是非奇非偶函数。

(4) 函数的周期性:函数 $y=f(x)$ 的定义域为 D,$\forall x\in D$,若存在一个不为零的常数 T,使得 $f(x+T)=f(x)$ 恒成立,则称函数为**周期函数**,T 称为**函数的周期**。

例如,常值函数 $y=2$ 是以任意常数为周期的周期函数,三角函数 $y=\sin 2x$ 是以 π 为最小正周期的周期函数。

5. 反函数　设函数 $y=f(x)$ 的定义域为 D,值域为 M。$\forall y\in M$,按照对应法则 g 有唯一的值 $x\in D$ 与之对应,这个函数 $x=g(y)$ 称为 $y=f(x)$ 的**反函数**,记作 $x=f^{-1}(y)$。习惯上,将函数 $y=f(x)$ 的反函数记为 $y=f^{-1}(x)$,称 $y=f(x)$ 为**原函数**或**直接函数**。

例如,原函数 $y=3x+2$,解得 $x=\dfrac{y-2}{3}$ 是原函数的反函数,在这个函数表达式中,y 为自变量、x 为因变量,习惯写成 $y=\dfrac{x-2}{3}$。又如,三角函数 $y=\sin x$ 在 $x\in\left(-\dfrac{\pi}{2},\dfrac{\pi}{2}\right)$ 上的反三角函数为 $y=\arcsin x$。

二、初等函数

1. 基本初等函数　幂函数、指数函数、对数函数、三角函数、反三角函数,统称为**基本初等函数**。基本初等函数的解析式、定义域、值域和图形等性质,如表 1-1 所示。

表 1-1　基本初等函数表

函数名	解 析 式	定 义 域	值 域	典 型 图 形
幂函数	$y=x^\mu$ $y=\dfrac{1}{x}$	视 μ 而定 $x\neq 0$	视 μ 而定 $y\neq 0$	

函数名	解　析　式	定　义　域	值　域	典型图形
指数函数	$y=a^x\,(a>0,a\neq 1)$ $y=e^x$	$(-\infty,+\infty)$	$(0,+\infty)$	
对数函数	$y=\log_a x$ $(a>0,a\neq 1)$ $y=\ln x$	$(0,+\infty)$	$(-\infty,+\infty)$	
三角函数	$y=\sin x$	$(-\infty,+\infty)$	$[-1,1]$	
	$y=\cos x$	$(-\infty,+\infty)$	$[-1,1]$	
	$y=\tan x$	$x\neq n\pi+\dfrac{\pi}{2}$	$(-\infty,+\infty)$	
	$y=\cot x$	$x\neq n\pi$	$(-\infty,+\infty)$	
	$y=\sec x$	$x\neq n\pi+\dfrac{\pi}{2}$	$\lvert y\rvert\geqslant 1$	
	$y=\csc x$	$x\neq n\pi$	$\lvert y\rvert\geqslant 1$	
反三角函数	$y=\arcsin x$	$[-1,1]$	$\left[-\dfrac{\pi}{2},\dfrac{\pi}{2}\right]$	
	$y=\arccos x$	$[-1,1]$	$[0,\pi]$	
	$y=\arctan x$	$(-\infty,+\infty)$	$\left(-\dfrac{\pi}{2},\dfrac{\pi}{2}\right)$	
	$y=\operatorname{arccot} x$	$(-\infty,+\infty)$	$(0,\pi)$	

2. **复合函数**　函数 $y=f(u)$ 的定义域为 D，函数 $u=\varphi(x)$ 的值域为 R，且 $D\bigcap R$ 非空，则称 $y=f(\varphi(x))$ 是由 $y=f(u)$ 与 $u=\varphi(x)$ 复合而成的**复合函数**。一般而言，$\varphi(x)$ 称为**内层函数**，u 称为**中间变量**，$f(u)$ 称为**外层函数**。中间变量为多个时，可以多层复合。

函数 $y=\ln u$、$u=x^2+1$，y 通过中间变量 u，与 x 构成新的函数关系 $y=\ln(x^2+1)$，称此函数为 $y=\ln u$ 与 $u=x^2+1$ 的复合函数。

函数复合过程的原则是从内层函数到外层函数进行复合。

复合函数分解过程的原则是从外层函数到内层函数进行分解。

例如，分解复合函数 $y=\sin\ln\sqrt{x^2+1}$。

解　复合函数 $y=\sin\ln\sqrt{x^2+1}$ 是由 $y=\sin u$，$u=\ln v$，$v=\sqrt{w}$，$w=x^2+1$ 复合而成的。

3. **初等函数**　由常数和基本初等函数经过有限次四则运算及有限次复合运算所构成，并可用一个式子表示的函数。

例如，$y=\tan(x+3)-\sin(x+1)$ 是初等函数。

解　$y=\tan(x+3)-\sin(x+1)$ 是由 $y=\tan u-\sin v$、$u=x+3$、$v=x+1$ 构成。

例如，符号函数 $y=\operatorname{sgn} x$ 不是初等函数。

解 由于符号函数不能用一个解析式来表示,因而,它不是初等函数。

第二节 | 极 限

一、数列的极限

按一定顺序排列的无穷多个数 a_1, a_2, $\cdots$, a_n, $\cdots$, 称为**数列**;数列的第 1 项 a_1 称为**首项**,第 n 项 a_n 称为**通项**,数列可用通项表示,记为 $\{a_n\}$。

例 1-1 当 n 趋近于无穷大 $(n \to \infty)$ 时,讨论数列 $\left\{\dfrac{1}{n+1}\right\}$: $\dfrac{1}{2}$, $\dfrac{1}{3}$, $\dfrac{1}{4}$, $\cdots$, $\dfrac{1}{n+1}$, $\cdots$, 的变化趋势。

解 当 n 无限增大时,对应的项 $\dfrac{1}{n+1}$ 无限趋向于常数 0。

例 1-2 当 $n \to \infty$ 时,讨论摆动数列 $\{(-1)^n\}$ 的变化趋势。

解 当 $n \to \infty$ 时,摆动数列 -1, 1, -1, $\cdots$, $(-1)^n$, $\cdots$, 始终在数 -1 和 1 之间轮换,通项 $(-1)^n$ 不无限接近某一常数。

当 $n \to \infty$ 时,若通项 a_n 无限接近某一常数 A, 则称当 $n \to \infty$ 时,数列 $\{a_n\}$ 的极限为 A;若通项 a_n 不无限接近某一常数,则称当 $n \to \infty$ 时,数列 $\{a_n\}$ 的极限不存在。

定义 1 对于任意给定无论多么小的正数 ε,总存在正整数 N, 使得当 $n > N$ 时,不等式 $|a_n - A| < \varepsilon$(A 是一个确定的常数)恒成立,则称常数 A 为**数列 $\{a_n\}$ 当 $n \to \infty$ 时的极限**,记为 $\lim\limits_{n \to \infty} a_n = A$ 或 $a_n \to A (n \to \infty)$。

数列极限的几何表示:在 $n > N$ 的区间内,当 $n \to \infty$ 时,(n, a_n) 落在 A 的 ε 邻域内 $(A - \varepsilon, A + \varepsilon)$, 即点 (n, a_n) 位于直线 $y = A - \varepsilon$ 与 $y = A + \varepsilon$ 之间,且随着 n 变大,数列 a_n 会无限接近于 A。

例 1-3 证明数列 $\left\{\left(\dfrac{1}{2}\right)^n\right\}$ 的极限是 0。

证 对于任意小的正数 ε, 若使 $\left|\left(\dfrac{1}{2}\right)^n - 0\right| < \varepsilon$ 成立,需 $n > \log_2 \dfrac{1}{\varepsilon}$。故取 $N = \left[\log_2 \dfrac{1}{\varepsilon}\right]$, 则当 $n > N$ 时,必有 $\left|\left(\dfrac{1}{2}\right)^n - 0\right| < \varepsilon$, 由数列极限定义得:

$$\lim_{n \to \infty} \left(\dfrac{1}{2}\right)^n = 0$$

二、函数的极限

数列是一种特殊的函数,作为自变量的下标 n, 仅有 $n \to \infty$ 一种情形的极限。函数的自变量

有 $x \to \infty$ 和 $x \to x_0$ 两种变化趋势,对应于两种极限情形。

1. 自变量趋于无穷大时函数的极限 $(x \to \infty)$

例 1-4 讨论当 $x \to \infty$ 时,函数 $y = \dfrac{1}{x^2}$ 的变化趋势。

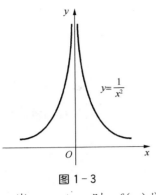

图 1-3

解 根据函数图形的特征,如图 1-3,当自变量趋近于正无穷大时 $(x \to +\infty)$,函数值无限接近于常数 0。当自变量趋近于负无穷大时 $(x \to -\infty)$,函数值也无限接近于常数 0。

综合两种情形,当 $x \to \infty$ 时,函数 $y = \dfrac{1}{x^2}$ 无限接近常数 0。

定义 2 对于任意给定无论多么小的正数 ε,总存在一个正数 M,当 $|x| > M$ 时,不等式 $|f(x) - A| < \varepsilon$(A 是一个确定的常数)恒成立,则称常数 A 为**函数 $f(x)$ 当 $x \to \infty$ 时的极限**,记作 $\lim\limits_{x \to \infty} f(x) = A$ 或 $f(x) \to A(x \to \infty)$。

当 $x \to +\infty$ 时,$f(x)$ 以常数 A 为极限,记作 $\lim\limits_{x \to +\infty} f(x) = A$ 或 $f(x) \to A(x \to +\infty)$。

当 $x \to -\infty$ 时,$f(x)$ 以常数 A 为极限,记作 $\lim\limits_{x \to -\infty} f(x) = A$ 或 $f(x) \to A(x \to -\infty)$。显然:

$$\lim_{x \to \infty} f(x) = A \Leftrightarrow \lim_{x \to +\infty} f(x) = \lim_{x \to -\infty} f(x) = A$$

函数极限的几何表示:在 $|x| > M$ 的区间内,当 $x \to \infty$ 时,$f(x)$ 的曲线落在 A 的 ε 邻域内 $(A - \varepsilon, A + \varepsilon)$,即函数 $f(x)$ 的曲线位于直线 $y = A - \varepsilon$ 与 $y = A + \varepsilon$ 之间,且随着 $|x|$ 的变大,函数值无限接近于 A。

例 1-5 证明 $\lim\limits_{x \to \infty} \dfrac{x-1}{x} = 1$。

证 对于任意小的正数 ε,若使 $\left| \dfrac{x-1}{x} - 1 \right| < \varepsilon$,需 $|x| > \dfrac{1}{\varepsilon}$。故取 $M = \dfrac{1}{\varepsilon}$,则当 $|x| > M$ 时,必有 $\left| \dfrac{x-1}{x} - 1 \right| < \varepsilon$,由函数极限定义得:

$$\lim_{x \to \infty} \frac{x-1}{x} = 1$$

2. 自变量趋于固定值时函数的极限 $(x \to x_0)$

例 1-6 讨论当 $x \to 1$ 时,函数 $y = \dfrac{x^2 - 1}{x - 1}$ 的变化趋势。

解 当 x 从 1 的左侧无限接近 $1(x \to 1^-)$ 时,函数值无限接近 2。x 从 1 的右侧无限接近 $1(x \to 1^+)$ 时,函数值也无限接近 2。如图 1-4 所示。

综合两种情形,当 $x \to 1$ 时,函数 $y = \dfrac{x^2 - 1}{x - 1}$ 无限接近常数 2。

定义 3 设函数 $f(x)$ 在点 x_0 的某一去心邻域内有定义,对于任意给定无论多么小的正数 ε,总存在一个正数 δ,当

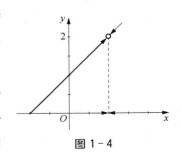

图 1-4

$0<|x-x_0|<\delta$ 时,不等式 $|f(x)-A|<\varepsilon$(A 是一个确定的常数)恒成立,则称常数 A 为**函数** $f(x)$ **当 $x \to x_0$ 时的极限**,记作 $\lim\limits_{x \to x_0} f(x)=A$ 或 $f(x) \to A(x \to x_0)$。

类似的,当 $0<x-x_0<\delta$ 时,不等式 $|f(x)-A|<\varepsilon$ 恒成立,则称常数 A 为函数 $f(x)$ 当 $x \to x_0$ 时的**右极限**,记作 $\lim\limits_{x \to x_0^+} f(x)=A$ 或 $f(x_0+0)=A$。

当 $-\delta<x-x_0<0$ 时,不等式 $|f(x)-A|<\varepsilon$ 恒成立,则称常数 A 为函数 $f(x)$ 当 $x \to x_0$ 时的**左极限**,记作 $\lim\limits_{x \to x_0^-} f(x)=A$ 或 $f(x_0-0)=A$。

函数极限的几何表示:在 $0<|x-x_0|<\delta$ 区间内,当 $x \to x_0$ 时,$f(x)$ 的曲线落在 A 的 ε 邻域内 $(A-\varepsilon, A+\varepsilon)$,即函数 $f(x)$ 的曲线位于直线 $y=A-\varepsilon$ 与 $y=A+\varepsilon$ 之间,且随着 x 无限接近于 x_0 时,函数值无限接近于 A。

例 1-7　证明 $\lim\limits_{x \to x_0}(ax+b)=ax_0+b$。

证　对于任意小的正数 ε,若使 $|(ax+b)-(ax_0+b)|<\varepsilon$ 成立,需 $|x-x_0|<\dfrac{\varepsilon}{|a|}$。故取 $\delta=\dfrac{\varepsilon}{|a|}$,当 $0<|x-x_0|<\delta$ 时,必有 $|(ax+b)-(ax_0+b)|<\varepsilon$,由函数极限定义得:

$$\lim\limits_{x \to x_0}(ax+b)=ax_0+b$$

定理 1　函数 $f(x)$ 在点 x_0 极限存在的充分必要条件是左极限和右极限存在并且相等。即:

$$\lim\limits_{x \to x_0} f(x)=A \Leftrightarrow \lim\limits_{x \to x_0^+} f(x)=\lim\limits_{x \to x_0^-} f(x)=A$$

例 1-8　设 $f(x)=\begin{cases} x+1, & x \geqslant 0 \\ x-1, & x<0 \end{cases}$,讨论 $x \to 0$ 时,$f(x)$ 的极限是否存在。

解　因为 $\lim\limits_{x \to 0^+} f(x)=1$,$\lim\limits_{x \to 0^-} f(x)=-1$,有 $\lim\limits_{x \to 0^+} f(x) \neq \lim\limits_{x \to 0^-} f(x)$,由定理 1,$\lim\limits_{x \to 0} f(x)$ 不存在。

例 1-9　讨论极限 $\lim\limits_{x \to 0} \sin\dfrac{1}{x}$ 的不存在性。

解　先讨论当 $x \to 0^+$ 时的情形,如图 1-5 所示,函数 $y=\sin\dfrac{1}{x}$ 的图形在 -1 与 1 之间作来回摆动,函数值不无限接近某一确定常数,故极限 $\lim\limits_{x \to 0^+} \sin\dfrac{1}{x}$ 不存在。

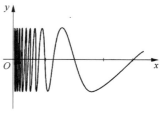

图 1-5

类似,$x \to 0^-$ 时,极限 $\lim\limits_{x \to 0^-} \sin\dfrac{1}{x}$ 也不存在。

因此,$\lim\limits_{x \to 0} \sin\dfrac{1}{x}$ 不存在。

三、无穷小量与无穷大量

定义 4　设函数 $f(x)$ 在点 x_0 的某一去心邻域内(或 $|x|$ 大于某一正数)有定义,对于任意给定无论多么小的正数 ε,总存在一个正数 δ(或正数 M),当 $0<|x-x_0|<\delta$ 时(或 $|x|>M$),不等式 $|f(x)|<\varepsilon$ 恒成立,那么称函数 $f(x)$ 当 $x \to x_0$(或 $x \to \infty$)时为**无穷小量**(简称**无穷小**),记

作 $\lim\limits_{x \to x_0} f(x) = 0$（或 $\lim\limits_{x \to \infty} f(x) = 0$）。

例如，$y = \sin x$，当 $x \to 0$ 时，函数 $y = \sin x$ 是无穷小量。$y = \dfrac{1}{x}$，当 $x \to \infty$ 时，函数 $y = \dfrac{1}{x}$ 是无穷小量，而当 $x \to 1$ 时，函数 $y = \dfrac{1}{x}$ 的极限是 1，而不是无穷小量。由此可见，无穷小量是与 x 的变化趋势有关的变量。特殊的是，零是唯一作为无穷小量的常数。

定理 2　当 $x \to x_0$（或 $x \to \infty$）时，函数 $f(x)$ 以常数 A 为极限的充分必要条件是函数 $f(x)$ 可表示为 A 与一个无穷小量 α 的和。即：

$$\lim f(x) = A \Leftrightarrow f(x) = A + \alpha$$

性质 1　在同一变化过程中，有限个无穷小量的和仍是无穷小量。

性质 2　在同一变化过程中，有限个无穷小量的积仍是无穷小量。

性质 3　在同一变化过程中，一个有界变量与一个无穷小量的积仍是无穷小量。

例 1 - 10　求 $\lim\limits_{x \to \infty} \dfrac{\cos x}{x^2}$。

解　由于 $|\cos x| \leqslant 1$，所以 $\cos x$ 为有界函数，又 $\lim\limits_{x \to \infty} \dfrac{1}{x^2} = 0$，$\dfrac{1}{x^2}$ 是 $x \to \infty$ 时的无穷小量，因此它们的乘积仍为无穷小量，故：

$$\lim\limits_{x \to \infty} \dfrac{\cos x}{x^2} = 0$$

无穷小量的比较：当 $x \to 0$ 时，$2x$、x^2、$\sin 2x$ 均为无穷小量，它们之间比值的极限是：

$$\lim\limits_{x \to 0} \dfrac{2x}{x^2} = \lim\limits_{x \to 0} \dfrac{2}{x} = \infty, \ \lim\limits_{x \to 0} \dfrac{x^2}{2x} = \lim\limits_{x \to 0} \dfrac{x}{2} = 0, \ \lim\limits_{x \to 0} \dfrac{2x}{\sin 2x} = 1,$$

由此可见，无穷小量的商不一定都是无穷小量。

定义 5　设 α、β 是某一过程中的两个无穷小量，$\lim \alpha = 0$，$\lim \beta = 0$。

(1) 若 $\lim \dfrac{\beta}{\alpha} = 0$，称 β 是比 α **高阶的无穷小量**，记作 $\beta = o(\alpha)$。

(2) 若 $\lim \dfrac{\beta}{\alpha} = \infty$，称 β 是比 α **低阶的无穷小量**。

(3) 若 $\lim \dfrac{\beta}{\alpha} = C \neq 0$，称 β 与 α 是**同阶的无穷小量**。

(4) 若 $\lim \dfrac{\beta}{\alpha} = 1$，称 β 与 α 是**等价的无穷小量**，记作 $\alpha \sim \beta$。

例 1 - 11　当 $x \to 1$ 时，若 $k(1 - \sqrt{x})$ 与 $1 - x$ 是等价无穷小量，求 k 的值。

解　$\lim\limits_{x \to 1} \dfrac{k(1 - \sqrt{x})}{1 - x} = \lim\limits_{x \to 1} \dfrac{k}{1 + \sqrt{x}} = \dfrac{k}{2} = 1$，即 $k = 2$。

定义 6　设函数 $f(x)$ 在点 x_0 的某一去心邻域内（或 $|x|$ 大于某一正数）有定义，如果对于任意给定的无论多么大的正数 M，总存在一个正数 δ（或正数 X），当 $0 < |x - x_0| < \delta$ 时（或 $|x| >$

X),不等式 $|f(x)|>M$ 恒成立,那么称函数 $f(x)$ 当 $x \to x_0$(或 $x \to \infty$)时为**无穷大量**(简称**无穷大**),记作 $\lim\limits_{x \to x_0} f(x) = \infty$(或 $\lim\limits_{x \to \infty} f(x) = \infty$)。

定理3 在同一变化过程中,如果 $f(x)$ 为无穷大量,则 $\dfrac{1}{f(x)}$ 为无穷小量;反之,如果 $f(x)$ 为无穷小量且不为零,则 $\dfrac{1}{f(x)}$ 为无穷大量。

四、函数极限的运算法则

定理4 若 $\lim\limits_{x \to x_0} f(x) = A$,$\lim\limits_{x \to x_0} g(x) = B$,则有:

(1) $\lim\limits_{x \to x_0} (f(x) \pm g(x)) = A \pm B$

(2) $\lim\limits_{x \to x_0} f(x)g(x) = AB$

(3) $\lim\limits_{x \to x_0} kf(x) = kA$

(4) $\lim\limits_{x \to x_0} \dfrac{f(x)}{g(x)} = \dfrac{A}{B} (B \neq 0)$

上面定理也适合 $x \to \infty$ 的情形。

例 1-12 求极限 $\lim\limits_{x \to 2} \dfrac{x^2-1}{x^3-5x+3}$。

解 $\lim\limits_{x \to 2} \dfrac{x^2-1}{x^3-5x+3} = \dfrac{\lim\limits_{x \to 2}(x^2-1)}{\lim\limits_{x \to 2}(x^3-5x+3)} = \dfrac{\lim\limits_{x \to 2} x^2 - 1}{\lim\limits_{x \to 2} x^3 - 5\lim\limits_{x \to 2} x + 3} = 3$

例 1-13 求极限 $\lim\limits_{x \to 2} \dfrac{x^2-1}{x^3-5x+2}$。

解 因为 $\lim\limits_{x \to 2} \dfrac{x^3-5x+2}{x^2-1} = 0$,由定理3,得:

$$\lim\limits_{x \to 2} \dfrac{x^2-1}{x^3-5x+2} = \infty$$

例 1-14 求极限 $\lim\limits_{x \to 2} \dfrac{\sqrt{3-x}-1}{x-2}$。

解 $\lim\limits_{x \to 2} \dfrac{\sqrt{3-x}-1}{x-2} = \lim\limits_{x \to 2} \dfrac{(\sqrt{3-x}-1)(\sqrt{3-x}+1)}{(x-2)(\sqrt{3-x}+1)} = \lim\limits_{x \to 2} \dfrac{2-x}{(x-2)(\sqrt{3-x}+1)} = -\dfrac{1}{2}$

例 1-15 求极限 $\lim\limits_{x \to 1} \left(\dfrac{1}{1-x} - \dfrac{3}{1-x^3}\right)$。

解 $\lim\limits_{x \to 1}\left(\dfrac{1}{1-x} - \dfrac{3}{1-x^3}\right) = \lim\limits_{x \to 1} \dfrac{1+x+x^2-3}{(1-x)(1+x+x^2)} = \lim\limits_{x \to 1} \dfrac{(x-1)(x+2)}{(1-x)(1+x+x^2)} = -1$

例 1-16 求极限 $\lim\limits_{x \to \infty} \dfrac{2x^3-3x-1}{3x^3+5x^2-2}$。

解 $\lim\limits_{x\to\infty}\dfrac{2x^3-3x-1}{3x^3+5x^2-2}=\lim\limits_{x\to\infty}\dfrac{2-\dfrac{3}{x^2}-\dfrac{1}{x^3}}{3+\dfrac{5}{x}-\dfrac{2}{x^3}}=\dfrac{2}{3}$

一般地，$\lim\limits_{x\to\infty}\dfrac{a_0x^m+a_1x^{m-1}+\cdots+a_{m-1}x+a_m}{b_0x^n+b_1x^{n-1}+\cdots+b_{n-1}x+b_n}=\begin{cases}0,&\text{当 }m<n\\[2mm]\dfrac{a_0}{b_0},&\text{当 }m=n\\[2mm]\infty,&\text{当 }m>n\end{cases}$。

例 1-17 求极限 $\lim\limits_{x\to+\infty}(\sqrt{x^2+x}-x)$。

解 $\lim\limits_{x\to+\infty}(\sqrt{x^2+x}-x)=\lim\limits_{x\to+\infty}\dfrac{(\sqrt{x^2+x}-x)(\sqrt{x^2+x}+x)}{\sqrt{x^2+x}+x}=\lim\limits_{x\to+\infty}\dfrac{x}{\sqrt{x^2+x}+x}=$

$\lim\limits_{x\to+\infty}\dfrac{1}{\sqrt{1+\dfrac{1}{x}}+1}=\dfrac{1}{2}$

例 1-18 若 $\lim\limits_{x\to\infty}\left(\dfrac{x^2+1}{x+1}-ax-b\right)=0$，求 a，b 的值。

解 由于 $\lim\limits_{x\to\infty}\left(\dfrac{x^2+1}{x+1}-ax-b\right)=\lim\limits_{x\to\infty}\dfrac{(1-a)x^2-(a+b)x+1-b}{x+1}=0$，则有

$\begin{cases}1-a=0\\-(a+b)=0\end{cases}$，即 $\begin{cases}a=1\\b=-1\end{cases}$。

五、两个重要极限

定理 5 （夹逼定理）对于 $\forall\,x\in\overset{\circ}{U}(x_0,\delta)$，函数 $g(x)$、$f(x)$、$h(x)$，若有 $g(x)\leqslant f(x)\leqslant h(x)$，且 $\lim\limits_{x\to x_0}g(x)=A$，$\lim\limits_{x\to x_0}h(x)=A$，则：

$$\lim\limits_{x\to x_0}f(x)=A$$

$$\lim\limits_{x\to 0}\dfrac{\sin x}{x}=1$$

证 先证明 $x\to 0^+$ 情形。

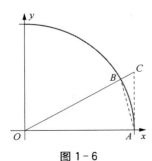

在单位圆中，设 $\angle AOB=x$，AC 为圆的切线，如图 1-6 所示，$\triangle AOB$ 面积 $<$ 扇形 AOB 面积 $<\triangle AOC$ 面积，即：

$$\dfrac{1}{2}\sin x<\dfrac{1}{2}x<\dfrac{1}{2}\dfrac{\sin x}{\cos x},\ \cos x<\dfrac{\sin x}{x}<1$$

又由于 $\lim\limits_{x\to 0}\cos x=1$，根据定理 5 可知：

$$\lim\limits_{x\to 0^+}\dfrac{\sin x}{x}=1$$

图 1-6 考虑当 $x\to 0^-$ 时，

因为 $\dfrac{\sin(-x)}{-x}=\dfrac{-\sin x}{-x}=\dfrac{\sin x}{x}$，所以 $\lim\limits_{x\to 0^-}\dfrac{\sin x}{x}=1$。 即：

$$\lim_{x\to 0}\frac{\sin x}{x}=1$$

例 1-19 求极限 $\lim\limits_{x\to 0}\dfrac{\sin 5x}{\sin 3x}$。

解 $\lim\limits_{x\to 0}\dfrac{\sin 5x}{\sin 3x}=\lim\limits_{x\to 0}\dfrac{\sin 5x}{5x}\cdot\dfrac{3x}{\sin 3x}\cdot\dfrac{5}{3}=\dfrac{5}{3}$

例 1-20 求极限 $\lim\limits_{x\to\infty}x\sin\dfrac{1}{x}$。

解 $\lim\limits_{x\to\infty}x\sin\dfrac{1}{x}=\lim\limits_{x\to\infty}\dfrac{\sin\dfrac{1}{x}}{\dfrac{1}{x}}=1$

例 1-21 求极限 $\lim\limits_{x\to 1}\dfrac{\sin\pi x}{1-x}$。

解 $\lim\limits_{x\to 1}\dfrac{\sin\pi x}{1-x}=\lim\limits_{x\to 1}\dfrac{\sin(\pi-\pi x)}{\pi(1-x)}\cdot\pi=\pi$

例 1-22 求极限 $\lim\limits_{x\to 0}\dfrac{\sin 2x-2\sin x}{x^3}$。

解 $\sin 2x-2\sin x=2\sin x\cos x-2\sin x=2\sin x(\cos x-1)=-4\sin x\,\sin^2\dfrac{x}{2}$，

$$\lim_{x\to 0}\frac{\sin 2x-2\sin x}{x^3}=\lim_{x\to 0}\frac{-4\sin x\,\sin^2\dfrac{x}{2}}{x^3}=-\lim_{x\to 0}\frac{\sin x}{x}\left(\frac{\sin\dfrac{x}{2}}{\dfrac{x}{2}}\right)^2=-1$$

定理 6 单调有界数列必有极限。

$$\lim_{x\to\infty}\left(1+\frac{1}{x}\right)^x=e$$

易证，$\lim\limits_{x\to\infty}\left(1+\dfrac{1}{x}\right)^x=e\Leftrightarrow\lim\limits_{x\to 0}(1+x)^{\frac{1}{x}}=e$

例 1-23 求极限 $\lim\limits_{x\to 0}(1-2x)^{\frac{1}{x}}$。

解 $\lim\limits_{x\to 0}(1-2x)^{\frac{1}{x}}=\lim\limits_{x\to 0}\{[1+(-2x)]^{-\frac{1}{2x}}\}^{-2}=e^{-2}$

例 1-24 求极限 $\lim\limits_{x\to 1}x^{\frac{1}{1-x}}$。

解 $\lim\limits_{x\to 1}x^{\frac{1}{1-x}}=\lim\limits_{x\to 1}[1+(x-1)]^{-\frac{1}{x-1}}=e^{-1}$

例 1-25 求极限 $\lim\limits_{x\to\infty}\left(\dfrac{x-2}{x+1}\right)^x$。

解法一：$\lim\limits_{x\to\infty}\left(\dfrac{x-2}{x+1}\right)^x=\lim\limits_{x\to\infty}\left[\left(1+\dfrac{-3}{x+1}\right)^{-\frac{x+1}{3}}\right]^{-3}\left(1+\dfrac{-3}{x+1}\right)^{-1}=e^{-3}$

解法二：$\lim\limits_{x\to\infty}\left(\dfrac{x-2}{x+1}\right)^x=\lim\limits_{x\to\infty}\dfrac{\left(1-\dfrac{2}{x}\right)^x}{\left(1+\dfrac{1}{x}\right)^x}=e^{-3}$

例 1 - 26　求极限 $\lim\limits_{x\to\infty}\left(\dfrac{x^2}{x^2-1}\right)^x$。

解　$\lim\limits_{x\to\infty}\left(\dfrac{x^2}{x^2-1}\right)^x=\lim\limits_{x\to\infty}\left(\dfrac{x}{x+1}\right)^x\cdot\left(\dfrac{x}{x-1}\right)^x=\lim\limits_{x\to\infty}\dfrac{1}{\left(1+\dfrac{1}{x}\right)^x}\cdot\lim\limits_{x\to\infty}\dfrac{1}{\left(1-\dfrac{1}{x}\right)^x}$

$$=e^{-1}\cdot e=1$$

第三节　函数的连续与间断

一、函数的连续

自变量从点 x_0 变化到 x，自变量的改变量称为**自变量的增量**，记为：

$$\Delta x=x-x_0$$

当自变量从点 x_0 变化到 x，相应的函数值从 $f(x_0)$ 变化到 $f(x_0+\Delta x)$，函数的改变量称为**函数的增量**，记为：

$$\Delta y=f(x_0+\Delta x)-f(x_0)$$

定义 1　函数 $f(x)$ 在点 x_0 的某一邻域内有定义，当自变量的增量 Δx 趋于零时，相应函数的增量 Δy 也趋于零，那么称**函数 $f(x)$ 在点 x_0 处连续**。

若函数在点 x_0 处连续，令 $x=x_0+\Delta x$，有 $\Delta y=f(x)-f(x_0)$。则：
$\lim\limits_{\Delta x\to 0}\Delta y=0\Leftrightarrow\lim\limits_{x\to x_0}(f(x)-f(x_0))=0$，即：

$$\lim\limits_{x\to x_0}f(x)=f(x_0)$$

定义 2　设函数 $f(x)$ 在点 x_0 的某一邻域内有定义，当自变量 $x\to x_0$ 时，若函数 $f(x)$ 的极限存在且等于点 x_0 处的函数值，即：

$$\lim\limits_{x\to x_0}f(x)=f(x_0)$$

则称**函数在点 x_0 处连续**。

若函数在点 x_0 处左极限存在且等于函数值，即：

$$\lim_{x \to x_0^-} f(x) = f(x_0)$$

则称函数 $f(x)$ 在点 x_0 处存在**左连续**。

若函数在点 x_0 处右极限存在且等于函数值,即:

$$\lim_{x \to x_0^+} f(x) = f(x_0)$$

则称函数 $f(x)$ 在点 x_0 处存在**右连续**。

函数在开区间上每一点处都连续,则称函数在**开区间上连续**。

函数在开区间上连续,在开区间左端点存在右连续,右端点存在左连续,称函数在**闭区间上连续**。

由函数连续的定义可知,函数在点 x_0 处连续必须同时满足三个条件：① 函数 $f(x)$ 在点 x_0 处有定义。② 函数 $f(x)$ 的极限存在。③ $\lim\limits_{x \to x_0} f(x) = f(x_0)$。

例 1 - 27　证明函数 $f(x) = x^2$ 在定义域内任意点 x_0 处连续。

证　设 x 在点 x_0 处自变量的增量为 Δx,则相应函数的增量为

$\Delta y = f(x_0 + \Delta x) - f(x_0) = (x_0 + \Delta x)^2 - x_0^2 = 2x_0 \Delta x - (\Delta x)^2$,当 $\triangle x \to 0$ 时,则

$$\lim_{\Delta x \to 0} \Delta y = \lim_{\Delta x \to 0} (2x_0 \Delta x + (\Delta x)^2) = 0$$

所以,函数 $f(x) = x^2$ 在定义域中的任意点 x_0 处连续。

例 1 - 28　若函数 $f(x) = \begin{cases} \dfrac{\sin x}{x} & (x < 0) \\ a & (x = 0) \\ x \sin \dfrac{1}{x} + b & (x > 0) \end{cases}$ 在其定义域内连续,求 a、b 的值。

解　根据连续的定义

$\lim\limits_{x \to 0^-} \dfrac{\sin x}{x} = \lim\limits_{x \to 0^+} (x \sin \dfrac{1}{x} + b) = f(0)$,则有:

$a = b = 1$。

二、函数的间断

函数连续性的三个条件中,若其中任一条不满足,则称函数 $y = f(x)$ 在点 x_0 处**不连续**,不连续点称为**间断点**。间断点可以按左、右极限是否存在进行分类。

(1) 左、右极限都存在的间断点,称为**第一类间断点**。

在第一类间断点中,左、右极限相等的间断点,称为**可去间断点**;左、右极限存在,但不相等的间断点,称为**跳跃间断点**。

(2) 左、右极限至少有一个不存在的间断点,称为**第二类间断点**。

例 1 - 29　判断函数 $y = \dfrac{x^2 - 4}{x - 2}$ 在 $x = 2$ 处的连续性。

解　函数在 $x = 2$ 无定义,为间断点。又 $\lim\limits_{x \to 2} \dfrac{x^2 - 4}{x - 2} = 4$,

故 $x=2$ 为第一类间断点,属于可去间断点。

例 1-30 判断函数 $y=\operatorname{sgn} x=\begin{cases} 1 & x>0 \\ 0 & x=0 \\ -1 & x<0 \end{cases}$ 在 $x=0$ 处的连续性。

解 因为

$$\lim_{x\to 0^-}\operatorname{sgn} x =-1, \ \lim_{x\to 0^+}\operatorname{sgn} x =1$$

函数在 $x=0$ 处左、右极限存在,但不相等,故 $x=0$ 为第一类间断点,属于跳跃间断点。

例 1-31 判断函数 $y=\dfrac{1}{x}$ 在 $x=0$ 处的连续性。

解 函数 $y=\dfrac{1}{x}$ 在 $x=0$ 处无定义,且 $\lim\limits_{x\to 0}\dfrac{1}{x}=\infty$,故 $x=0$ 为第二类间断点。

三、初等函数的连续性

性质 1 若函数 $f(x)$, $g(x)$ 在点 x_0 处都连续,则它们的和、差、积、商(分母不为零)在点 x_0 处连续。

性质 2 设函数 $u=\varphi(x)$ 在点 x_0 处连续,而函数 $y=f(u)$ 在点 $u=\varphi(x_0)$ 连续,则复合函数 $y=f(\varphi(x))$ 在点 x_0 处连续。

性质 3 设函数 $u=\varphi(x)$,当 $x \to x_0$ 时极限存在且等于 a,即 $\lim\limits_{x\to x_0}\varphi(x)=a$,而函数 $y=f(u)$ 在点 $u=a$ 连续,则复合函数 $y=f(\varphi(x))$ 当 $x \to x_0$ 时的极限也存在,且等于 $f(a)$,即 $\lim\limits_{x\to x_0}f(\varphi(x))=f(a)$。

由性质 3 可知,求复合函数的极限时,极限符号与函数符号的顺序可以交换。

$$\lim_{x\to x_0}f[g(x)]=f\lim_{x\to x_0}[g(x)]=f[g(x_0)]$$

由初等函数的性质可以得到结论:**一切初等函数在其定义域内都是连续函数。**

例 1-32 求极限 $\lim\limits_{x\to 1}\dfrac{\log_a(2-x)}{x-1}$。

解

$$\lim_{x\to 1}\frac{\log_a(2-x)}{x-1}=\lim_{x\to 1}\log_a\left[1+(1-x)\right]^{\frac{1}{x-1}}=\log_a\lim_{x\to 1}\left[1+(1-x)\right]^{\frac{1}{x-1}}=\log_a \mathrm{e}^{-1}=-\frac{1}{\ln a}$$

四、闭区间上连续函数的性质

定理 1(最值定理) 若函数 $f(x)$ 在 $[a,b]$ 上连续,则 $f(x)$ 在 $[a,b]$ 上必有最大值与最小值。

定理 2(介值定理) 设函数 $f(x)$ 在 $[a,b]$ 上连续,且 $f(a) \neq f(b)$,对于介于 $f(a)$, $f(b)$ 间的任意实数 C,则至少存在一点 $\xi \in (a,b)$,使得 $f(\xi)=C$。

推论(零点存在定理) 设函数 $f(x)$ 在 $[a,b]$ 上连续,且 $f(a)$ 与 $f(b)$ 异号,则至少存在一点 $\xi \in (a,b)$,使得 $f(\xi)=0$。

例 1-33　证明方程 $x^3 - 3x^2 - x + 3 = 0$ 在区间 $(-2, 0)$，$(0, 2)$，$(2, 4)$ 内各有一个实根。

证　设函数 $f(x) = x^3 - 3x^2 - x + 3$，可计算出

$$f(-2) < 0, \ f(0) > 0, \ f(2) < 0, \ f(4) > 0$$

由零点存在定理可知，结论成立。

拓 展 阅 读

函数、极限的发展简史

一、函数的发展简史

数学史表明，重要的数学概念的产生和发展，对数学发展起着不可估量的作用，有些重要的数学概念对数学分支的产生起着奠定性的作用，我们学过的函数就是这样的重要概念。

17 世纪伽利略（G. Galileo）在《两门新科学》一书中，几乎从头到尾包含着函数或称为变量的关系这一概念，用文字和比例的语言表达函数的关系。1673 年前后笛卡尔（Descartes）在他的解析几何中，已经注意到了一个变量对于另一个变量的依赖关系，但由于当时尚未意识到需要提炼一般的函数概念，因此直到 17 世纪后期牛顿、莱布尼兹建立微积分的时候，数学家还没有明确函数的一般意义，绝大部分函数是被当作曲线来研究的。最早提出函数（function）概念的，是 17 世纪德国数学家莱布尼茨。1718 年约翰·贝努利（Bernoulli Johann）在莱布尼兹函数概念的基础上，对函数概念进行了明确定义：由任一变量和常数的任一形式所构成的量，贝努利把变量 x 和常量按任何方式构成的量称为"x 的函数"，表示为其在函数概念中所说的任一形式，包括代数式和超越式。

18 世纪中叶欧拉（L. Euler）就给出了非常形象的、一直沿用至今的函数符号。欧拉给出的定义是：一个变量的函数是由这个变量和一些数即常数以任何方式组成的解析表达式。他把约翰·贝努利给出的函数定义称为解析函数，并进一步把它区分为代数函数（只有自变量间的代数运算）和超越函数（三角函数、对数函数以及变量的无理数幂所表示的函数），还考虑了"随意函数"（表示任意画出曲线的函数）。不难看出，欧拉给出的函数定义比约翰·贝努利的定义更普遍、更具有广泛意义。

1822 年傅里叶（Fourier）发现某些函数可用曲线表示，也可用一个式子表示，或用多个式子表示，从而结束了函数概念是否以唯一一个式子表示的争论，把对函数的认识又推进了一个新的层次。1823 年柯西（Cauchy）从定义变量开始给出了函数的定义，同时指出，虽然无穷级数是规定函数的一种有效方法，但是对函数来说不一定要有解析表达式，不过他仍然认为函数关系可以用多个解析式来表示，这是一个很大的局限，突破这一局限的是杰出数学家狄利克雷。

1837 年狄利克雷（Dirichlet）认为怎样去建立 x 与 y 之间的关系无关紧要，他拓广了函数概念，指出："对于在某区间上的每一个确定的 x 值，y 都有一个或多个确定的值，那么 y 叫做 x 的函数。"狄利克雷的函数定义，出色地避免了以往函数定义中所有的关于依赖关系的描述，简明精确、以完全清晰的方式为所有数学家无条件地接受。至此，我们已可以说，函数概念、函数的本质定义已经形成，这就是人们常说的经典函数定义。到康托尔（Cantor）创立的集合论在数学中占有重要地位之后，维布伦（Veblen）用"集合"和"对应"的概念给出了近代函数定义，通过集合概念，把函数

的对应关系、定义域及值域进一步具体化了,且打破了"变量是数"的极限,变量可以是数,也可以是其他对象(点、线、面、体、向量、矩阵等)。

函数是数学的重要的基础概念之一。进一步学习的数学分析,包括极限理论、微分学、积分学、微分方程乃至泛函分析等高等学校开设的数学基础课程,无一不是以函数作为基本概念和研究对象的。其他学科如物理学等学科也是以函数的基础知识作为研究问题和解决问题的工具。函数的教学内容蕴涵着极其丰富的辩证思想,是对学生进行辩证唯物主义观点教育的好素材。函数的思想方法也广泛地渗透到中学数学的全过程和其他学科中。

二、极限的发展简史

极限理论是微积分的理论基础,它建立于19世纪,有相当长的时间人们对极限的认识是模糊不清的。

微积分一诞生,就在力学、天文学中大显身手,能够轻而易举地解决许多本来认为束手无策的难题。后来,微积分又在更多的领域取得了丰硕的成果。人们公认微积分是17、18世纪数学所达到的最高成就,然而它的创始人牛顿和莱布尼茨对之所作的论证却并不清楚、很不严谨。无论是牛顿的流数法,还是莱布尼茨的 dx 和 dy,都涉及"无穷小量",而在他们各自的论述中都没有给出确定的、一贯的定义。在微积分的推导和运算过程中,常常是先用无穷小量作为分母进行除法,然后又把无穷小量当作零,以消除那些包含有它的项。那么"无穷小量"究竟是零还是非零呢? 如果它是零,怎么能用它去作除数呢? 如果它不是零,又怎么能把包含它的那些项消除掉呢? 这种逻辑上的矛盾,牛顿和莱布尼茨都意识到了。牛顿曾用有限差值的最初比和最终比来说明流数的意义,但是当差值还未达到零时,其比值不是最终的,而当差值达到零时,它们的比就成为最终比。怎样理解这样的最终比呢? 实在令人困惑。牛顿承认他对自己的方法只作出"简略的说明,而不是正确的论证"。莱布尼茨曾把无穷小量形容为一种"理想的量",但正如一些数学家所说:与其说是一种说明,还不如说是一个谜。

尽管微积分自身存在着明显的逻辑混乱,然而在实际应用中则是卓有成效的得力工具。这样,微积分就具有了"神秘性"。起初,"神秘性"集中表现在对于"无穷小量"这个概念的理解上,并因而受到了各种人的攻击。数学家们不能容忍这一新方法的理论本身是如此的含糊不清乃至荒谬绝伦。法国数学家洛尔称微积分为"巧妙的谬论的汇集";著名思想家伏尔泰说微积分是"精确的计算和度量某种无从想象其存在的东西的艺术"。在一片疑难和责问声中,以英国主教兼哲学家贝克莱的谴责最为强烈,他讥讽无穷小量是"逝去的量的鬼魂",说微积分包含"大量的空虚、黑暗和混乱",是"分明的诡辩"。

微积分的逻辑缺陷和人们的猛烈攻击,激励数学家们为消除微积分的神秘性,亦即为微积分建立合理的理论基础而努力。18世纪,在这方面作出贡献的主要代表人物是达朗贝尔、欧拉和拉格朗日。可是"无穷小量"的本质尚未弄明白,无穷级数的"和"的问题又日渐突出了。在微积分里,一个典型的基本算法就是把无穷多项相加,称为求无穷级数之和。在初等数学中,有限多项相加总有确定的和。而无穷多项相加,是加不完的,什么是无穷级数的"和"是不清楚的。在很长一段时间里,人们习惯地把有限多项相加的运算规则照搬到无穷级数中,虽然也解决过许多问题,但有时竟出现了像 $1/2=0$ 这样的荒谬结果。

进入19世纪以后,随着微积分应用的更加广泛和深入,遇到的数量关系也更加复杂,出现很多问题。例如,对于热传导现象的研究,就已超出了早年力学那样的直观性。在这种情况下,要求有明确的概念、合乎逻辑的推理和运算法则,就显得更加重要和迫切了。事实上,微积分作为变量数学,是运用"无穷"来描画和研究运动和变化过程,这是获得了成功的,但却长期没有对有关"无穷"的概念给出正确的阐述,甚至导致逻辑上的混乱,微积分的神秘性正是由此而来,而这也正是微积分的理论基础所要解决的问题。

数学家们经过 100 多年的艰苦探索历程,终于在前人所积累的大量成果(包括许多失败的尝试)的基础上,建立起微积分的理论基础。柯西于 1821 年出版的《分析教程》中,开始有了极限概念的基本明确的叙述,并以极限概念为基础,对"无穷小量"、无穷级数的"和"等概念给出了比较明确的定义。例如,从极限的观点看,"无穷小量"就是极限为零的变量,在变化过程中,它可以是"非零",但它的变化趋向是"零",无限地接近于"零"。极限论正是从变化趋向上说明了"无穷小量"与"零"的内在联系,从而澄清了逻辑上的混乱,撕开了早期微积分的神秘面纱。后来,经过波尔察诺、魏尔斯特拉斯、戴德金、康托等人的卓越工作,又进一步把极限论建立在严格的实数理论基础上,并且形成了描述极限过程的 $\varepsilon-\delta$ 语言,使微积分的理论更加严谨。

习　题

1-1　下列各题中的两个函数是否相同。

(1) $f(x)=x$, $g(x)=\sqrt{x^2}$;

(2) $f(x)=\lg x^2$, $g(x)=2\lg x$;

(3) $f(x)=x+1$, $g(x)=\dfrac{x^2-1}{x-1}$。

1-2　求下列函数的定义域。

(1) $y=a\ln(bx-c)\ (ab\neq 0)$; 　　(2) $y=\dfrac{1}{x}-\sqrt{1-x^2}$;

(3) $y=\ln(x+\sqrt{x^2+1})$; 　　(4) $\dfrac{1}{|x|-x}$。

1-3　设 $f(x)=\begin{cases}1-x^2 & x\leqslant 0\\ -2^x & x>0\end{cases}$,求 $f(-1)$, $f(0)$, $f(1)$, $f(f(-1))$。

1-4　求下列函数的反函数。

(1) $y=\sqrt[3]{1+x}$; 　　(2) $y=\dfrac{ax+b}{cx+d}(ad-bx\neq 0)$。

1-5　当 $x\to 0$ 时,下列函数与 x 相比是什么阶的无穷小量。

(1) $x^2+\sin x$;

(2) $x^3+1\,000x^2$;

(3) $\ln(1+2x)$。

1-6　求下列极限。

(1) $\lim\limits_{x\to 2}\dfrac{x-1}{x+3}$; 　　(2) $\lim\limits_{x\to 0}\left(1-\dfrac{2}{x-3}\right)$;

(3) $\lim\limits_{x\to 1}\dfrac{x^2-1}{2x^2-x-3}$; 　　(4) $\lim\limits_{x\to\infty}\dfrac{3x^3+4x^2+2}{7x^3+5x^2-3}$;

(5) $\lim\limits_{x\to 0}\dfrac{x^2}{1-\sqrt{1+x^2}}$;

(6) $\lim\limits_{x\to 0}\dfrac{\sqrt{1-x}-3}{2+\sqrt[3]{x}}$。

1-7 求下列极限。

(1) $\lim\limits_{x\to 0}\dfrac{\tan x-\sin x}{x}$;

(2) $\lim\limits_{x\to 0}\dfrac{\sin 2x}{\sin 3x}$;

(3) $\lim\limits_{x\to 0}\dfrac{x-\sin x}{x+\sin x}$;

(4) $\lim\limits_{x\to 0}\dfrac{\tan x-\sin x}{\sin^3 x}$。

1-8 求下列极限。

(1) $\lim\limits_{x\to \infty}\left(1+\dfrac{2}{x}\right)^{2x}$;

(2) $\lim\limits_{x\to \infty}\left(1-\dfrac{2}{x}\right)^{\frac{x}{2}-1}$;

(3) $\lim\limits_{x\to 0}\left(\dfrac{2-x}{2}\right)^{\frac{2}{x}}$;

(4) $\lim\limits_{x\to \infty}\left(\dfrac{x-1}{x+1}\right)^{x}$。

1-9 请问 a 取何值时,下列函数在 $(-\infty,+\infty)$ 内为连续函数。

(1) $f(x)=\begin{cases}\dfrac{\sin x}{x} & x<0 \\ 2a-x^2 & x\geqslant 0\end{cases}$;

(2) $f(x)=\begin{cases}x+a & x\leqslant 0 \\ \dfrac{1-\cos x}{x^2} & x>0\end{cases}$。

1-10 试确定下列函数的间断点并说明类型。

(1) $y=\dfrac{1}{x^2-3x+2}$;

(2) $y=\begin{cases}x-1 & x\leqslant 1 \\ 3-x & x>1\end{cases}$。

1-11 求下列极限。

(1) $\lim\limits_{x\to 1}\left(\dfrac{3}{x^3-1}-\dfrac{1}{x-1}\right)$;

(2) $\lim\limits_{x\to 0}\dfrac{\sin 3x}{\sqrt{x+4}-2}$;

(3) $\lim\limits_{x\to 0}\dfrac{\ln(1+2x)}{\sin 3x}$;

(4) $\lim\limits_{x\to +\infty}\left(1-\dfrac{1}{x}\right)^{\sqrt{x}}$;

(5) $\lim\limits_{x\to \infty}\left(\dfrac{2x+3}{2x-1}\right)^{x+1}$;

(6) $\lim\limits_{x\to +\infty}x\left[\ln(x+2)-\ln x\right]$。

1-12 证明方程 $x\cdot 2^x=1$ 至少有一个小于 1 的正根。

第二章　导数与微分

本章介绍导数与微分的概念和性质,主要解决导数与微分相关的计算问题。

(1) 掌握导数与微分的基本概念和解题方法,包括导数与微分的基本概念、性质和计算方法。

(2) 熟悉导数与微分的几何意义和物理意义。

(3) 了解导数与微分在实际问题中的应用。

在实际问题中,不仅要研究相关变量间的关系(函数及其基本性质),还要研究一个变量随着另一个或几个变量变化而变化的快慢(函数变化率)。例如,物体运动的速度、药物释放与吸收的速率、劳动生产率等。针对此类问题,高等数学中引入了两个重要概念——导数和微分,这是我们研究实际问题的工具。

第一节　导数的概念

一、导数的引入

导数的概念是从各种客观过程的变化率问题中抽象出来的,如几何上的切线、物理上的瞬时速度等。

例 2-1　切线问题　求曲线 $y=f(x)$ 在 $P(x_0, y_0)$ 点处的切线的斜率。

解　设 $Q(x_0 + \Delta x, y_0 + \Delta y)$ 为曲线上的动点,如图 2-1 所示,则割线 PQ 的斜率为:

$$\frac{QR}{PR} = \frac{f(x_0 + \Delta x) - f(x_0)}{\Delta x} = \frac{\Delta y}{\Delta x}$$

当点 Q 沿曲线 $y=f(x)$ 趋向于定点 P(即 $\Delta x \rightarrow 0$)时,割线 PQ 的极限位置就是曲线 $y=f(x)$ 在 $P(x_0, y_0)$ 点处的切

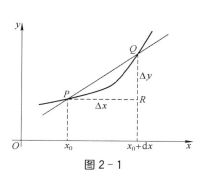

图 2-1

线，割线斜率的极限就是切线斜率，故点 P 处切线的斜率为：

$$k = \lim_{\Delta x \to 0} \frac{\Delta y}{\Delta x}$$

例 2 - 2　速度问题　一物体做变速直线运动，若运动方程为 $s = s(t)$，求时刻 t_0 的瞬时速度。

解　从时刻 t_0 到时刻 $t_0 + \Delta t$，物体经过的路程为 $\Delta s = s(t_0 + \Delta t) - s(t_0)$，平均速度为：

$$\bar{v} = \frac{s(t_0 + \Delta t) - s(t_0)}{\Delta t} = \frac{\Delta s}{\Delta t}$$

Δt 很小时，可把 $\bar{v}$ 看成 t_0 时刻的瞬时速度 $v(t_0)$ 的近似值。显然，Δt 愈小，平均速度 $\bar{v}$ 愈接近于 t_0 时刻的速度 $v(t_0)$，根据极限理论，当 $\Delta t \to 0$ 时，平均速度 $\bar{v}$ 的极限就是 t_0 时刻的速度 $v(t_0)$，即：

$$v(t_0) = \lim_{\Delta t \to 0} \bar{v} = \lim_{\Delta t \to 0} \frac{\Delta s}{\Delta t}$$

虽然，切线问题和速度问题的实际意义不同，但从数量关系上看，都是通过求函数改变量与自变量改变量的比值 $\dfrac{\Delta y}{\Delta x}$ 在 $\Delta x \to 0$ 时的极限而得到的。这样计算的例子很多，如电学中的电流强度、化学中物体的比热、经济学中边际函数值等，抛开问题的实际意义，仅从函数关系考虑，就抽象出了导数的概念：$\dfrac{\Delta y}{\Delta x}$ 是在 Δx 的范围内，因变量 y 相对于自变量 x 的平均变化速度，称为函数 y 的平均变化率。平均变化率的极限，称为函数 y 在 x_0 处的变化率或导数。

二、导数的定义

定义 1　设函数 $y = f(x)$ 在 x_0 的某邻域 $(x_0 - \delta, x_0 + \delta)$ $(\delta > 0)$ 内有定义，当自变量 x 在点 x_0 处有改变量 Δx 时，相应地，函数有改变量 $\Delta y = f(x_0 + \Delta x) - f(x_0)$。若 $\Delta x \to 0$ 时，极限 $\lim\limits_{\Delta x \to 0} \dfrac{\Delta y}{\Delta x}$ 存在，则称函数 $y = f(x)$ 在 $x = x_0$ 处可导，称此极限值为 $f(x)$ 在点 x_0 处的**导数**，记为 $f'(x_0)$ 或 $y'(x_0)$ 或 $y'|_{x=x_0}$ 或 $\dfrac{\mathrm{d}y}{\mathrm{d}x}\big|_{x=x_0}$ 或 $\dfrac{\mathrm{d}f}{\mathrm{d}x}\big|_{x=x_0}$。

$\Delta x \to 0^+$ 时，改变量比值的极限 $\lim\limits_{\Delta x \to 0^+} \dfrac{\Delta y}{\Delta x}$ 称 $f(x)$ 在 x_0 处的**右导数**，记为 $f'_+(x_0)$。

$\Delta x \to 0^-$ 时，改变量比值的极限 $\lim\limits_{\Delta x \to 0^-} \dfrac{\Delta y}{\Delta x}$ 称 $f(x)$ 在 x_0 处的**左导数**，记为 $f'_-(x_0)$。

根据左、右极限的关系，不难得到：函数 $f(x)$ 在 x_0 处可导的充要条件是函数 $f(x)$ 在点 x_0 处的左、右导数都存在且相等，即 $f'_-(x_0) = f'_+(x_0) = f'(x_0)$。

导数的**几何意义**：$f'(x_0)$ 是曲线 $y = f(x)$ 在点 (x_0, y_0) 处切线的斜率，导数的几何意义给我们提供了直观的几何背景，是微分学的几何应用的基础。

导数的**物理意义**：路程对时间的导数 $s'(t)$ 是瞬时速度 $v(t_0)$。以此类推，速度对时间的导数 $v'(t_0)$ 是瞬时加速度 $a(t_0)$ 等。

定义 2　若 $\forall x \in (a, b)$，$f'(x)$ 存在，则称**函数 $y = f(x)$ 在区间 (a, b) 内可导**。

此时，由于 $\forall x \in (a, b)$，都有导数 $f'(x)$ 与之对应，称函数 $f'(x)$ 为 $y = f(x)$ 的**导函数**。在定点 x_0 处的导数 $f'(x_0)$ 是导函数 $f'(x)$ 在 x_0 处的函数值，即 $f'(x_0) = f'(x)|_{x=x_0}$。在不致混淆的情况下，导函数 $f'(x)$ 也简称为导数。

三、可导与连续的关系

定理　若函数 $y = f(x)$ 在点 x_0 处可导，则函数在点 x_0 处一定连续。

证　函数 $y = f(x)$ 在点 x_0 处可导，即 $\lim\limits_{\Delta x \to 0} \dfrac{\Delta y}{\Delta x} = f'(x_0)$，从而

$$\lim_{\Delta x \to 0} \Delta y = \lim_{\Delta x \to 0} \left(\frac{\Delta y}{\Delta x} \cdot \Delta x \right) = \lim_{\Delta x \to 0} \frac{\Delta y}{\Delta x} \cdot \lim_{\Delta x \to 0} \Delta x = f'(x_0) \cdot 0 = 0$$

根据连续的定义，函数 $y = f(x)$ 在点 x_0 处连续。

定理 1 的逆命题不成立，即连续未必可导，即函数在某点连续是函数在该点可导的必要条件，但不是充分条件，如例 2-3。

例 2-3　证明绝对值函数 $y = |x|$ 在分段点 $x = 0$ 处连续但不可导。

证　由函数连续性定义可知，$y = |x|$ 在分段点 $x = 0$ 处连续，但 $\Delta y = |0 + \Delta x| - |0| = |\Delta x|$，得到：

$$\lim_{\Delta x \to 0^+} \frac{\Delta y}{\Delta x} = \lim_{\Delta x \to 0^+} \frac{|\Delta x|}{\Delta x} = \lim_{\Delta x \to 0^+} \frac{\Delta x}{\Delta x} = 1, \ \lim_{\Delta x \to 0^-} \frac{\Delta y}{\Delta x} = \lim_{\Delta x \to 0^-} \frac{|\Delta x|}{\Delta x} = \lim_{\Delta x \to 0^-} \frac{-\Delta x}{\Delta x} = -1$$

由此可知，$y = |x|$ 在 $x = 0$ 处左右导数不等，因此在点 $x = 0$ 处不可导。

四、导数的基本公式

根据导数定义，可以求出一些基本初等函数的导数，以下各例的结果都可作为公式使用。

例 2-4　证明 $(C)' = 0$，C 是常数。

证　设 $f(x) = C$，则 $\Delta y = f(x + \Delta x) - f(x) = C - C = 0$，得到：

$$\lim_{\Delta x \to 0} \frac{\Delta y}{\Delta x} = \lim_{\Delta x \to 0} \frac{0}{\Delta x} = \lim_{\Delta x \to 0} 0 = 0, 即$$
$$(C)' = 0$$

例 2-5　证明 $(x^n)' = nx^{n-1}$（n 为正整数）。

证　设 $f(x) = x^n$，则

$$\Delta y = (x + \Delta x)^n - x^n = nx^{n-1}\Delta x + \frac{n(n-1)}{2}x^{n-2}(\Delta x)^2 + \cdots + (\Delta x)^n, 得到：$$

$$\lim_{\Delta x \to 0} \frac{\Delta y}{\Delta x} = \lim_{\Delta x \to 0} \left[nx^{n-1} + \frac{n(n-2)}{2}x^{n-2}\Delta x + \cdots + (\Delta x)^{n-1} \right] = nx^{n-1}, 即：$$

$$(x^n)' = nx^{n-1}$$

例 2-6　证明 $(\log_a x)' = \dfrac{1}{x \ln a}$。

证 设 $f(x) = \log_a x (a > 0, a \neq 1)$，得到：

$$\Delta y = \log_a(x + \Delta x) - \log_a x = \log_a \frac{x + \Delta x}{x} = \log_a\left(1 + \frac{\Delta x}{x}\right)$$

$$\lim_{\Delta x \to 0} \frac{\Delta y}{\Delta x} = \lim_{\Delta x \to 0} \frac{1}{\Delta x} \log_a\left(1 + \frac{\Delta x}{x}\right) = \lim_{\Delta x \to 0} \log_a\left(1 + \frac{\Delta x}{x}\right)^{\frac{1}{\Delta x}} = \log_a\left[\lim_{\Delta x \to 0}\left(1 + \frac{\Delta x}{x}\right)^{\frac{x}{\Delta x} \cdot \frac{1}{x}}\right]$$

$$= \log_a e^{\frac{1}{x}} = \frac{1}{x} \log_a e = \frac{1}{x \ln a}, \text{ 即：}$$

$$(\log_a x)' = \frac{1}{x \ln a}$$

特别地，当 $a = e$ 时，有 $(\ln x)' = \frac{1}{x}$。

例 2 - 7 证明 $(\sin x)' = \cos x$。

证 设 $f(x) = \sin x$，则 $\Delta y = \sin(x + \Delta x) - \sin x = 2\sin\frac{\Delta x}{2}\cos\left(x + \frac{\Delta x}{2}\right)$，得到：

$$\lim_{\Delta x \to 0} \frac{\Delta y}{\Delta x} = \lim_{\Delta x \to 0}\left[\cos\left(x + \frac{\Delta x}{2}\right) \cdot \frac{\sin(\Delta x / 2)}{\Delta x / 2}\right] = \cos(x + 0) \cdot 1 = \cos x, \text{ 即：}$$

$$(\sin x)' = \cos x$$

同样方法可证明：$(\cos x)' = -\sin x$。

上面几个函数的导数是直接通过导数的定义求得的。但在实际运算中，按定义求导数有时是很困难的，甚至算不出来。因此需要讨论求导法则，以便计算一般的初等函数的导数。

第二节　导 数 的 运 算

一、导数的四则运算法则

定理 1　代数和求导法则　若 $u(x)$ 和 $v(x)$ 都在点 x 处可导，则

$$(u \pm v)' = u' \pm v'$$

证 设 $y = u \pm v$，x 取改变量 Δx，则：

$$\Delta y = [u(x + \Delta x) \pm v(x + \Delta x)] - [u(x) \pm v(x)]$$
$$= [u(x + \Delta x) - u(x)] \pm [v(x + \Delta x) - v(x)] = \Delta u \pm \Delta v$$

$$y' = \lim_{\Delta x \to 0} \frac{\Delta y}{\Delta x} = \lim_{\Delta x \to 0} \frac{\Delta u}{\Delta x} \pm \lim_{\Delta x \to 0} \frac{\Delta v}{\Delta x} = u' \pm v'$$

代数和求导法则可以推广到任意有限个函数的情形，即：

$$(u_1 \pm u_2 \pm \cdots \pm u_n)' = u_1' \pm u_2' \pm \cdots \pm u_n'$$

例 2-8　求 $f(x) = x^3 - \sin x + \cos x$ 的导数。

解　$f'(x) = (x^3 - \sin x + \cos x)' = (x^3)' - (\sin x)' + (\cos x)'$
$$= 3x^2 - \cos x - \sin x$$

定理 2　积的求导法则　若 $u(x)$ 和 $v(x)$ 都在点 x 处可导,则:
$$(uv)' = u'v + uv'$$

证　设 $y = uv$, x 取改变量 Δx,则:
$$\Delta y = u(x + \Delta x)v(x + \Delta x) - u(x)v(x)$$
$$= [u(x + \Delta x) - u(x)]v(x + \Delta x) + u(x)[v(x + \Delta x) - v(x)]$$
$$= \Delta u \cdot v(x + \Delta x) + u(x) \cdot \Delta v$$

由 $v(x)$ 在 x 处可导,有 $v(x)$ 在 x 处连续,得到:
$$\lim_{\Delta x \to 0} \frac{\Delta y}{\Delta x} = \lim_{\Delta x \to 0} \frac{\Delta u}{\Delta x} \cdot \lim_{\Delta x \to 0} v(x + \Delta x) + u(x) \lim_{\Delta x \to 0} \frac{\Delta v}{\Delta x} = u'v(x) + u(x)v'$$

特别地,常数因子可由导数符号中提出,即:
$$(Cu)' = Cu'$$

积的求导法则可以推广到任意有限个函数的情形,即:
$$(u_1 u_2 \cdots u_n)' = u_1' u_2 \cdots u_n + u_1 u_2' \cdots u_n + \cdots + u_1 u_2 \cdots u_n'$$

例 2-9　已知物体做直线运动的路程函数为 $s(t) = t + t^2 \cos t$,求该物体的速度。

解　$v(t) = s'(t) = (t)' + (t^2 \cos t)' = 1 + 2t \cos t - t^2 \sin t$

定理 3　商的求导法则　若 $u(x)$ 和 $v(x)$ 都在点 x 处可导,且 $v(x) \neq 0$,则:
$$\left(\frac{u}{v}\right)' = \frac{u'v - uv'}{v^2}$$

证　设 $y = \dfrac{u}{v}$ $(v \neq 0)$, x 取改变量 Δx,则:

$$\Delta y = \frac{u(x + \Delta x)}{v(x + \Delta x)} - \frac{u(x)}{v(x)} = \frac{[u(x + \Delta x) - u(x)]v(x) - u(x)[v(x + \Delta x) - v(x)]}{v(x + \Delta x)v(x)}$$
$$= \frac{\Delta u \cdot v(x) - u(x) \cdot \Delta v}{v(x + \Delta x)v(x)}$$

$$\lim_{\Delta x \to 0} \frac{\Delta y}{\Delta x} = \lim_{\Delta x \to 0} \frac{\dfrac{\Delta u}{\Delta x} \cdot v(x) - u(x) \cdot \dfrac{\Delta v}{\Delta x}}{v(x + \Delta x)v(x)} = \frac{u'v(x) - u(x)v'}{v(x)v(x)} = \frac{u'v - uv'}{v^2}$$

特别地,$u = 1$ 时,得到:
$$\left(\frac{1}{v}\right)' = \frac{-v'}{v^2}$$

例 2 - 10 证明 $(\tan x)' = \sec^2 x$。

证 使用除法法则,得到:

$$(\tan x)' = \left(\frac{\sin x}{\cos x}\right)' = \frac{(\sin x)' \cos x - \sin x (\cos x)'}{\cos^2 x} = \frac{\cos x \cdot \cos x - \sin x(-\sin x)}{\cos^2 x}$$

$$= \frac{\cos^2 x + \sin^2 x}{\cos^2 x} = \frac{1}{\cos^2 x} = \sec^2 x,\ 即:$$

$$(\tan x)' = \sec^2 x$$

同理可证 $(\cot x)' = -\csc^2 x$,$(\sec x)' = \sec x \tan x$,$(\csc x)' = -\csc x \cot x$。

例 2 - 11 求 $f(x) = x^2 \cdot \sin x \cdot \ln x + \frac{\tan x}{x}$ 的导数。

解 使用代数和法则后,第一项使用积的求导法则,第二项使用商的求导法则,得到:

$$f'(x) = (x^2 \cdot \sin x \cdot \ln x)' + \left(\frac{\tan x}{x}\right)'$$

$$= (x^2)' \cdot \sin x \cdot \ln x + x^2 \cdot (\sin x)' \cdot \ln x + (x^2 \cdot \sin x) \cdot (\ln x)' + \frac{(\tan x)' x - \tan x \cdot (x)'}{x^2}$$

$$= 2x \cdot \sin x \cdot \ln x + x^2 \cdot \cos x \cdot \ln x + x \cdot \sin x + \frac{x \sec^2 x - \tan x}{x^2}$$

二、复合函数的求导法则

定理 4 若函数 $u = g(x)$ 在点 x 处可导,且 $y = f(u)$ 在其相应点 u 处可导,则复合函数 $y = f[g(x)]$ 在 x 处可导,且 $y'_x = y'_u \cdot u'_x$ 或 $\dfrac{\mathrm{d}y}{\mathrm{d}x} = \dfrac{\mathrm{d}y}{\mathrm{d}u} \cdot \dfrac{\mathrm{d}u}{\mathrm{d}x}$。

证 设 x 有改变量 Δx,则 u 和 y 有相应改变量 Δu 和 Δy。

因为 $y = f(u)$ 在点 u 处可导,得到:

$\lim\limits_{\Delta u \to 0} \dfrac{\Delta y}{\Delta u} = \dfrac{\mathrm{d}y}{\mathrm{d}u}$,即:

$$\Delta y = \frac{\mathrm{d}y}{\mathrm{d}u} \Delta u + \alpha \Delta u$$

其中当 $\Delta u \to 0$ 时,$\alpha \to 0$,又 $u = g(x)$ 在点 x 处可导,则 $u = g(x)$ 在点 x 处连续,即当 $\Delta x \to 0$ 时,$\Delta u \to 0$,得到:

$$\lim_{\Delta x \to 0} \frac{\Delta y}{\Delta x} = \lim_{\Delta x \to 0}\left[\frac{\mathrm{d}y}{\mathrm{d}u}\frac{\Delta u}{\Delta x} + \alpha \frac{\Delta u}{\Delta x}\right] = \frac{\mathrm{d}y}{\mathrm{d}u} \lim_{\Delta x \to 0} \frac{\Delta u}{\Delta x} + \lim_{\Delta u \to 0}\alpha \lim_{\Delta x \to 0} \frac{\Delta u}{\Delta x} = \frac{\mathrm{d}y}{\mathrm{d}u} \cdot \frac{\mathrm{d}u}{\mathrm{d}x},\ 即:$$

$$\frac{\mathrm{d}y}{\mathrm{d}x} = \frac{\mathrm{d}y}{\mathrm{d}u} \cdot \frac{\mathrm{d}u}{\mathrm{d}x}$$

定理 4 表明:复合函数的导数,等于外层函数的导数乘以内层函数的导数,即因变量对中间变量的导数乘以中间变量对自变量的导数。

这个结论可以推广到有限多层复合函数的情形,如 $y=y(u)$, $u=u(v)$, $v=v(x)$,则复合函数的导数 $y'_x=y'_u \cdot u'_v \cdot v'_x$。由于复合函数求导时,必须由外向内逐层求导,即沿着"因变量—中间变量—自变量"这个链条求导,因此复合函数求导法则被称为**链锁法则**。

例 2-12　求 $y=(x^2-4)^5$ 的导数。

解　可以先将 $y=(x^2-4)^5$ 展开成多项式,然后运用四则运算的求导法则,但这样既复杂,又容易错。如果将 $y=(x^2-4)^5$ 看成复合函数,分解为 $y=u^5$, $u=x^2-4$,由链锁法则得到:

$$\frac{dy}{dx}=\frac{dy}{du} \cdot \frac{du}{dx}=(u^5)'_u \cdot (x^2-4)'_x=5u^4 \cdot 2x=10x(x^2-4)^4$$

例 2-13　求 $y=\ln\cos x$ 的导数。

解　函数分解为 $y=\ln u$, $u=\cos x$,由链锁法则得到:

$$\frac{dy}{dx}=\frac{dy}{du} \cdot \frac{du}{dx}=(\ln u)'_u \cdot (\cos x)'_x=\frac{1}{u} \cdot (-\sin x)=\frac{1}{\cos x} \cdot (-\sin x)=-\tan x$$

例 2-14　求 $y=\tan(3-x^2)$ 的导数。

解　函数分解为 $y=\tan u$, $u=3-x^2$,由链锁法则得到:

$$\frac{dy}{dx}=\frac{dy}{du} \cdot \frac{du}{dx}=(\tan u)'_u \cdot (3-x^2)'_x=\sec^2 u \cdot (-2x)=-2x\sec^2(3-x^2)$$

链锁法则是导数计算中最重要、最常用的法则,能否熟练运用链锁法则是衡量导数计算能否过关的一个重要标志。在导数计算有一定经验以后,只要分析清楚函数的复合关系,在心里默记,由外向内逐层求导,而不必在解题过程中写出中间变量。

例 2-15　求 $y=2^{\sin^2\frac{x}{2}}$ 的导数。

解　使用链锁法则,逐层求导,得到:

$$\frac{dy}{dx}=(2^{\sin^2\frac{x}{2}})'=2^{\sin^2\frac{x}{2}}\ln 2 \cdot \left(\sin^2\frac{x}{2}\right)'=2^{\sin^2\frac{x}{2}}\ln 2 \cdot 2\sin\frac{x}{2}\left(\sin\frac{x}{2}\right)'$$

$$=2^{\sin^2\frac{x}{2}}\ln 2 \cdot 2\sin\frac{x}{2} \cdot \cos\frac{x}{2}\left(\frac{x}{2}\right)'=2^{\sin^2\frac{x}{2}}\ln 2 \cdot 2\sin\frac{x}{2} \cdot \cos\frac{x}{2} \cdot \frac{1}{2}$$

$$=2^{\sin^2\frac{x}{2}-1}\sin x\ln 2=2^{-\cos^2\frac{x}{2}}\sin x\ln 2$$

例 2-16　证明 $(\cos x)'=-\sin x$。

证　使用复合函数求导法则和诱导公式,得到:

$$(\cos x)'=\left[\sin\left(\frac{\pi}{2}-x\right)\right]'=\cos\left(\frac{\pi}{2}-x\right)\left(\frac{\pi}{2}-x\right)'=\sin x \cdot (-1)=-\sin x$$

三、隐函数的求导法则

隐函数 $F(x,y)=0$ 不能解出 y 关于 x 的解析式 $y(x)$,则称**隐函数** y 不可显化,这时可用隐函数的求导方法:在方程 $F(x,y)=0$ 两边对 x 求导,含 y 的项视为 x 的函数,使用复合函数求导的锁链法则,然后解出 y' 即可。

例 2 - 17 若 $y(x)$ 是方程 $e^y = xy$ 所确定的函数,求 $\dfrac{\mathrm{d}y}{\mathrm{d}x}$。

解 方程两边对 x 求导,得到:

$$e^y \cdot y' = 1 \cdot y + x \cdot y'$$

解出 y' 并利用原方程化简,即:

$$y' = \frac{y}{e^y - x} = \frac{y}{xy - x}$$

例 2 - 18 求曲线 $y^3 + y = 2x$ 在 $(1, 1)$ 的切线方程和法线方程。

解 方程两边对 x 求导,得到:

$$3y^2 \cdot y' + y' = 2, \quad y' = \frac{2}{3y^2 + 1}$$

曲线在 $(1, 1)$ 点的切线斜率 $k = \dfrac{2}{3 \times 1^2 + 1} = \dfrac{1}{2}$,法线斜率为 -2;切线方程为 $y - 1 = \dfrac{1}{2}(x - 1)$,即 $y = \dfrac{1}{2}x + \dfrac{1}{2}$;法线方程为 $y - 1 = -2(x - 1)$,即 $y = -2x + 3$。

例 2 - 19 证明 $(a^x)' = a^x \ln a$。

证 设 $y = a^x$,则 $x = \log_a y$,两边对 x 求导,含 y 的项使用链锁法则,得到:

$(x)' = (\log_a y)'_y \cdot y'_x$, $1 = \dfrac{1}{y \ln a} \cdot y'_x$,即:

$$y' = y \ln a = a^x \ln a$$

特别地,$a = e$ 时,有 $(e^x)' = e^x$。

例 2 - 20 证明 $(\arcsin x)' = \dfrac{1}{\sqrt{1 - x^2}}$。

证 设 $y = \arcsin x(-1 < x < 1)$,则 $x = \sin y\left(-\dfrac{\pi}{2} < y < \dfrac{\pi}{2}\right)$,两边对 x 求导,得到:

$(x)' = (\sin y)'_y \cdot y'_x$,则:

$1 = \cos y \cdot y'$,从而

$y' = \dfrac{1}{\cos y} = \dfrac{1}{\sqrt{1 - \sin^2 y}} = \dfrac{1}{\sqrt{1 - x^2}}$,即:

$$(\arcsin x)' = \frac{1}{\sqrt{1 - x^2}}$$

类似地,可以证明:$(\arccos x)' = \dfrac{-1}{\sqrt{1 - x^2}}$,$(\arctan x)' = \dfrac{1}{1 + x^2}$,$(\text{arccot } x)' = \dfrac{-1}{1 + x^2}$。

因此,求隐函数的导数时,要注意 y 不仅是一个单个的变量,而且还是 x 的函数。隐函数的导数结果中往往还含有 y,这是隐函数不能显化所致,并不影响它的应用。

四、取对数的求导法则

底数与指数部分均含有自变量形如 $y=u(x)^{v(x)}$ 的函数,称为**幂指函数**。求幂指函数的导数,不能直接用幂函数或指数函数的求导公式。对幂指函数或多因子乘积形式的函数求导,可先对函数解析式两边取对数,利用对数性质进行化简后,再按隐函数求导方法求导。这种先取对数,化简后再求导的方法,称为**取对数求导法则**。

例 2-21　求幂指函数 $y=x^x$ 的导数。

解　两边取对数并化简, $\ln y=x\ln x$,等式两边对 x 求导,得到:

$$(\ln y)'_x=(x\cdot\ln x)'_x,\quad \frac{1}{y}y'=1\cdot\ln x+x\cdot\frac{1}{x},\quad 即:$$

$$y'=y(\ln x+1)=x^x(\ln x+1)$$

例 2-22　证明 $(x^\mu)'=\mu x^{\mu-1}$ (μ 为任意实数)。

证　设 $y=x^\mu$,等式两边取对数并化简, $\ln y=\mu\ln x$,等式两边对 x 求导,得到

$\frac{1}{y}\cdot y'=\mu\cdot\frac{1}{x}$,即:

$$y'=\mu\frac{y}{x}=\mu x^{\mu-1}$$

由例 2-22,我们就可以求以任意实数为指数的幂函数的导数。根式求导时可先化成分数指数的幂函数再求导。例如, $(\sqrt[3]{x^2})'=(x^{\frac{2}{3}})'=\frac{2}{3}x^{-\frac{1}{3}}$ 。

例 2-23　求函数 $y=\sqrt{\frac{(x-1)(x-2)}{(x-3)(x-4)}}$ 的导数。

解　这是多因子乘积形式,等式两边取对数可达到化简的目的,得到:

$\ln y=\frac{1}{2}[\ln(x-1)+\ln(x-2)-\ln(x-3)-\ln(x-4)]$,再两边对 x 求导,从而

$\frac{1}{y}y'=\frac{1}{2}\left(\frac{1}{x-1}+\frac{1}{x-2}-\frac{1}{x-3}-\frac{1}{x-4}\right)$,即:

$$y'=\frac{1}{2}\sqrt{\frac{(x-1)(x-2)}{(x-3)(x-4)}}\left(\frac{1}{x-1}+\frac{1}{x-2}-\frac{1}{x-3}-\frac{1}{x-4}\right)$$

需要说明的是,如果例 2-23 直接用复合函数求导法则计算导数是比较复杂的。

五、基本初等函数的求导公式

本节中我们已求出了所有基本初等函数的导数,这些基本导数公式必须熟记,与各种求导法则和求导方法配合,可求初等函数的导数。

(1) $(C)'=0$　　　　　　(2) $(x^\mu)'=\mu x^{\mu-1}$

(3) $(a^x)'=a^x\ln a$　　　(4) $(e^x)'=e^x$

(5) $(\log_a x)' = \dfrac{1}{x \ln a}$

(6) $(\ln x)' = \dfrac{1}{x}$

(7) $(\sin x)' = \cos x$

(8) $(\cos x)' = -\sin x$

(9) $(\tan x)' = \sec^2 x$

(10) $(\cot x)' = -\csc^2 x$

(11) $(\sec x)' = \sec x \tan x$

(12) $(\csc x)' = -\csc x \cot x$

(13) $(\arcsin x)' = \dfrac{1}{\sqrt{1-x^2}}$

(14) $(\arccos x)' = -\dfrac{1}{\sqrt{1-x^2}}$

(15) $(\arctan x)' = \dfrac{1}{1+x^2}$

(16) $(\operatorname{arccot})' = -\dfrac{1}{1+x^2}$

六、高阶导数

若函数 $y = f(x)$ 的导数 $f'(x)$ 仍然是 x 的函数,对于函数 $f'(x)$ 可以继续研究其可导性问题。若函数 $f'(x)$ 在 x 处仍可导,则称 $f'(x)$ 的导数为函数 $f(x)$ 的**二阶导数**,记为 $f''(x)$ 或 y'' 或 $\dfrac{\mathrm{d}^2 y}{\mathrm{d} x^2}$ 或 $\dfrac{\mathrm{d}^2 f}{\mathrm{d} x^2}$。

例如,路程函数 $s(t)$ 对时间 t 的一阶导数 $s'(t)$ 是 t 时刻的瞬时速度 v,而路程函数 $s(t)$ 对时间 t 的二阶导数 $s''(t)$ 就是 t 时刻的瞬时加速度 a。

类似地,由二阶导数可以定义函数 $f(x)$ 的三阶导数 $f'''(x)$,由 $(n-1)$ 阶导数可以定义函数 $f(x)$ 的 n 阶导数。二阶及二阶以上的导数,统称为**高阶导数**。三阶以上的导数不再使用加撇形式的记号,改用圆括号标出导数的阶数。因此,n 阶导数记号为 $y^{(n)}$ 或 $f^{(n)}(x)$ 或 $\dfrac{\mathrm{d}^n y}{\mathrm{d} x^n}$ 或 $\dfrac{\mathrm{d}^n f}{\mathrm{d} x^n}$。

高阶导数的计算就是逐阶求导,有些函数的 n 阶导数具有一定的规律性。

例 2 - 24 求 $y = \mathrm{e}^x$ 的 n 阶导数。

解 逐阶计算导数,得到:

$y' = (\mathrm{e}^x)' = \mathrm{e}^x$, $y'' = (y')' = (\mathrm{e}^x)' = \mathrm{e}^x \cdots$ 即:

$$y^{(n)} = [y^{(n-1)}]' = (\mathrm{e}^x)' = \mathrm{e}^x$$

例 2 - 25 求 $y = x^n$ 的 n 阶导数。

解 逐阶计算导数,得到:

$y' = (x^n)' = n x^{n-1}$, $y'' = (y')' = (n x^{n-1})' = n(n-1) x^{n-2} \cdots$ 即:

$$y^{(n)} = n[y^{(n-1)}]' = \cdots = n(n-1)(n-2) \cdots 2 \cdot 1 = n!$$

例 2 - 26 求 $y = \sin x$ 的 n 阶导数。

解 逐阶计算导数,得到:

$$y' = (\sin x)' = \cos x = \sin\left(x + \pi \cdot \frac{1}{2}\right)$$

$$y'' = \left[\sin\left(x + \pi \cdot \frac{1}{2}\right)\right]' = \cos\left(x + \pi \cdot \frac{1}{2}\right) \cdot \left(x + \pi \cdot \frac{1}{2}\right)' = \sin\left(x + \pi \cdot \frac{2}{2}\right) \cdots$$ 即:

$$y^{(n)} = \left[\sin\left(x + \pi \cdot \frac{n-1}{2}\right)\right]' = \cos\left(x + \pi \cdot \frac{n-1}{2}\right) \cdot \left(x + \pi \cdot \frac{n-1}{2}\right)' = \sin\left(x + \pi \cdot \frac{n}{2}\right)$$

第三节　变 化 率 模 型

函数 $y = f(x)$ 的导数 $f'(x)$，概括了各种各样的变化率问题而得出的一个一般性的抽象概念。在现代科学研究和生产实践中，变化率问题是一类重要而常见的问题，因而导数被广泛运用。例如，放射物质在特定时刻的放射率、转动着的物体的角速度、化学反应速度、人口的增长率等，都可用导数来描述。导数概念的引入为深入研究变量的变化规律提供了方便，使自然科学、社会科学各领域的数量化研究进入了一个新的阶段。下面介绍几个常见的变化率模型。

一、独立变化率模型

独立变化率模型是直接计算因变量对自变量的导数。

例 2-27　某人静脉快速注射某药物后，体内血药浓度 $C(t) = C_0 e^{-kt}$，求 $C(t)$ 的变化率，研究药物在体内变化的规律。

解　这是独立变化率模型，直接计算函数对自变量 t 的导数，得到：

$$C'(t) = C_0(e^{-kt})' = C_0 e^{-kt}(-kt)' = -kC_0 e^{-kt} = -kC(t)$$

显而易见，体内血药浓度下降的速度与体内血药浓度成正比。

例 2-28　将一物体垂直上抛，其运动规律为 $s = 9.6t - 1.6t^2$（速度单位为 m，时间单位为 s），(1) 求速度的表达式，并分别求 2 s 和 4 s 时的速度；(2) 经过几秒钟物体达到最高点？

解　(1) 速度函数是位移函数的导数，由于 $s = 9.6t - 1.6t^2$，所以速度为：

$$v(t) = \frac{ds}{dt} = 9.6 - 3.2t$$

从而 $t = 2$ s 和 $t = 4$ s 时的速度分别为：

$$v(2) = 9.6 - 3.2 \times 2 = 3.2 \text{ m/s}, \ v(4) = 9.6 - 3.2 \times 4 = -3.2 \text{ m/s}$$

(2) 物体垂直上抛到最高点后开始垂直下降，由垂直上抛变为垂直下降的那一瞬时，物体速度必为零。令 $v = 0$，即 $9.6 - 3.2t = 0$，得 $t = 3$ s。所以，经过 3 s 物体达到最高点。

例 2-29　用 $n = f(t)$ 表示时刻 t 时某一动物或植物群体的个体总数。由于从 $t = t_1$ 到 $t = t_2$，总数的变化为 $\Delta n = f(t_2) - f(t_1)$，所以在 $t_1 \leqslant t \leqslant t_2$ 期间的平均增长率为：

$$\frac{\Delta n}{\Delta t} = \frac{f(t_2) - f(t_1)}{t_2 - t_1}$$

瞬时增长率是在 $\Delta t \to 0$ 的过程中，平均增长率的极限，即：

$$增长率 = \lim_{\Delta t \to 0} \frac{\Delta n}{\Delta t} = \frac{\mathrm{d}n}{\mathrm{d}t}$$

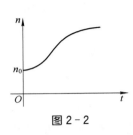

图 2-2

严格来讲,这不是很精确的描述。因为总数 $n = f(t)$ 实际是一个跳跃函数,在出生或死亡发生时是不连续的,因而在这个时刻不可导。然而对于个体总数很大的动物或植物群体,我们可以用一条光滑的曲线近似代替 $n = f(t)$ 的图形,如图 2-2 所示。

例如,考虑在某种均匀营养介质中的细菌总数。假设(通过某些时刻的抽样确定)细菌总数以每小时翻番的速度增长,记初始的总数为 n_0,t 的单位为 h,则有:

$$f(0) = n_0, \quad f(1) = 2n_0, \quad f(2) = 2f(1) = 2^2 n_0, \quad f(3) = 2f(2) = 2^3 n_0$$

一般地,有 $f(t) = 2^t n_0$,即任一时刻总数 $n = n_0 2^t$。由此,总数的增长率为:

$$\frac{\mathrm{d}n}{\mathrm{d}t} = n_0 2^t \ln 2 \approx 0.693 1 n_0 2^t$$

如果初始总数 $n_0 = 1\,000$,则 2 小时时的增长率为:

$$\left. \frac{\mathrm{d}n}{\mathrm{d}t} \right|_{t=2} \approx 0.693 1 \times 1\,000 \times (2)^2 \approx 2\,772 \text{ 个(细胞)}/\text{h}$$

二、相关变化率模型

相关变化率模型是在建立含相关变量的关系式后,通过求导得到各变量对时间的变化率之间的关系式,从而可以根据已知变化率,推算其他量的变化率。

例 2-30 加热一块半径为 2 cm 的金属圆板,半径以 0.01 cm/s 速度变化,求面积变化率。

解 这是相关变化率模型,圆面积 $A = \pi r^2$,等式两边对时间 t 求导,得到:$A'_t = 2\pi r \cdot r'_t$,在 $r = 2$ cm 和 $r'_t = 0.01$ cm/s 时,即:

$$A'_t = 2\pi \times 2 \times 0.01 = 0.04\pi \approx 0.13 \text{ cm}^2/\text{s}$$

例 2-31 图 2-3 是一个高 4 m、底半径 2 m 的圆锥形容器,假设以 2 m³/min 的速率将水注入该容器,求水深 3 m 时水面的上升速率。

解 用 V, r, h 分别表示时刻 t 时水的体积、水面半径和水的深度。现已知 $\dfrac{\mathrm{d}V}{\mathrm{d}t} = 2$,要求 $h = 3$ 时的 $\dfrac{\mathrm{d}h}{\mathrm{d}t}$,由圆锥体的体积公式 $V = \dfrac{1}{3}\pi r^2 h$,这里 r 不是独立变量,从图 2-3 中的相似三角形可知 $\dfrac{r}{h} = \dfrac{2}{4}$ 或 $r = \dfrac{h}{2}$,这样 V 与 h 满足方程

$$V = \frac{1}{3}\pi \left(\frac{h}{2}\right)^2 \cdot h = \frac{\pi}{12}h^3$$

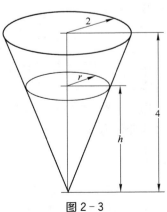

图 2-3

两边对 t 求导,得到变化率 $\dfrac{\mathrm{d}h}{\mathrm{d}t}$ 与 $\dfrac{\mathrm{d}V}{\mathrm{d}t}$ 的关系式:

$$\frac{\mathrm{d}V}{\mathrm{d}t} = \frac{\pi}{4}h^2\frac{\mathrm{d}h}{\mathrm{d}t},\ \frac{\mathrm{d}h}{\mathrm{d}t} = \frac{4}{\pi h^2}\frac{\mathrm{d}V}{\mathrm{d}t}$$

故将 $h = 3, \dfrac{\mathrm{d}V}{\mathrm{d}t} = 2$ 代入,得到:

$$\frac{\mathrm{d}h}{\mathrm{d}t} = \frac{8}{9\pi}\ \mathrm{m/min}$$

即水深 3 m 时水面的上升速率为 $\dfrac{8}{9\pi}$ m/min。

三、边际函数

经济函数对自变量的导数称为**边际函数**,表示自变量增加 1 单位时,经济函数变化的近似值。例如,利润函数 $L = L(q)$ 的导数,称为边际利润 $ML = L'(q)$,表示 q 增加 1 单位时,利润变化的近似值。

函数 $y = f(x)$ 相对改变量 $\dfrac{\Delta y}{y}$ 与自变量相对改变量 $\dfrac{\Delta x}{x}$ 比值的极限,即 $\eta = \lim\limits_{\Delta x \to 0}\dfrac{\Delta y / y}{\Delta x / x} = \dfrac{x}{y}\lim\limits_{\Delta x \to 0}\dfrac{\Delta y}{\Delta x} = \dfrac{x}{y}y'$,称为函数 $y = f(x)$ 在 x 处的弹性。弹性表示自变量增加 1% 时,经济函数变化百分数的近似值。例如,研究价格 p 增加 1% 时,需求量 $q = q(p)$ 变化百分数的近似值,使用需求弹性,即 $\eta = \dfrac{p}{q}q'$。

例 2-32　生产某中药 q kg 的成本为 $C(q) = 1\,000 + 7q + 50\sqrt{q}$ 元,在产量 $q = 100$ kg 时,再增产 1 kg,成本会增加多少元?

解　这是边际成本模型,求导得到:

$C'(q) = (1\,000 + 7q + 50\sqrt{q})' = 7 + 25q^{-\frac{1}{2}}$,当 $q = 100$ kg 时,即:

$$C'(100) = 7 + 25 \cdot 100^{-\frac{1}{2}} = 9.5$$

所以,这时再增产 1 kg,成本会增加 9.5 元。

例 2-33　某中药的需求函数 $q(p) = 10\mathrm{e}^{-0.02p}$ kg,在价格 $p = 100$ 元/kg 时提价 1%,需求量会减少百分之几。

解　这是需求弹性模型,求导得到:

$$q'(p) = 10(\mathrm{e}^{-0.02p})' = 10\mathrm{e}^{-0.02p}(-0.02p)' = -0.02q$$

$$\eta = \frac{p}{q}q' = \frac{p}{q}(-0.02q) = -0.02p$$

当 $p = 100$ 时,$\eta = -2$,表示提价 1%,需求量会减少 2%。

第四节 | 函数的微分

一、微分的概念

例 2 - 34 正方形金属板均匀受热,求面积的改变量。

解 设正方形边长为 x,边长改变量为 Δx,正方形面积 $A = x^2$,面积的改变量为:

$$\Delta A = A(x + \Delta x) - A(x) = (x + \Delta x)^2 - x^2 = 2x \cdot \Delta x + (\Delta x)^2$$

正方形面积的改变量 ΔA 由两项组成。第一项 $2x \cdot \Delta x$ 是 Δx 的线性函数,表示长、宽分别为

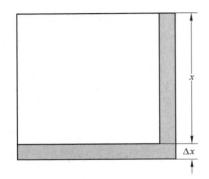

图 2 - 4

x、Δx 的两个矩形面积的和,是 ΔA 的主要部分。第二项 $(\Delta x)^2$ 是 $\Delta x \to 0$ 时 Δx 的高阶无穷小,表示以 Δx 为边长的小正方形面积,是正方形面积的改变量中,在 $|\Delta x|$ 很小时可以忽略的部分,如图 2 - 4 所示。

对一般函数 $y = f(x)$,如果 $f(x)$ 可导,则有:

$$\lim_{\Delta x \to 0} \frac{\Delta y}{\Delta x} = f'(x), \ 即 \lim_{\Delta x \to 0}\left[\frac{\Delta y}{\Delta x} - f'(x)\right] = 0$$

因此,$\dfrac{\Delta y}{\Delta x} - f'(x) = \alpha$, 其中 $\lim\limits_{\Delta x \to 0}\alpha = 0$, 即:

$$\Delta y = f'(x)\Delta x + \alpha \Delta x$$

这样就将 Δy 分成两个部分:第一部分 $f'(x)\Delta x$ 为 Δx 的线性函数,是 Δy 的主要部分,称为 Δy 的线性主部;而第二部分 $\alpha \Delta x$ 为比 Δx 更高阶的无穷小,当 $|\Delta x|$ 很小时,是 Δy 的次要部分。Δy 的线性主部又称为函数 $y = f(x)$ 的微分,因此有如下定义:

定义 设函数 $y = f(x)$ 在点 x 处可导,则称函数 $f(x)$ 在 x 点的导数 $f'(x)$ 与自变量增量 Δx 的乘积为函数 $y = f(x)$ 在 x 处的**微分**,记为:

$$dy = f'(x)\Delta x$$

若 $y = x$,则 $\Delta x = dx$,即自变量的微分等于自变量的改变量,因此函数的微分可记为:

$$dy = f'(x)dx$$

由 $dy = f'(x)dx$ 可知,先计算函数的导数,再乘以 dx 或 Δx,就得到函数的微分 dy。

例 2 - 35 求 $y = \ln x$ 在 $x = 2$ 时的微分。

解 $(\ln x)' = \dfrac{1}{x}$,$dy = \dfrac{1}{x}dx$,当 $x = 2$ 时,即:

$$dy = \frac{1}{2}dx$$

二、微分的几何意义

设 $P(x_0, y_0)$ 为曲线 $y = f(x)$ 上的定点，x 取改变量 Δx，得对应曲线上点 $Q(x_0 + \Delta x, y_0 + \Delta y)$。$\Delta y$ 的几何意义是曲线 $y = f(x)$ 上点 P 的纵坐标改变量。$\mathrm{d}y$ 的几何意义是曲线在点 P 处切线纵坐标的改变量，如图 2-5 所示。

由 $\mathrm{d}y = f'(x)\mathrm{d}x$ 可知，作为一个整体出现的导数记号，现在可以看作函数微分与自变量微分之商，即：

$$f'(x) = \frac{\mathrm{d}y}{\mathrm{d}x}$$

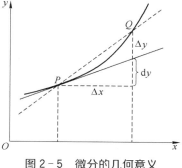

图 2-5　微分的几何意义

因而，导数也称为**微商**，导数及微分的运算统称为**微分运算**。由此还可知：

$$\frac{\mathrm{d}x}{\mathrm{d}y} = \frac{1}{\dfrac{\mathrm{d}y}{\mathrm{d}x}}$$

这表示，反函数 $x = f^{-1}(y)$ 对 y 的导数，等于函数 $y = f(x)$ 对 x 导数的倒数。这样计算导数，称为**反函数求导法则**。

若函数 $y = f(x)$ 的参数方程为 $\begin{cases} x = x(t) \\ y = y(t) \end{cases}$，则可以先分别计算对 t 的微分，即 $\mathrm{d}x = x'(t)\mathrm{d}t$，$\mathrm{d}y = y'(t)\mathrm{d}t$，再计算 y 对 x 的导数，得到：

$$\frac{\mathrm{d}y}{\mathrm{d}x} = \frac{y'(t)\mathrm{d}t}{x'(t)\mathrm{d}t} = \frac{y'(t)}{x'(t)}$$

这样计算导数，称为**参数方程求导法则**。

例 2-36　椭圆参数方程为 $\begin{cases} x = a\cos t \\ y = b\sin t \end{cases}$，求椭圆在 $t = \dfrac{\pi}{4}$ 处的切线斜率。

解　$\mathrm{d}x = x'(t)\mathrm{d}t = -a\sin t\,\mathrm{d}t$，$\mathrm{d}y = y'(t)\mathrm{d}t = b\cos t\,\mathrm{d}t$

$$\frac{\mathrm{d}y}{\mathrm{d}x} = \frac{b\cos t}{-a\sin t} = -\frac{b}{a}\cot t$$

当 $t = \dfrac{\pi}{4}$ 时，$\dfrac{\mathrm{d}y}{\mathrm{d}x}\Big|_{t=\frac{\pi}{4}} = -\dfrac{b}{a}\cot\dfrac{\pi}{4} = -\dfrac{b}{a}$

三、微分的计算

由 $\mathrm{d}y = f'(x)\mathrm{d}x$ 可知，微分的计算归结为导数的计算。由初等函数导数的计算公式、法则和方法，可以直接得到微分基本公式和运算法则。

(1) $\mathrm{d}(C) = 0$

(2) $\mathrm{d}(x^\mu) = \mu x^{\mu-1}\mathrm{d}x$

(3) $\mathrm{d}(a^x) = a^x \ln a\,\mathrm{d}x$

(4) $\mathrm{d}(\mathrm{e}^x) = \mathrm{e}^x\,\mathrm{d}x$

(5) $\mathrm{d}(\log_a x) = \dfrac{1}{x\ln a}\mathrm{d}x$

(6) $\mathrm{d}(\ln x) = \dfrac{1}{x}\mathrm{d}x$

(7) $\mathrm{d}(\sin x) = \cos x \, \mathrm{d}x$

(8) $\mathrm{d}(\cos x) = -\sin x \, \mathrm{d}x$

(9) $\mathrm{d}(\tan x) = \sec^2 x \, \mathrm{d}x$

(10) $\mathrm{d}(\cot x) = -\csc^2 x \, \mathrm{d}x$

(11) $\mathrm{d}(\sec x) = \sec x \cdot \tan x \, \mathrm{d}x$

(12) $\mathrm{d}(\csc x) = -\csc x \cdot \cot x \, \mathrm{d}x$

(13) $\mathrm{d}(\arccos x) = -\dfrac{1}{\sqrt{1-x^2}} \mathrm{d}x$

(14) $\mathrm{d}(\arcsin x) = \dfrac{1}{\sqrt{1-x^2}} \mathrm{d}x$

(15) $\mathrm{d}(\arctan x) = \dfrac{1}{1+x^2} \mathrm{d}x$

(16) $\mathrm{d}(\text{arccot } x) = -\dfrac{1}{1+x^2} \mathrm{d}x$

当 u 和 v 可微时,可以得到微分的四则运算法则,即

(1) $\mathrm{d}(u \pm v) = \mathrm{d}u \pm \mathrm{d}v$;

(2) $\mathrm{d}(uv) = v\,\mathrm{d}u + u\,\mathrm{d}v$;

(3) $\mathrm{d}(Cu) = C\,\mathrm{d}u$;

(4) $\mathrm{d}\left(\dfrac{u}{v}\right) = \dfrac{v\,\mathrm{d}u - u\,\mathrm{d}v}{v^2}$ $(v \neq 0)$。

复合函数的微分法则　设函数 $y = f(x)$ 可微,当 x 是自变量时,$\mathrm{d}y = f'(x)\mathrm{d}x$;当 x 是中间变量 $x = g(t)$ 时,复合函数 $y = f[g(t)]$ 的微分为 $\mathrm{d}y = y'_t\,\mathrm{d}t = f'(x)g'(t)\mathrm{d}t = f'(x)\mathrm{d}g(t) = f'(x)\mathrm{d}x$。

就是说,不论 x 是中间变量还是自变量,函数 $y = f(x)$ 的微分都可以表示为 $\mathrm{d}y = f'(x)\mathrm{d}x$。由于表达形式一致,这种性质称为**一阶微分的形式不变性**。

利用一阶微分的形式不变性逐层微分,可以使复合函数微分的运算过程更清晰。

例 2-37　设 $y = \sin(2x+1)$,求 $\mathrm{d}y$。

解　由一阶微分的形式不变性,逐层微分,得到:

$$\mathrm{d}y = \mathrm{d}[\sin(2x+1)] = \cos(2x+1)\mathrm{d}(2x+1) = 2\cos(2x+1)\mathrm{d}x$$

例 2-38　设 $\mathrm{e}^y - y\ln x = 0$,求 y'_x。

解　由一阶微分的形式不变性,等式两边微分,得到:

$\mathrm{d}(\mathrm{e}^y) - \mathrm{d}(y\ln x) = 0$, 则:

$\mathrm{e}^y\,\mathrm{d}y - \ln x\,\mathrm{d}y - y\,\mathrm{d}(\ln x) = 0$, 则:

$(\mathrm{e}^y - \ln x)\mathrm{d}y = \dfrac{y}{x}\mathrm{d}x$, 即:

$$\frac{\mathrm{d}y}{\mathrm{d}x} = \frac{y}{x(\mathrm{e}^y - \ln x)}$$

四、微分的应用

1. **近似计算**　由微分的定义可知,当 $|\Delta x|$ 很小时,可以用函数 $y = f(x)$ 的微分近似代替函数改变量 Δy,误差仅为 Δx 的高阶无穷小,即 $\Delta y \approx \mathrm{d}y = f'(x_0)\mathrm{d}x$。

由 $\Delta y = f(x_0 + \Delta x) - f(x_0)$,得到近似公式,即:

$$f(x_0 + \Delta x) \approx f(x_0) + f'(x_0)\Delta x$$

记 $x = x_0 + \Delta x$,近似公式可以写为:

$$f(x) \approx f(x_0) + f'(x_0)(x - x_0)$$

若取 $x_0 = 0$，则得到当 $|x|$ 很小时，$f(x)$ 的近似公式可以写为：

$$f(x) \approx f(0) + f'(0)x$$

例 2 - 39 长为 a、半径为 r 的血管，阻力 $R = kar^{-4}(k > 0)$。r 有微小变化 Δr 时，求 ΔR。

解 $\Delta R \approx dR = d(kar^{-4}) = -4kar^{-5}\,dr = -\dfrac{4ka}{r^5}\Delta r$

例 2 - 40 直径为 10 cm 的球，外面镀厚度为 0.005 cm 的铜，求所用铜的体积近似值。

解 半径为 r 的球体积为 $V = \dfrac{4}{3}\pi r^3$，$dV = 4\pi r^2 \Delta r$，在 $r = 5$ 和 $\Delta r = 0.005$ 时，即：

$$\Delta V \approx dV = 4\pi \cdot 5^2 \cdot 0.005 = 0.5\pi \approx 1.57 \text{ cm}^3$$

例 2 - 41 证明 $\sqrt[n]{1+x} \approx 1 + \dfrac{1}{n}x$ （$|x|$ 很小）。

证 设 $f(x) = \sqrt[n]{1+x}$，则 $f(0) = 1$，得到：

$f'(0) = \dfrac{1}{n}(1+x)^{\frac{1}{n}-1}\Big|_{x=0} = \dfrac{1}{n}$，再由近似公式 $f(x) \approx f(0) + f'(0)x$，即：

$$\sqrt[n]{1+x} = 1 + \dfrac{x}{n}$$

例 2 - 42 求 $\cos 151°$ 的近似值。

解 设 $f(x) = \cos x$，由近似公式 $f(x_0 + \Delta x) \approx f(x_0) + f'(x_0)\Delta x$，得到：

$$\cos(x_0 + \Delta x) \approx \cos x_0 - \sin x_0 \Delta x$$

令 $x_0 = 150° = \dfrac{5\pi}{6}$，$\Delta x = 1° = \dfrac{\pi}{180}$，即：

$$\cos 151° \approx \cos\dfrac{5\pi}{6} - \sin\dfrac{5\pi}{6} \cdot \dfrac{\pi}{180} = -\dfrac{\sqrt{3}}{2} - \dfrac{\pi}{360} \approx -0.874\,8$$

近似计算的问题，关键在于找出相应的函数，并确定 x_0 和 Δx，原则是 $f(x_0)$ 及 $f'(x_0)$ 易计算，$|\Delta x|$ 相对 x_0 而言较小。

2. **误差估计** 由于测量方法、测量仪器的精度等因素的影响，测量数据必然有误差。根据测量数据进行计算，所得结果也有误差。由测量数据的误差求计算结果的误差，称误差预测。根据计算结果的精度要求确定测量数据的允许误差，称误差控制。误差预测和误差控制，统称**误差估计**。

一个量的准确值 M 与近似值 m 之差的绝对值 $|M-m|$，称为近似值 m 的**绝对误差**。绝对误差与 $|M|$ 的比值 $\dfrac{|M-m|}{|M|}$，称为 m 的**相对误差**。

微分还可以用来估计误差。若 $y = f(x)$，测量 x 时产生的绝对误差为 Δx，当 $|\Delta x|$ 很小时，函数 $y = f(x)$ 的绝对误差、相对误差分别计算公式为：

$$|\Delta y| \approx |dy|,\quad \dfrac{|\Delta y|}{|y|} \approx \dfrac{|dy|}{|y|}$$

例 2 - 43 测得圆钢直径 $d=50$ mm, 绝对误差 Δd 不超过 0.05 mm, 估计计算圆钢截面积时的误差。

解 圆钢截面积 $A=\pi r^2$, $\Delta A \approx dA = 2\pi r \Delta r$, 在 $r=25$, $|\Delta r| < 0.025$ 时, 圆钢截面积的绝对误差为:

$$|\Delta A| \approx |2\pi r \Delta r| < 2\pi \times 25 \times 0.025 = 1.25\pi \approx 3.925 \text{ mm}^2$$

圆钢截面积的相对误差为:

$$\frac{|\Delta A|}{A} \approx \frac{|2\pi r \Delta r|}{\pi r^2} = \frac{2|\Delta r|}{r} < \frac{2 \times 0.025}{25} = 0.2\%$$

例 2 - 44 测量一钢球半径, 控制其误差, 使算得钢球重量的相对误差不超过 1%。

解 设钢球半径为 r、比重为 ρ, 则:

重量为 $W = \dfrac{4}{3}\pi r^3 \rho$, $dW = 4\pi r^2 \rho\, dr$

由于重量的相对误差 $\dfrac{|\Delta W|}{|W|} \approx \dfrac{|dW|}{|W|} = \dfrac{3|dr|}{|r|} \leqslant \dfrac{1}{100}$

因此必须使半径测量的相对误差 $\dfrac{|dr|}{|r|} \leqslant \dfrac{1}{300}$

拓 展 阅 读

高 等 数 学

高等数学这个词是从苏联引进的, 欧洲作为高等数学的发源地, 并没有这样的说法。这个高等是相对于几何(平面, 立体, 解析)与初等代数而言, 从目前的一般高校教学而言, 高等数学主要指微积分。一般理工科本科学生, 还需要学习更多一些, 包括概率论和数理统计、线性代数、复变函数、泛函分析等, 这些都可以归纳到高等数学范畴里面。当然, 这些只是现代数学的最基本的基础。不过, 即使是这个基础, 也可以应付很多现实的任务。

这里以微积分为例。一言而蔽之, 微积分是研究函数的一个数学分支。函数是现代数学最重要的概念之一, 描述变量之间的关系, 为什么研究函数很重要呢? 这还要从数学的起源说起。各个古文明都掌握一些数学的知识, 数学的起源也很多, 但是一般认为, 现代数学直承古希腊。古希腊的很多数学家同时又是哲学家, 如毕达哥拉斯(Pythagoras)、芝诺(Zeno), 这样数学和哲学有很深的亲缘关系。古希腊的最有生命力的哲学观点就是世界是变化的(德谟克利特的河流)和亚里士多德(Aristotélēs)的因果观念, 这两个观点一直被人们广泛接受。函数描述变量之间的关系, 浅显的理解就是一个变了, 另一个或者几个怎么变。这样, 用函数刻画复杂多变的世界就是顺理成章的了, 数学成为理论和现实世界的一道桥梁。微积分理论可以粗略地分为几个部分, 微分学研究函数的一般性质, 积分学解决微分的逆运算, 微分方程(包括偏微分方程和积分方程)把函数和代数结合起来, 级数和积分变换解决数值计算问题。另外, 还研究一些特殊函数, 这些函数在实践中有很重要的作用。一个最简单的例子是火力发电厂的冷却塔的外形为什么要做成弯曲的, 而不是像烟囱一样直上直下的？其中的原因就是冷却塔体积大，自重非常大，如果直上直下，那么最下面的建筑材料将承受巨大的压力，以至于承受不了（我们知道，地球上的山峰最高只能达到 1 万米左右，否则最下面的岩石都要融化了）。现在，把冷却塔的边缘做成双曲线的性状，正好能够让每一截面的压力相等，这样，冷却塔就能做得很大了。为什么会是双曲线？用微积分理论 5 min 之内就能够解决。

又如我们经常使用的电脑，计算机内部指令需要通过硬件表达，把信号转换为能够让我们感知的信息。Windows 系统带了一个计算器，可以进行一些简单的计算，如计算对数。计算机的计算是基于加法的，我们常说的多少亿次计算实际上就是指加法运算。那么，怎么把计算对数转换为加法呢？实际上就运用微积分的级数理论，可以把对数函数转换为一系列乘法和加法运算。

这两个例子牵扯的数学知识并不太多，但是已经显示出微积分非常大的力量。实际上，可以这么说，现代科学如果没有微积分，基本上就不能再称之为科学，这就是高等数学的作用。

习　题

2-1　求下列函数的导数。

(1) $y = 4x^3 + 2x - 1$;

(2) $y = \dfrac{1}{x} + \dfrac{x^2}{2}$;

(3) $y = \dfrac{2x + 4}{x^4}$;

(4) $y = (x^2 + 3)\tan x$;

(5) $y = \sqrt{x}\ln x$;

(6) $y = (1 + \sqrt{x})\left(1 - \dfrac{1}{\sqrt{x}}\right)$;

(7) $y = \dfrac{x\sin x}{1 + \cos x}$;

(8) $y = \sec x \tan x + \csc x \cot x$;

(9) $y = x\log_2 x + \lg 2$;

(10) $y = \dfrac{1}{1 + \sqrt{t}} - \dfrac{1}{1 - \sqrt{t}}$。

2-2　设 $f(x) = \cos x \sin x$，求 $f'(0)$, $f'\left(\dfrac{\pi}{2}\right)$。

2-3　设 $f(x) = \dfrac{x}{1 - x^2}$，求 $f'(0)$, $f'(2)$。

2-4　求曲线 $y = 4x^2 + 4x - 3$ 在点 $(1, 5)$ 处的切线和法线方程。

2-5　物体运动方程为 $s = t + \sin t$，求物体运动的速度和加速度。

2-6　求下列函数的导数。

(1) $y = \sqrt{1 + x^2}$;

(2) $y = \cos ax \sin bx$;

(3) $y = \ln^2 x$;

(4) $y = \ln\cos x$;

(5) $y = \sin^2 \dfrac{x^2}{2}$;

(6) $y = \arctan \dfrac{2x}{1 - x^2}$;

(7) $y = \cos^2 \dfrac{x}{2}$;

(8) $y = \arctan \dfrac{x}{\sqrt{a^2 - x^2}}$;

(9) $y = \ln\sqrt{\dfrac{1+\sin x}{1-\sin x}}$;   (10) $y = e^{-kx^2}$。

2-7 求下列隐函数的导数。

(1) $y^2 = apx$;   (2) $x^2 + y^2 - xy = 1$;

(3) $x^3 + y^3 - 3axy = 0$;   (4) $y = 1 - xe^y$。

2-8 取对数求下列函数的导数。

(1) $xy = (x+1)^2(x-2)^3$;   (2) $y = \dfrac{(x+1)(x-2)}{(x+3)(x-4)}$;

(3) $y^x = x^y$;   (4) $e^y = xy$。

2-9 求下列函数的二阶导数。

(1) $y = e^x \sin x$;   (2) $y = x^2 e^{-x}$;

(3) $y = 2x^2 + \ln x$;   (4) $y = a\cos bx$。

2-10 某物体降温过程中的温度为 $u = u_0 e^{-kt}$，求物体的冷却速率。

2-11 口服某药物后，血药浓度为 $C(t) = a(e^{-kt} - e^{-mt})$，求血药浓度的变化率。

2-12 一截面为倒置等边三角形的水槽，长 20 m，若以 3 m^3/s 速度把水注入水槽，在水面高 2 m 时，求水面上升的速度。

2-13 求下列函数的微分。

(1) $y = \dfrac{x}{1-x^2}$;   (2) $y = \sqrt{(a^2+x^2)^3}$;

(3) $y = x\sin x + \cos x$;   (4) $y = \arctan e^x$;

(5) $y = \ln(1+x^4)$;   (6) $y = e^{-x} - \cos(3-x)$。

2-14 在括号内填入适当函数，使下列等式成立。

(1) d( ) $= 3 dx$;   (2) d( ) $= 2x \, dx$;

(3) d( ) $= e^x \, dx$;   (4) d( ) $= \sin t \, dt$;

(5) d( ) $= \dfrac{1}{1+x^2} dx$;   (6) d( ) $= \sec^2 x \, dx$。

2-15 已知 $\begin{cases} x = \ln(1+t^2) \\ y = t - \arctan t \end{cases}$，求 $\dfrac{dy}{dx}, \dfrac{d^2y}{dx^2}$。

2-16 在 $|x|$ 很小时，证明下列各近似公式。

(1) $e^x \approx 1 + x$;   (2) $(1+x)^n \approx 1 + nx$;

(3) $\tan x \approx x$;   (4) $\ln(1+x) \approx x$。

2-17 求下列各式的近似值。

(1) $e^{1.01}$;   (2) $\sqrt[3]{998}$。

2-18 造一个半径为 1 m 的球壳，厚度为 1.5 cm，需用材料多少立方米？

2-19 为计算球的体积，要求误差不超过 1%，度量球的半径时允许的相对误差是多少？

第三章 导数的应用

导学

本章介绍微分学中重要的中值定理,然后以此为理论依据,利用导数求未定式极限,研究函数的单调、极值、凹凸、拐点等性态,准确描绘函数的图象。

(1) 掌握利用洛必达法则求函数的极限;利用导数求函数的极值;判断函数的增减性和函数图形的凹凸性;求函数图形的拐点等;解较简单的最大值与最小值的应用问题。

(2) 熟悉幂级数展开式;描绘函数的图象。

(3) 了解罗尔定理、拉格朗日中值定理和柯西中值定理。

第一节 微分中值定理

一、罗尔定理

定理 1 罗尔(Rolle)定理 如果函数 $y = f(x)$ 满足下列条件。

(1) 在闭区间 $[a, b]$ 上连续。

(2) 在开区间 (a, b) 内可导。

(3) $f(a) = f(b)$。

那么,在 (a, b) 内至少存在一点 ξ,使得 $f'(\xi) = 0$。

证 因为 $f(x)$ 在 $[a, b]$ 上连续,由闭区间上连续函数的性质,$f(x)$ 在 $[a, b]$ 上必定取得最大值 M 和最小值 m,于是有以下两种情形。

(1) $M = m$,则 $f(x)$ 在 $[a, b]$ 上为一常数,而 $f'(x)$ 在 (a, b) 内恒为零,此时可取 (a, b) 内任一点作为 ξ,都有 $f'(\xi) = 0$。

(2) $M \neq m$,那么 M 和 m 中至少有一个不等于 $f(a)$,不妨设 $f(a) \neq M$(可类似证明 $m \neq f(a)$ 的情形),则存在 $\xi \in (a, b)$,使得 $f(\xi) = M$,则有:

$$f(\xi + \Delta x) - f(\xi) \leqslant 0$$

当 $\Delta x > 0$ 时,$\lim\limits_{\Delta x \to 0^+} \dfrac{\Delta y}{\Delta x} = \lim\limits_{\Delta x \to 0^+} \dfrac{f(\xi + \Delta x) - f(\xi)}{\Delta x} \leqslant 0$

当 $\Delta x < 0$ 时, $\lim\limits_{\Delta x \to 0^-} \dfrac{\Delta y}{\Delta x} = \lim\limits_{\Delta x \to 0^-} \dfrac{f(\xi + \Delta x) - f(\xi)}{\Delta x} \geqslant 0$

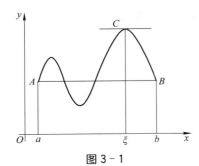

图 3-1

由 $f(x)$ 在开区间 (a, b) 内可导, $f'(\xi)$ 存在, 有

$$\lim\limits_{\Delta x \to 0^+} \dfrac{\Delta y}{\Delta x} = \lim\limits_{\Delta x \to 0^-} \dfrac{\Delta y}{\Delta x},$$ 得到:

$$f'(\xi) = 0$$

罗尔定理的**几何意义**: 如果曲线弧 $y = f(x)$ 在 AB 段上连续, 处处具有不垂直于 x 轴的切线, 且两端点 A 与 B 的纵坐标相同, 则在这曲线弧上至少能找到一点 C, 使曲线在这点的切线平行于 x 轴, 如图 3-1 所示。

二、拉格朗日中值定理

定理 2　拉格朗日(Lagrange)中值定理　如果函数 $y = f(x)$ 满足下列条件。

(1) 在闭区间 $[a, b]$ 上连续。

(2) 在开区间 (a, b) 内可导。

那么, 在 (a, b) 内至少存在一点 ξ, 使得 $\dfrac{f(b) - f(a)}{b - a} = f'(\xi)$。

证　作辅助函数

$$F(x) = f(x) - f(a) - \dfrac{f(b) - f(a)}{b - a}(x - a)$$

函数 $F(x)$ 在闭区间 $[a, b]$ 上满足罗尔定理条件: 在 $[a, b]$ 上连续, 在 (a, b) 内可导, 且 $F(a) = F(b)$, 根据罗尔定理, 在 (a, b) 内至少存在一点 ξ, 使得:

$F'(\xi) = f'(\xi) - \dfrac{f(b) - f(a)}{b - a} = 0$, 故得:

$$f'(\xi) = \dfrac{f(b) - f(a)}{b - a}$$

应用拉格朗日中值定理时, 我们常把上式写成 $f(b) - f(a) = f'(\xi)(b - a)$。

在区间 $[x, x + \Delta x]$ 上应用拉格朗日中值定理时, 结论可以写为:

$$f(x + \Delta x) - f(x) = f'(\xi)\Delta x \quad (x < \xi < x + \Delta x)$$

拉格朗日中值定理的几何意义: 如果连续曲线弧 AB 上处处具有不垂直 x 轴的切线, 则在该弧段上一定能找到一点 M, 使得曲线在 M 点处的切线 $A'B'$ 与弦 AB 平行, 如图 3-2 所示。

比较图 3-1 和图 3-2, 可见罗尔定理与拉格朗日中值定理的差异仅在于弦是否平行于 x 坐标轴。若图 3-2 中的 $f(x)$ 能减掉弦下的 $\triangle ABC$ 就可转化成罗尔问题, 而要减掉的部分应是弦对应的方程。

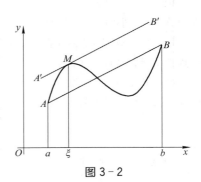

图 3-2

从拉格朗日中值定理,可以得到下面两个重要的推论。

推论 1 若 $\forall x \in (a, b)$,有 $f'(x) = 0$,则在 (a, b) 内 $f(x)$ 为常值函数,即:

$$f(x) = C$$

证 $\forall x_1, x_2 \in (a, b), x_1 < x_2$,在区间 $[x_1, x_2]$ 上应用拉格朗日中值定理,得到:

$f(x_2) - f(x_1) = f'(\xi)(x_2 - x_1)$ $(x_1 < \xi < x_2)$,由 $\xi \in (x_1, x_2) \subset (a, b)$,有 $f'(\xi) = 0$,故得 $f(x_1) = f(x_2)$,这表明函数 $f(x)$ 在 (a, b) 内恒取同一个数值,即 $f(x) = C$。

推论 2 若 $\forall x \in (a, b)$,有 $f'(x) = g'(x)$,则在 (a, b) 内 $f(x)$ 和 $g(x)$ 相差一个常数,即:

$$f(x) = g(x) + C$$

证 设 $F(x) = f(x) - g(x)$,则 $\forall x \in (a, b)$ 有 $F'(x) = f'(x) - g'(x) = 0$,由推论 1,在 (a, b) 内,$F(x) = f(x) - g(x) = C$,故得 $f(x) = g(x) + C$。

例 3 - 1 证明方程 $x^5 - 5x + 1 = 0$ 有且仅有一个小于 1 的实根。

证 设 $f(x) = x^5 - 5x + 1$,则 $f(x)$ 在 $[0, 1]$ 上连续,且 $f(0) = 1$, $f(1) = -3$ 由零点定理可得:

$\exists x_0 \in (0, 1)$,使 $f(x_0) = 0$,即方程至少有一个小于 1 的正实根。

另设有 $x_1 \in (0, 1)$, $x_1 \neq x_0$,使 $f(x_1) = 0$

因为 $f(x)$ 在 $[x_0, x_1]$ 上满足罗尔定理的条件

故至少在一个 $\xi \in (x_0, x_1)$,使得:$f'(\xi) = 0$

但 $f'(x) = f(x^4 - 1) < 0$ $(x \in (0, 1))$,所以为唯一实根。

例 3 - 2 证明当 $x > 0$ 时,$\dfrac{x}{1+x} < \ln(1+x) < x$。

证 设 $f(x) = \ln(1+x)$,则 $f(x)$ 在 $[0, x]$ 上满足拉格朗日中值定理条件,所以

$$f(x) - f(0) = f'(\xi)(x - 0) \quad (0 < \xi < x)$$

因为 $f(0) = 0$, $f'(x) = \dfrac{1}{1+x}$,得到:

$\ln(1+x) = \dfrac{x}{1+\xi}$,又因为 $0 < \xi < x$,则有 $1 < 1+\xi < 1+x$,从而:

$\dfrac{1}{1+x} < \dfrac{1}{1+\xi} < 1$,因为 $x > 0$,所以 $\dfrac{x}{1+x} < \dfrac{x}{1+\xi} < x$,即:

$$\frac{x}{1+x} < \ln(1+x) < x$$

例 3 - 3 证明 $\arctan x + \operatorname{arccot} x = \dfrac{\pi}{2}$。

证 设函数 $f(x) = \arctan x + \operatorname{arccot} x$,则函数 $f(x)$ 在实数域内连续、可导,且 $f'(x) = \dfrac{1}{1+x^2} - \dfrac{1}{1+x^2} = 0$,由推论 1 得 $f(x)$ 恒等于常数 C。又 $f(0) = \dfrac{\pi}{2}$,所以

$$\arctan x + \operatorname{arccot} x = \frac{\pi}{2}$$

三、柯西中值定理

定理 3　柯西(Cauchy)中值定理　设函数 $f(x)$，$g(x)$ 满足下列条件。

(1) 在闭区间 $[a，b]$ 上连续。

(2) 在开区间 $(a，b)$ 内可导。

(3) 在 $(a，b)$ 内任一点 $g'(x) \neq 0$。

那么，在 $(a，b)$ 内至少存在一点 ξ，使得 $\dfrac{f(b)-f(a)}{g(b)-g(a)}=\dfrac{f'(\xi)}{g'(\xi)}$。

证　由于 $f(x)$，$g(x)$ 满足拉格朗日中值定理，即 $\exists\, \xi \in (a，b)$

$$f'(\xi)=\frac{f(b)-f(a)}{b-a}，\quad g'(\xi)=\frac{g(b)-g(a)}{b-a}，\text{故有：}$$

$$b-a=\frac{f(b)-f(a)}{f'(\xi)}=\frac{g(b)-g(a)}{g'(\xi)}，\text{即：}$$

$$\frac{f(b)-f(a)}{g(b)-g(a)}=\frac{f'(\xi)}{g'(\xi)}$$

柯西中值定理是拉格朗日中值定理的一个推广。如果取 $g(x)=x$，那么 $g(b)-g(a)=b-a$，$g'(x)=1$，因而公式就可以写成 $f(b)-f(a)=f'(\xi)(b-a)$ $(a<\xi<b)$ 这就变成拉格朗日公式了。

柯西中值定理的几何意义与拉格朗日中值定理的几何意义相同，柯西中值定理的一个重要应用就是下面的洛必达法则。

例 3 - 4　设函数 $f(x)$ 在 $[0，1]$ 上连续，在 $(0，1)$ 内可导。证明：至少存在一点 $\xi \in (0，1)$，使 $f'(\xi)=2\xi(f(1)-f(0))$。

证　分析：由结论可变形为

$$\frac{f(1)-f(0)}{1-0}=\frac{f'(\xi)}{2\xi}=\frac{f'(x)}{(x^2)'}\bigg|_{x=\xi}\text{因此设 } g(x)=x^2$$

则 $f(x)$，$g(x)$ 在 $[0，1]$ 上满足柯西中值定理的条件

所以在 $(0，1)$ 内至少存在一点 ξ，有：

$$\frac{f(1)-f(0)}{1-0}=\frac{f'(\xi)}{2\xi}，\text{即：} f'(\xi)=2\xi[f(1)-f(0)]$$

第二节 ｜ 洛 必 达 法 则

我们虽在第一章中已讨论过未定式的极限问题，但使用洛必达法则求解未定式的极限会更为简便和有效。

一、"$\dfrac{0}{0}$","$\dfrac{\infty}{\infty}$" 型未定式的运算

定理　洛必达(L'Hospital)法则　如果 $f(x)$ 和 $g(x)$ 满足下列条件。

(1) 在 x_0 的某去心邻域 $(x_0-h,\ x_0+h)$ 内可导,且 $g'(x)\neq 0$。

(2) $\lim\limits_{x\to x_0}f(x)=0,\ \lim\limits_{x\to x_0}g(x)=0$。

(3) $\lim\limits_{x\to x_0}\dfrac{f'(x)}{g'(x)}$ 存在或为 ∞。

那么,有 $\lim\limits_{x\to x_0}\dfrac{f(x)}{g(x)}=\lim\limits_{x\to x_0}\dfrac{f'(x)}{g'(x)}$。

这就是说,当 $\lim\limits_{x\to x_0}\dfrac{f'(x)}{g'(x)}$ 存在时, $\lim\limits_{x\to x_0}\dfrac{f(x)}{g(x)}$ 也存在,且两者相等;当 $\lim\limits_{x\to x_0}\dfrac{f'(x)}{g'(x)}$ 为无穷大时, $\lim\limits_{x\to x_0}\dfrac{f(x)}{g(x)}$ 也是无穷大。

证　$\lim\limits_{x\to x_0}\dfrac{f(x)}{g(x)}$ 与 $f(x_0)$ 和 $g(x_0)$ 无关,不妨定义 $f(x_0)=g(x_0)=0$,则 $f(x)$ 和 $g(x)$ 在 $(x_0-h,\ x_0+h)$ 内连续,取 $x\in(x_0-h,\ x_0+h)$,则 $f(x)$ 与 $g(x)$ 在以 x 和 x_0 为端点的区间上满足柯西中值定理的条件, 因此有:

$$\frac{f(x)}{g(x)}=\frac{f(x)-f(x_0)}{g(x)-g(x_0)}=\frac{f'(\xi)}{g'(\xi)}\quad(\xi\text{ 介于 }x\text{ 与 }x_0\text{ 之间})$$

又因当 $x\to x_0$ 时, $\xi\to x_0$,对上式两端取极限,得到:

$$\lim\limits_{x\to x_0}\frac{f(x)}{g(x)}=\lim\limits_{\xi\to x_0}\frac{f'(\xi)}{g'(\xi)}$$

再由条件(3)可知:

$$\lim\limits_{\xi\to x_0}\frac{f'(\xi)}{g'(\xi)}=\lim\limits_{x\to x_0}\frac{f'(x)}{g'(x)}$$

并且当上式右端为无穷大时,左端也为无穷大,证毕。

特别指出,条件(2)改为 $\lim\limits_{x\to x_0}f(x)=\infty,\ \lim\limits_{x\to x_0}g(x)=\infty\left(\text{即}\dfrac{\infty}{\infty}\text{ 型未定式}\right)$ 时定理仍成立; 定理中的极限过程 $x\to x_0$ 换成 $x\to x_0^+,\ x\to x_0^-,\ x\to\pm\infty$ 时定理仍成立。

上述定理表明,求 $\dfrac{f(x)}{g(x)}$ 的极限可以归结为求 $\dfrac{f'(x)}{g'(x)}$ 的极限,如果 $\lim\dfrac{f'(x)}{g'(x)}$ 仍然是 $\dfrac{0}{0}$ 型或 $\dfrac{\infty}{\infty}$ 型未定式,那么只要 $f'(x)$ 与 $g'(x)$ 满足定理的条件,还可以继续使用洛必达法则,即 $\lim\dfrac{f(x)}{g(x)}=\lim\dfrac{f'(x)}{g'(x)}=\lim\dfrac{f''(x)}{g''(x)}$,以此类推。

在许多情况下,导函数之比的极限要比函数之比的极限容易求出,洛必达法则的重要性是显

而易见的。

例 3 - 5 求 $\lim\limits_{x \to 0} \dfrac{1 - \cos x}{x^2}$。

解 这是 $\dfrac{0}{0}$ 型未定式,使用洛必达法则,得到:

$$\lim_{x \to 0} \frac{1 - \cos x}{x^2} = \lim_{x \to 0} \frac{(1 - \cos x)'}{(x^2)'} = \lim_{x \to 0} \frac{\sin x}{2x} = \frac{1}{2} \lim_{x \to 0} \frac{\sin x}{x} = \frac{1}{2}$$

例 3 - 6 求 $\lim\limits_{x \to 0} \dfrac{x - x \cos x}{x - \sin x}$。

解 这是 $\dfrac{0}{0}$ 未定式,用洛必达法则,化简后仍是 $\dfrac{0}{0}$ 未定式,再用洛必达法则,得到:

$$\lim_{x \to 0} \frac{x - x \cos x}{x - \sin x} = \lim_{x \to 0} \frac{1 - \cos x + x \sin x}{1 - \cos x} = 1 + \lim_{x \to 0} \frac{x \sin x}{1 - \cos x}$$

$$= 1 + \lim_{x \to 0} \frac{\sin x + x \cos x}{\sin x} = 2 + \lim_{x \to 0} \frac{x}{\sin x} \cdot \lim_{x \to 0} \cos x = 3$$

例 3 - 7 求 $\lim\limits_{x \to +\infty} \dfrac{\ln x}{x^n} \ (n > 0)$。

解 这是 $\dfrac{\infty}{\infty}$ 型未定式,使用洛必达法则,得到:

$$\lim_{x \to +\infty} \frac{\ln x}{x^n} = \lim_{x \to +\infty} \frac{x^{-1}}{n x^{n-1}} = \lim_{x \to +\infty} \frac{1}{n x^n} = 0$$

二、其他类型未定式的运算

对于不是 $\dfrac{0}{0}$ 型和 $\dfrac{\infty}{\infty}$ 型的未定式,可先化成两种类型之一再使用洛必达法则。

例 3 - 8 求 $\lim\limits_{x \to 0^+} x \ln x$。

解 这是 $0 \cdot \infty$ 型未定式,把 0 因子移到分母,化为 $\dfrac{\infty}{\infty}$ 型未定式,得到:

$$\lim_{x \to 0^+} x \ln x = \lim_{x \to 0^+} \frac{\ln x}{x^{-1}} = \lim_{x \to 0^+} \frac{x^{-1}}{-x^{-2}} = \lim_{x \to 0^+} (-x) = 0$$

例 3 - 9 求 $\lim\limits_{x \to 0^+} x^x$。

解 这是 0^0 型未定式,用对数恒等式化为 $0 \cdot \infty$ 型未定式,得到:

$$\lim_{x \to 0^+} x^x = \lim_{x \to 0^+} e^{x \ln x} = e^{\lim\limits_{x \to 0^+} x \ln x}$$

由例 3 - 8 知, $\lim\limits_{x \to 0^+} x \ln x = 0$, 从而

$$\lim_{x \to 0^+} x^x = e^0 = 1$$

例 3 - 10　求 $\lim\limits_{x \to 0^+} \left(\dfrac{1}{x}\right)^{\tan x}$。

解　这是 ∞^0 型未定式,设 $y = \left(\dfrac{1}{x}\right)^{\tan x}$,取对数化为 $0 \cdot \infty$ 型未定式求极限,得到:

$$\lim_{x \to 0^+} \ln y = \lim_{x \to 0^+} \tan x \ln\left(\frac{1}{x}\right) = \lim_{x \to 0^+} \frac{-\ln x}{\cot x} = \lim_{x \to 0^+} \frac{x^{-1}}{\csc^2 x} = \lim_{x \to 0^+} \frac{\sin x}{x} \sin x = 0$$

$$\lim_{x \to 0^+} \left(\frac{1}{x}\right)^{\tan x} = \lim_{x \to 0^+} y = \lim_{x \to 0^+} e^{\ln y} = e^0 = 1$$

例 3 - 11　求 $\lim\limits_{x \to 1}\left(\dfrac{x}{x-1} - \dfrac{1}{\ln x}\right)$。

解　这是 $\infty - \infty$ 型未定式,但通分后就化成了 $\dfrac{0}{0}$ 型未定式,得到:

$$\lim_{x \to 1}\left(\frac{x}{x-1} - \frac{1}{\ln x}\right) = \lim_{x \to 1} \frac{x \ln x - x + 1}{(x-1)\ln x} = \lim_{x \to 1} \frac{\ln x + 1 - 1}{\dfrac{x-1}{x} + \ln x}$$

$$= \lim_{x \to 1} \frac{\ln x}{1 - \dfrac{1}{x} + \ln x} = \lim_{x \to 1} \frac{\dfrac{1}{x}}{\dfrac{1}{x^2} + \dfrac{1}{x}} = \frac{1}{2}$$

例 3 - 12　求 $\lim\limits_{x \to 0} (1 - \sin x)^{\cot x}$。

解　这是 1^∞ 型未定式,因为

$$\lim_{x \to 0} (1 - \sin x)^{\cot x} = \lim_{x \to 0} e^{\cot x \cdot \ln(1 - \sin x)} = e^{\lim\limits_{x \to 0} \cot x \cdot \ln(1 - \sin x)}$$, 得到:

$$\lim_{x \to 0} \cot x \cdot \ln(1 - \sin x) = \lim_{x \to 0} \frac{\ln(1 - \sin x)}{\tan x} = \lim_{x \to 0} \frac{\dfrac{-\cos x}{1 - \sin x}}{\sec^2 x} = \lim_{x \to 0} \frac{-\cos^3 x}{1 - \sin x} = -1, \text{ 即:}$$

$$\lim_{x \to 0} (1 - \sin x)^{\cot x} = e^{-1}$$

当 $\lim \dfrac{f'(x)}{g'(x)}$ 不存在时(等于无穷大的情况除外),并不能断定 $\lim \dfrac{f(x)}{g(x)}$ 也不存在,需用其他方法讨论。

例 3 - 13　求 $\lim\limits_{x \to \infty} \dfrac{x + \sin x}{x}$。

解　这是 $\dfrac{\infty}{\infty}$ 型未定式,若使用洛必达法则 $\lim\limits_{x \to \infty} \dfrac{x + \sin x}{x} = \lim\limits_{x \to \infty} \dfrac{1 + \cos x}{1}$,此式振荡无极限,故法则失效,但此式极限存在,改用其他方法,则有:

$$\lim_{x \to \infty} \frac{x + \sin x}{x} = \lim_{x \to \infty} \left(1 + \frac{\sin x}{x}\right) = 1 + \lim_{x \to \infty} \frac{\sin x}{x} = 1 + 0 = 1$$

第三节 函数的性态研究

本节我们将利用导数来研究函数的单调性、极值、函数图象的凹凸性和拐点并描绘函数的图象。

一、函数的单调性和极值

1. **函数的单调性** 在讨论函数时,我们已经定义了函数在某一区间的单调增减性,然而直接根据定义来判定函数的单调性,但这对很多函数来说是不方便的,利用导数能方便地解决这一问题。

如果函数 $y=f(x)$ 在某个区间上单调递增(或单调递减),那么它的图象是一条沿 x 轴正向上升(或下降)的曲线,如图 3-3 所示。

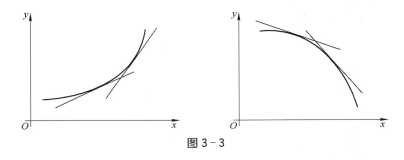

图 3-3

若曲线上升,则其上各点处的切线与 x 轴正向交成锐角 α,斜率 $\tan\alpha$ 是非负的,即 $y'=f'(x)\geqslant 0$。若曲线下降,则其上各点处的切线与 x 轴正向交成钝角 α,斜率 $\tan\alpha$ 是非正的,即 $y'=f'(x)\leqslant 0$。由此可见,函数的单调性与导数的符号有着密切的联系。

定理 1 设函数 $y=f(x)$ 在 (a,b) 内可导,如果在该区间内恒有 $f'(x)\geqslant 0$(或 $f'(x)\leqslant 0$),那么函数 $y=f(x)$ 在 (a,b) 内单调递增(或单调递减)。

证 在区间 (a,b) 内任取两点 x_1 和 x_2,且使 $x_1 < x_2$,在区间 $[x_1,x_2]$ 上应用拉格朗日中值定理,得到 $f(x_2)-f(x_1)=f'(\xi)(x_2-x_1)$ $(x_1 < \xi < x_2)$,由 $f'(x)\geqslant 0$,则有 $f(x_2)-f(x_1)\geqslant 0$,即 $f(x_1)\leqslant f(x_2)$。所以,函数 $y=f(x)$ 在 (a,b) 内单调递增。

同理可证,当 $f'(x)\leqslant 0$ 时,$f(x)$ 在 (a,b) 内单调递减。

根据上述定理,讨论函数单调性可按以下步骤进行:① 确定函数的定义域。② 求 $f'(x)$,找出 $f'(x)=0$ 和 $f'(x)$ 不存在的点,以这些点为分界点,把定义域分成若干区间。③ 在各区间上判别 $f'(x)$ 的符号,以此确定 $f(x)$ 的单调性。

例 3-14 讨论函数 $f(x)=x^3-6x^2+9x+5$ 的单调区间。

解 函数 $f(x)$ 的定义域为 $(-\infty,+\infty)$,$f'(x)=3x^2-12x+9=3(x-1)(x-3)$,

令 $f'(x)=0$ 得 $x_1=1$ 和 $x_2=3$,这两个点将定义域分成三个区间,列表 3-1 如下。

表 3-1　函数的单调区间

x	$(-\infty, 1)$	$(1, 3)$	$(3, +\infty)$
$f'(x)$	+	−	+
$f(x)$	↑	↓	↑

注：表中↑表示单调上升，↓表示单调下降

由表 3-1 可知，在 $(-\infty, 1)$ 和 $(3, +\infty)$ 内 $f'(x) > 0$，函数单调递增；在 $(1, 3)$ 内 $f'(x) < 0$，函数单调递减。

例 3-15　讨论函数 $y = x^3$ 的单调性。

解　函数 $y = x^3$ 的定义域为 $(-\infty, +\infty)$，$y' = 3x^2$，显然，除了点 $x = 0$ 使 $y' = 0$ 外，在其余各点处均有 $y' > 0$。因此，函数 $y = x^3$ 在整个定义域 $(-\infty, +\infty)$ 内单调递增，在 $x = 0$ 处有一水平切线，函数图象如图 3-4 所示。

一般地，当 $f'(x)$ 在某区间内的个别点处为零，在其余各点处均为正(或负)时，$f(x)$ 在该区间上仍然是单调递增(或单调递减)。

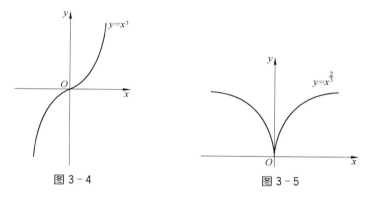

图 3-4　　　　　　　　图 3-5

例 3-16　讨论函数 $f(x) = \sqrt[3]{x^2}$ 的单调性。

解　函数 $f(x) = \sqrt[3]{x^2}$ 的定义域是 $(-\infty, +\infty)$，得到：

$$f'(x) = \frac{2}{3\sqrt[3]{x}}$$

当 $x = 0$ 时，$f'(x)$ 不存在，因此，在区间 $(-\infty, 0)$ 内 $f'(x) < 0$，函数单调递减；在区间 $(0, +\infty)$ 内 $f'(x) > 0$，函数单调递增。

从图 3-5 中我们看到 $x = 0$ 是这个函数单调增区间和单调减区间的分界点，但在 $x = 0$ 处，$f'(x)$ 不存在。

从例 3-14、例 3-15 和例 3-16 中，我们注意到函数增减区间的分界点一定是导数为零的点，或导数不存在的点。但反过来，导数为零的点或导数不存在的点却不一定都是函数增减区间的分界点，如例 3-15 中 $y = x^3$ 在 $x = 0$ 处导数为零，但在区间 $(-\infty, +\infty)$ 上都是单调递增。

2. 函数的极值　如果连续函数 $y = f(x)$ 在点 x_0 附近的左右两侧单调性不一样，那么曲线 $y = f(x)$ 在点 (x_0, y_0) 处就出现"峰"或"谷"，这种点在应用上有重要的意义。

定义 1　如果函数 $y = f(x)$ 在点 x_0 及其附近有定义，并且 $f(x_0)$ 的值比在 x_0 附近所有各点

x 的函数值都大(或都小),即 $f(x_0)>f(x)$(或 $f(x_0)<f(x)$),我们称 $f(x)$ 在 x_0 处取得**极大值**(或**极小值**) $f(x_0)$,点 x_0 称为 $f(x)$ 的**极大值点**(或**极小值点**)。

函数的极大值和极小值统称为函数的**极值**,而极大值点和极小值点统称为**极值点**。

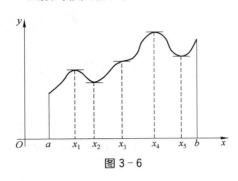

图 3 - 6

函数的极值概念只是反映函数的"局部"特性,所谓极值是相对于邻近的函数值而言的。因此,函数在定义域或某指定区间上可能有若干个极大值和极小值,且极大值可能小于极小值。如图 3 - 6 中,函数 $y=f(x)$ 有两个极大值 $f(x_1)$ 和 $f(x_4)$,两个极小值 $f(x_2)$,$f(x_5)$,其中极大值 $f(x_1)$ 小于极小值 $f(x_5)$。从图 3 - 6 中还可以看出,在取得极值处,如果曲线的切线存在,则切线平行于 x 轴,即极值点处的导数等于零。但反过来就不一定成立,即导数等于零处,不一定有极值,如图 3 - 4 中 $f'(x_3)=0$,但 $f(x_3)$ 并不是函数的极值。

定理 2 极值的必要条件　若函数 $f(x)$ 在点 x_0 处有极值,且 $f'(x_0)$ 存在,则 $f'(x_0)=0$。

证　假设 $f(x)$ 在 x_0 处取得极大值,根据极值定义,对 x_0 的某个邻域内的任意 x,都有 $f(x_0)>f(x)$。于是,当 $x<x_0$ 时,$\dfrac{f(x)-f(x_0)}{x-x_0}>0$,由极限的保号性(函数值与极限值的同号性),得到 $f'(x_0)=\lim\limits_{x\to x_0^-}\dfrac{f(x)-f(x_0)}{x-x_0}\geq 0$;同理,当 $x>x_0$ 时,则有 $\dfrac{f(x)-f(x_0)}{x-x_0}<0$;因此,$f'(x_0)=\lim\limits_{x\to x_0^+}\dfrac{f(x)-f(x_0)}{x-x_0}\leq 0$,由此得到 $f'(x_0)=0$。

类似可证极小值的情形。

我们将使 $f'(x_0)=0$ 的点 x_0 称为函数 $f(x)$ 的**驻点**。

定理 2 的结论表明:可导函数的极值点必是它的驻点,但反过来,函数的驻点不一定是它的极值点。例如,$f(x)=x^3$,$x=0$ 是函数的驻点,但却不是极值点。所以,当求出函数的驻点以后,还需要判断求得的驻点是否是极值点,下面给出取得极值的充分条件。

定理 3 第一充分条件　设函数 $f(x)$ 在点 x_0 邻近可导,且 $f'(x_0)=0$,当 x 递增经过 x_0 时:

(1) 若 $f'(x)$ 由正变负,那么 $f(x)$ 在 x_0 处有极大值 $f(x_0)$。

(2) 若 $f'(x)$ 由负变正,那么 $f(x)$ 在 x_0 处有极小值 $f(x_0)$。

(3) 若 $f'(x)$ 的符号不改变,那么 $f(x)$ 在 x_0 处无极值。

证　(1) 在 x_0 的邻近,当 $x<x_0$ 时,$f'(x)>0$,所以 $f(x)$ 单调递增,则有:

$$f(x)<f(x_0)\quad(x<x_0)$$

又当 $x>x_0$ 时,$f'(x)<0$,所以 $f(x)$ 单调递减,即有:

$$f(x)<f(x_0)\quad(x>x_0)$$

故知 x_0 是 $f(x)$ 的极大值点。其余(2)、(3)仿此可以证明。

根据定理 3 可以归纳出寻找和判别极值的基本步骤如下:① 求出 $f(x)$ 的导数。② 找出 $f'(x)$ 不存在的点和 $f(x)$ 的驻点,即 $f'(x)=0$ 的点。③ 考察驻点和导数不存在的点两侧导数的符号。

根据定理 3 判别该点是否是极值点并确定是极大值还是极小值。

例 3-17 求函数 $f(x)=x^3-6x^2+9x+5$ 的极值。

解 例 3-14 中已求得函数 $f(x)$ 的驻点为 $x_1=1$ 和 $x_2=3$ 且在 $(-\infty,1)$ 和 $(3,+\infty)$ 内 $f'(x)>0$，函数单调递增；在 $(1,3)$ 内 $f'(x)<0$，函数单调递减。

所以，$f(x)$ 在 $x_1=1$ 处有极大值 $f(1)=9$，在 $x_2=3$ 处有极小值 $f(3)=5$。

例 3-18 求函数 $f(x)=(x^2-1)^3+1$ 的极值。

解 函数 $f(x)$ 定义域为 $(-\infty,+\infty)$，$f'(x)=3(x^2-1)^2 2x=6x(x^2-1)^2$

令 $f'(x)=0$，即 $6x(x^2-1)^2=0$，求得驻点为 $x_1=-1$，$x_2=0$，$x_3=1$。

讨论 $f'(x)$ 的符号确定极值。由 $6(x^2-1)^2\geqslant 0$，故只需讨论 x 的符号。当 $x<0$ 时，$f'(x)<0$；当 $x>0$ 时，$f'(x)>0$。故当 $x=0$ 时，函数有极小值 $f(0)=0$，而在其余两个驻点处，函数没有极值。

以上对函数极值的讨论，函数在其极值点都是可导的。但实际上，在不可导点函数也可能取得极值，只要函数在不可导点是连续的，我们仍可用定理 3 的结论进行判别。

例 3-19 求函数 $f(x)=(x-1)x^{\frac{2}{3}}$ 的极值。

解 函数 $f(x)$ 定义域为 $(-\infty,+\infty)$，则有：

$f'(x)=(x^{\frac{5}{3}}-x^{\frac{2}{3}})'=\dfrac{5}{3}x^{\frac{2}{3}}-\dfrac{2}{3}x^{-\frac{1}{3}}=\dfrac{1}{3}x^{-\frac{1}{3}}(5x-2)$，令 $f'(x)=0$，解得 $x=\dfrac{2}{5}$，当 $x=0$ 时，$f(x)$ 的导数不存在。

将上述计算列表 3-2 讨论，结果如下。

表 3-2 函数的极值

x	$(-\infty,0)$	0	$\left(0,\dfrac{2}{5}\right)$	$\dfrac{2}{5}$	$\left(\dfrac{2}{5},+\infty\right)$
$f'(x)$	$+$	不存在	$-$	0	$+$
$f(x)$	↑	极大值 $f(0)=0$	↓	极小值 $f\left(\dfrac{2}{5}\right)=-\dfrac{6}{25}\cdot\sqrt[3]{\dfrac{5}{2}}$	↑

有时，确定一阶导数的符号的变化比较困难，而用二阶导数的符号判别极值较简便。其判别方法如下。

定理 4 第二充分条件 设函数 $f(x)$ 在 x_0 处具有一、二阶导数，且 $f'(x_0)=0$。

(1) 若 $f''(x_0)<0$，那么 $f(x_0)$ 为极大值。

(2) 若 $f''(x_0)>0$，那么 $f(x_0)$ 为极小值。

(3) $f''(x_0)=0$ 时，不能确定。

使用定理 4 时计算方便，但在不可导点或二阶导数为零点处无法判定。

例 3-20 求函数 $f(x)=e^x\cos x$ 在区间 $[0,2\pi]$ 上的极值。

解 $f'(x)=e^x(\cos x-\sin x)\ (0<x<2\pi)$

$$f''(x)=e^x(\cos x-\sin x)-e^x(\cos x+\sin x)=-2e^x\sin x$$

令 $f'(x)=0$，得驻点为 $x_1=\dfrac{\pi}{4}$ 和 $x_2=\dfrac{5\pi}{4}$，则有

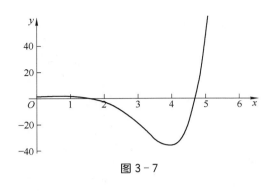

图 3-7

$$f''\left(\frac{\pi}{4}\right) = -\sqrt{2}\,e^{\frac{\pi}{4}} < 0, \quad f''\left(\frac{5\pi}{4}\right) = \sqrt{2}\,e^{\frac{5\pi}{4}} > 0$$

于是,函数 $f(x)$ 在点 $x_1 = \dfrac{\pi}{4}$ 处取得极大值,在点 $x_2 = \dfrac{5\pi}{4}$ 处取得极小值,如图3-7所示。

3. 函数的最大值和最小值　上面介绍了极值,但在实际问题中往往要求我们计算的不是极值,而是最大值、最小值。例如,在一定条件下,怎样使"产量最高""用量最省""效率最高"等,这类问题可归结为求某一函数的最大值或最小值问题。函数的最大值、最小值要在某个给定区间上考虑,而函数的极值只是在一点的邻近考虑,它们的概念是不同的。一个闭区间上的连续函数必然存在最大、最小值,它们可能就是区间内的极大、极小值,但也可能是区间端点的函数值。所以,对于在闭区上连续函数求最大、最小值时,只要计算出极大、极小值及端点处的函数值,然后进行比较就行了,最大者为最大值,最小者为最小值。甚至可以这样做,求驻点、导数不存在点(如有的话)及端点的函数值,再进行比较就行了。

例 3-21　求函数 $y = x^4 - 2x^2 + 5$ 在区间 $[0, 2]$ 上的最大值与最小值。

解　$y' = 4x^3 - 4x = 4x(x-1)(x+1)$,令 $y' = 0$,求得 $(0, 2)$ 内驻点 $x = 1$,比较 $y(0) = 5$,$y(1) = 4$,$y(2) = 13$ 的大小。所以,$x = 2$ 时,$y(2) = 13$ 为最大值;$x = 1$ 时,$y(1) = 4$ 为最小值。

若函数在区间内只有唯一极值,则该极值就是最值。

二、函数的凹凸区间与拐点

除了函数的单调性和极值,进一步了解函数的其他性质有助于准确地掌握反映函数图象的主要特性。例如,图3-8中有两条曲线弧 ACB 和 ADB,虽然它们都是上升的,但在上升过程中,它们的弯曲方向却不一样,因而图象显著不同。曲线的弯曲方向在几何上是用曲线的"凹凸性"来描述的。下面就来研究曲线的弯曲方向及弯曲时方向发生转变的点,以使我们能够较为准确地描绘函数的图象。

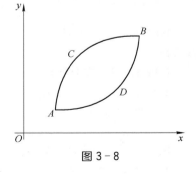

图 3-8

1. 曲线的凹凸性　曲线的弯曲方向是用曲线与其切线的相对位置来描述的。

定义 2　如果一段曲线位于其每一点处切线的上方,我们就称这段曲线是凹曲线,如图3-9所示;如果一段曲线位于其每一点处切线的下方,则称这段曲线是凸曲线,如图 3-10 所示。

由图3-9和图3-10可见,一段曲线的切线位置的变化状况可以反映该曲线的凹凸性。曲线为凹时,随着 x 的增大,切线与 x 轴的夹角也增大,切线的斜率 $f'(x)$ 是增大的,$f'(x)$ 是增函数,故 $f'(x)$ 的导数 $f''(x) \geq 0$。同理可知,曲线为凸时,$f''(x) \leq 0$。由此可得通过二阶导数的符号来判定曲线的凹凸性的方法。

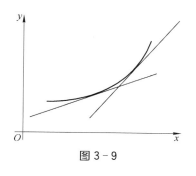

图 3-9

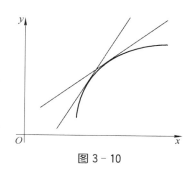

图 3-10

定理 5　设函数 $y=f(x)$ 在 (a,b) 上具有二阶导数,那么

(1) 如果在 (a,b) 内,总有 $f''(x)>0$,则曲线 $y=f(x)$ 在 (a,b) 上是凹的。

(2) 如果在 (a,b) 内,总有 $f''(x)<0$,则曲线
$y=f(x)$ 在 (a,b) 上是凸的。

例 3-22　判断正弦曲线 $y=\sin x$ 在区间
$(0,2\pi)$ 上的凹凸性。

解　$y'=\cos x$,$y''=-\sin x$,当 $0<x<\pi$ 时,
$y''<0$;当 $\pi<x<2\pi$ 时,$y''>0$。即正弦曲线在
$(0,\pi)$ 上是凸的,在 $(\pi,2\pi)$ 上是凹的,如图
3-11 所示。

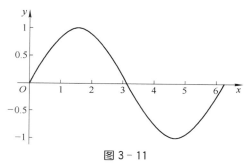

图 3-11

2. 曲线的拐点

定义 3　如果一条曲线既有凹的部分也有凸的部分,那么这两部分的分界点称为**拐点**。

由前面定理可知,连续曲线在凹段上 $f''(x)\geqslant 0$,在凸段上 $f''(x)\leqslant 0$,故曲线在经过拐点时,
$f''(x)$ 要变号,因此,在拐点处如果 $f''(x)$ 存在,则必有 $f''(x)=0$。但反之,使 $f''(x)=0$ 的点则
不一定是曲线的拐点,如 $y=x^4$,$y''(0)=0$,但点 $(0,0)$ 不是曲线的拐点。另外,$f''(x)$ 不存在的
点也可能为曲线的拐点。

下面给出用二阶导数确定曲线 $y=f(x)$ 的拐点和曲线凹凸性的方法:① 求 $f''(x)$,找出
$f''(x)=0$ 和 $f''(x)$ 不存在的点,以这些点为分界点,把定义域分成若干区间。② 在各区间上判
别 $f''(x)$ 符号,以此确定 $f(x)$ 的凹凸区间。③ 确定曲线上使 $y=f(x)$ 的凹凸性发生变化的点,
这些点便是曲线的拐点。

例 3-23　求函数 $f(x)=x^3-6x^2+9x+5$ 的凹凸区间和拐点。

解　在前面已经讨论了该题的单调性与极值,由前述计算结果进一步计算,得到
$f''(x)=6x-12=6(x-2)$,令 $f''(x)=0$,解得 $x=2$,最后,列表 3-3 讨论如下。

表 3-3　函数的凹凸区间与拐点

x	$(-\infty,2)$	2	$(2,+\infty)$
$f''(x)$	$-$	0	$+$
$f(x)$	凸	拐点	凹

由表 3-3 可以看出,曲线在区间 $(-\infty,2)$ 上是凸的,在 $(2,+\infty)$ 上是凹的,点 $(2,7)$ 为拐点。

例 3-24　求函数 $f(x)=(x-1)\sqrt[3]{x}$ 的凹凸区间和拐点。

解　$f(x)$ 的定义域为 $(-\infty, +\infty)$，$f'(x) = \sqrt[3]{x} + \frac{1}{3}(x-1)\frac{1}{\sqrt[3]{x^2}}$

$f''(x) = \frac{1}{3\sqrt[3]{x^2}} + \frac{1}{3\sqrt[3]{x^2}} - \frac{2(x-1)}{9\sqrt[3]{x^5}} = \frac{2(2x+1)}{9\sqrt[3]{x^5}}$，则：

当 $x = -\frac{1}{2}$ 时，$f''(x) = 0$；当 $x = 0$ 时，$f''(x)$ 不存在，以 $-\frac{1}{2}$ 和 0 把定义域分成三个区间，列表 3-4 讨论如下。

表 3-4　函数的凹凸区间与拐点

x	$\left(-\infty, -\frac{1}{2}\right)$	$-\frac{1}{2}$	$\left(-\frac{1}{2}, 0\right)$	0	$(0, +\infty)$
$f''(x)$	$+$	0	$-$	不存在	$+$
$f(x)$	$\cup$	$\frac{3}{4}\sqrt[3]{4}$ 拐点	$\cap$	0 拐点	$\cup$

从表 3-4 可知，$f(x)$ 在 $\left(-\infty, -\frac{1}{2}\right)$ 和 $(0, +\infty)$ 上是凹的，在 $\left(-\frac{1}{2}, 0\right)$ 上是凸的，点 $\left(-\frac{1}{2}, \frac{3}{4}\sqrt[3]{4}\right)$ 和 $(0, 0)$ 为曲线的拐点。

三、函数的渐近线

有些函数的定义域与值域都是有限区间，此时函数的图象局限于一定的范围之内，如圆、椭圆等。而有些函数的定义域或值域是无穷区间，此时函数的图象向无穷远处延伸，如双曲线、抛物线等。有些向无穷远处延伸的曲线，呈现出越来越接近某一直线的形态，这种直线就是曲线的渐近线。

定义 4　如果曲线上的一点沿着曲线趋于无穷远时，该点与某条直线的距离趋于零，则称此直线为**曲线的渐近线**。

如果给定曲线的方程 $y = f(x)$，如何确定该曲线是否有渐近线呢？如果有渐近线又怎样求出呢？下面分三种情况讨论。

1. **水平渐近线**　如果 $\lim\limits_{x \to \infty} f(x) = C$（或 $\lim\limits_{x \to -\infty} f(x) = C$，$\lim\limits_{x \to +\infty} f(x) = C$），则直线 $y = C$ 是曲线 $y = f(x)$ 的一条水平渐近线，如图 3-12 和图 3-13 所示。

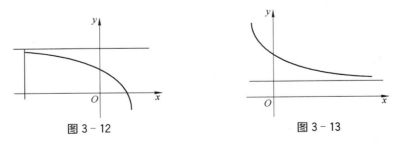

图 3-12　　　　　　　　　图 3-13

2. **垂直渐近线**　如果 $\lim\limits_{x \to x_0} f(x) = \infty$（或 $\lim\limits_{x \to x_0^+} f(x) = \infty$，$\lim\limits_{x \to x_0^-} f(x) = \infty$），则直线 $x = x_0$ 是曲线 $y = f(x)$ 的一条垂直渐近线，如图 3-14 所示。

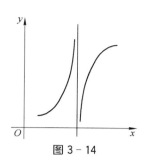

图 3 - 14

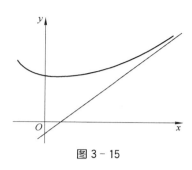

图 3 - 15

3. 斜渐近线　如果当 $x \to \infty$(或 $x \to +\infty$, $x \to -\infty$) 时，曲线 $y = f(x)$ 上的点到直线 $y = ax+b$ 的距离趋近于零，则直线 $y = ax+b$ 称为曲线 $y = f(x)$ 的一条斜渐近线，如图 3 - 15 所示。

下面我们来求 $y=f(x)$ 的斜渐近线。若直线 $y=ax+b$ 是曲线 $y=f(x)$ 的一条斜渐近线，则由定义知

$\lim\limits_{x \to \pm\infty} [f(x)-(ax+b)]=0$，根据极限的性质，我们有 $\lim\limits_{x \to \pm\infty} [f(x)-ax]=b$，由于当 $x \to \pm\infty$ 时，$f(x)-ax$ 的极限存在，所以

$\lim\limits_{x \to \pm\infty} \dfrac{f(x)-ax}{x}=0$，即：

$$\lim_{x \to \pm\infty} \frac{f(x)}{x}=a$$

如果给定一个函数 $y=f(x)$，它有渐近线，那么把它代入上述的两个公式，求出 a 和 b，就可得到渐近线 $y=ax+b$。

例 3 - 25　求曲线 $y=\dfrac{(x-3)^2}{4(x-1)}$ 的渐近线。

解　函数的定义域为 $(-\infty, 1) \bigcup (1, +\infty)$，由于 $\lim\limits_{x \to 1} \dfrac{(x-3)^2}{4(x-1)}=\infty$，故 $x=1$ 是曲线的一条垂直渐近线，又因为

$a = \lim\limits_{x \to \infty} \dfrac{f(x)}{x} = \lim\limits_{x \to \infty} \dfrac{(x-3)^2}{4x(x-1)} = \dfrac{1}{4}$

$b = \lim\limits_{x \to \infty} [f(x)-ax] = \lim\limits_{x \to \infty} \left[\dfrac{(x-3)^2}{4(x-1)} - \dfrac{x}{4}\right]$

$= \lim\limits_{x \to \infty} \dfrac{-5x+9}{4(x-1)} = -\dfrac{5}{4}$

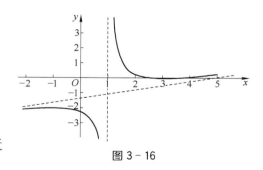

图 3 - 16

所以，直线 $y=\dfrac{1}{4}x - \dfrac{5}{4}$ 是曲线的一条斜渐近线，如图 3 - 16 所示。

四、函数图象的描绘

对于给定的函数 $f(x)$，在初等数学中我们可以用描点法做出函数的图象，这种图象一般是粗

糙的,在一些关键性点的附近,函数的变化状态不能确切地反映出来。现在我们可以利用函数的一、二阶导数及其某些性质,较准确地描述函数的性态。

一般地,描绘函数图象的步骤如下:① 确定函数的定义域,确定函数的奇偶性、周期性等一般性质。② 计算一、二阶导数,并求方程 $f'(x)=0$ 和 $f''(x)=0$ 的根及不可导点。③ 确定函数的单调性、极值、凹凸、与拐点(最好列出表格)。④ 如果有渐近线,求出渐近线。⑤ 描出已求得的各点,必要时可补充一些点,如曲线与坐标轴的交点等,最后描绘函数图象。

例 3 - 26 做出函数 $y=x^3-6x^2+9x+5$ 的图象。

解 前面已讨论了本题的单调性、极值、凹凸、拐点,现将讨论结果归纳列表 3-5 如下。

表 3 - 5 函数 的 图 象

x	$(-\infty, 1)$	1	$(1, 2)$	2	$(2, 3)$	3	$(3, +\infty)$
y'	+	0	−	−	−	0	+
y''	−	−	−	0	+	+	+
y	↑∩	极大值 9	↓∩	拐点(2, 7)	↓∪	极小值 5	↑∪

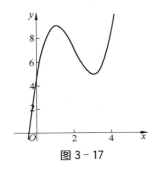

图 3 - 17

该题无对称性,无渐近线。根据极值、拐点、增减区间、凹凸区间,补充点(4, 9)及与 y 轴交点(0, 5),做出如图 3 - 17 所示的图象。

例 3 - 27 做出标准正态分布密度函数 $f(x)=\dfrac{1}{\sqrt{2\pi}}e^{-\frac{x^2}{2}}$ 的图象。

解 函数定义域为 $(-\infty, +\infty)$, $f(x)$ 是偶函数,其图象关于 y 轴对称求导,得到:

$$f'(x)=\frac{-x}{\sqrt{2\pi}}e^{-\frac{x^2}{2}}, \ f''(x)=\frac{x^2-1}{\sqrt{2\pi}}e^{-\frac{x^2}{2}}$$

令 $f'(x)=0$,则有 $x=0$,再令 $f''(x)=0$,又得到 $x=\pm 1$,函数无不可导点。

因为 $\lim\limits_{x\to\infty}\dfrac{1}{\sqrt{2\pi}}e^{-\frac{x^2}{2}}=0$,所以,$y=0$ 是曲线的水平渐近线。

由于 $y=f(x)$ 关于 y 轴对称,我们只需将右半部分 $[0, +\infty)$ 讨论的结果,列表 3-6 如下。

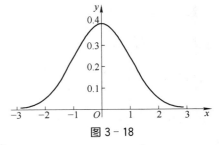

图 3 - 18

表 3 - 6 函数 的 图 象

x	0	$(0, 1)$	1	$(1, +\infty)$
$f'(x)$	0	−	−	−
$f''(x)$	−	−	0	+
$y=f(x)$	极大值 0.399	↓∩	拐点(1, 0.242)	↓∪

根据极值、拐点、增减区间、凹凸区间,做出如图 3 - 18 所示图象。这条草帽形曲线也称**高斯**(Gauss)曲线,在概率统计中要用到它。

第四节 导数在实际问题上的简单应用

若实际问题可以断定最值存在,且函数在区间内只有唯一驻点,则该点就是最值点。

例 3-28 口服中药罗勒(又名兰香、香草)胶囊,经药效时程分析,体外血栓抑制率的净升率与时间 t 的关系为 $C_m = 133(e^{-0.211\,2t} - e^{-2.335\,8t})$,求净升率的最大值。

解 函数定义域 $D = [0, +\infty)$,求得:

$$C'_m = 133(-0.211\,2e^{-0.211\,2t} + 2.335\,8e^{-2.335\,8t})$$

令 $C'_m = 0$,有 $e^{2.124\,6t} = 11.059\,7$,$2.124\,6t = \ln 11.059\,7$,解得 D 内唯一驻点 $t = 1.131\,2$,由实际问题可知,净升率的最大值一定存在,唯一驻点就是最值点。

所以,当 $t = 1.131\,2$ 时,$C_m(1.131\,2) = 95.267\,9$ 为净升率的最大值。

例 3-29 C-t 曲线的性态分析,如果口服药后,体内血药浓度的变化关系是:

$C = C(t) = A(e^{-k_e t} - e^{-k_a t})$,其中 A, k_e, $k_a(k_e$、$k_a > 0)$ 为参数。

解 根据函数绘制图象,得到函数的定义域为 $(0, +\infty)$,$C(t)$ 的一、二阶导数为:

$C'(t) = A(-k_e e^{-k_e t} + k_a e^{-k_a t})$,$C''(t) = A(k_e^2 e^{-k_e t} - k_a^2 e^{-k_a t})$,再求 $C(t)$ 的一、二阶导数等于零的解,即:

由 $C'(t) = 0$,解得 $t = T_m = \dfrac{\ln \dfrac{k_a}{k_e}}{k_a - k_e}$

由 $C''(t) = 0$,解得 $t = T_0 = 2\dfrac{\ln \dfrac{k_a}{k_e}}{k_a - k_e} = 2T_m$

又因为 $\lim\limits_{t \to \infty} C(t) = 0$,所以,$C = 0$ 是曲线的水平渐近线。

最后,列出药时曲线的性态特征如表 3-7 所示。

表 3-7 药时曲线性态特征

范 围	$(0, T_m)$	T_m	(T_m, T_0)	T_0	$(T_0, +\infty)$
$C'(t)$	+	0	−	−	−
$C''(t)$	−	−	−	0	+
曲线性态	凸增	最大值	凸减	拐点	凹减

按表 3-7 中列出的曲线性态特征,可绘出药时曲线如图 3-19 所示。

根据曲线的性态特征分析体内血药过程的性质及其意义,可知:① 服药后,体内血药浓度的变化规律是:从 0 到 T_m 这段时间内体内药物浓度不断增高,T_m 以后逐渐减少。② 服药后到 T_m 时,体内药物浓度达到最大值 $C(T_m) = C_m$,通常称为峰浓度,T_m 称为 S 峰时。若 T_m 小 C_m

大,则反映该药物不仅被吸收快且吸收好,有速效之优点。③ 服药后到 $t = T_0$ 这段时间内曲线是凸的,其后为凹的。这显示体内药物浓度在 T_0 前变化的速度在不断减小(即血药浓度在减速变化),而在 T_0 后变化的速度在不断增加(血药浓度在加速变化),在 $t = T_0$ 处血药浓度的变化速度达到最小值。由于在 T_0 后整个血药浓度在不断减少。所以,血药浓度在加速减少,因而说明药物体内过程的主要特征是药物的消除,故通常把 $t = T_0$ 后的这段时间的体内过程称为药物的消除相,$t = T_0$ 是药物消除相的标志和起点。当 $t \to \infty$ 时,$C(t) \to 0$,即渐近线是时间轴,表明药物最终全部从体内消除。

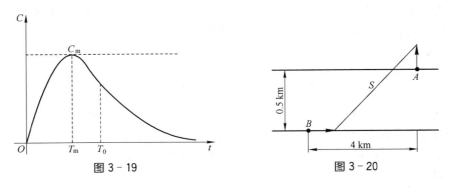

图 3 - 19　　　　　　　　　图 3 - 20

例 3 - 30　罪犯乘汽车从河的北岸 A 处以 1 km/min 的速度向正北逃窜,同时警员乘摩托车从河的南岸 B 处向正东追击,速度为 2 km/min。问警员乘摩托车何时射击最好(相距最近射击最好)?

解　设 t 分钟后两者相距 S,则有

$$S = \sqrt{(0.5+t)^2 + (4-2t)^2}, \text{从而}$$

$$S' = \frac{5t - 7.5}{\sqrt{(0.5+t)^2 + (4-2t)^2}}, \text{令} S' = 0, \text{得到:}$$

唯一驻点,即 $t = 1.5$

故警员从 B 处发起追击后 1.5 min 射击最好。

例 3 - 31　某房地产公司有 50 套公寓要出租,当租金定为每月 180 元时,公寓会全部租出去。当租金每月增加 10 元时,就有一套公寓租不出去,而租不出去的房子每月需花费 20 元的整修维护费。试问房租定为多少可获得最大收入?

解　设房租为每月 x 元,每月总收入为 S,则:

租出去的房子有:$50 - \dfrac{x - 180}{10}$ 套

每月总收入为:$S = (x - 20)\left(50 - \dfrac{x - 180}{10}\right) = (x - 20)\left(68 - \dfrac{x}{10}\right)$

$$S' = 68 - \frac{x}{10} + (x - 20)\left(-\frac{1}{10}\right) = 70 - \frac{x}{5}$$

令 $S' = 0$,得唯一驻点:$x = 350$

故每月每套租金为 350 元时收入最高。

最大收入为 $S = (350 - 20)\left(68 - \dfrac{350}{10}\right) = 10\,890$ 元

第五节 函数的幂级数展开式

一、用多项式近似表示函数

在生产与科学技术中,有些函数由于它的复杂性,不方便进行理论分析,也难以按照需要进行计算,甚至我们熟悉的对数函数和三角函数等也不能直接进行数值计算。这样很自然地就提出一个问题:能否构造一个比较简单的函数去代替原来的函数,以便在允许的精确度之下,使计算大为简化,或使计算得以进行。多项式是结构上最简单而运算上又较容易的一种函数,对它进行微分和积分运算都很方便。所以,如果能用一个多项式近似表示一个函数,将会给理论分析和计算带来很大方便。

我们现在的问题是,对给定的函数 $f(x)$,如何寻找一个在指定点 x_0 附近与 $f(x)$ 很近似的多项式,不妨设此多项式的形式为:

$$p_n(x)=a_0+a_1(x-x_0)+a_2(x-x_0)^2+\cdots+a_n(x-x_0)^n$$

下面我们来讨论如何确定这个多项式。我们知道,若函数 $f(x)$ 在点 x_0 可微,则对于 x_0 附近的任何点 x,有 $f(x)\approx f(x_0)+f'(x_0)(x-x_0)$。其误差是一个较 $\Delta x=x-x_0$ 为高阶的无穷小,这里 $p_1(x)=f(x_0)+f'(x_0)(x-x_0)$ 是一次多项式,在几何上 $y=f(x_0)+f'(x_0)(x-x_0)$ 正是曲线 $f(x)$ 在点 $[x_0,f(x_0)]$ 处的切线,因此这是用直线近似代替曲线,通常称多项式 $p_1(x)$ 是函数 $f(x)$ 的一阶(线性)近似,显然一阶近似比较粗糙。

如果要提高近似程度,比如要使误差是一个较 $\Delta x=x-x_0$ 高二阶、三阶甚至更高阶的无穷小量,那么这个多项式又该如何构造呢?对此我们从几何上来做一个分析。在几何上,$y=p_n(x)$ 与 $y=f(x)$ 代表两条曲线,要使 $p_n(x)$ 在 x_0 附近与 $f(x)$ 很近似,首先要求这两条曲线交于点 $[x_0,f(x_0)]$,即要求满足:

$$p_n(x_0)=f(x_0)$$

要想这两条曲线在点 $[x_0,f(x_0)]$ 附近靠得更近,显然应该进一步要求它们在点 $[x_0,f(x_0)]$ 有公切线,即应同时满足:

$$p_n(x_0)=f(x_0),\ p_n'(x_0)=f'(x_0)$$

满足这两个条件的多项式 $p_n(x)$ 也可以有很多,它们与曲线 $y=f(x)$ 在点 $[x_0,f(x_0)]$ 都有公切线,但与 $y=f(x)$ 的靠近程度可以很不一样。要想从中找出靠得更近的曲线,自然要找与曲线 $y=f(x)$ 有同一弯曲方向且有相同弯曲程度的那一条曲线。我们知道符合这个要求的条件是 $p_n''(x_0)=f''(x_0)$,即要想曲线 $y=p_n(x)$ 与曲线 $y=f(x)$ 在点 $[x_0,f(x_0)]$ 附近靠得更近,就要求 $p_n(x)$ 同时满足:

$$p_n(x_0)=f(x_0),\ p_n'(x_0)=f'(x_0),\ p_n''(x_0)=f''(x_0)$$

由此可以推想,如果 $p_n(x)$ 与 $f(x)$ 在点 x_0 的三阶导数,以至更高阶的导数都有类似,即:

$$p_n(x_0)=f(x_0),\ p_n'(x_0)=f'(x_0)\cdots p_n^{(n)}(x_0)=f^{(n)}(x_0)$$

那么,在点 $[x_0,f(x_0)]$ 附近曲线 $y=p_n(x)$ 与曲线 $y=f(x)$ 靠近程度就会更高。

按照这个要求,我们就可以构造出所需要的多项式,由下式

$p_n(x)=a_{0_i}+a_1(x-x_0)+a_2(x-x_0)^2+\cdots+a_n(x-x_0)^n$,得到:

$$p_n(x_0)=a_0,\ p_n'(x_0)=a_1,\ p_n''(x_0)=2!\,a_2\cdots p_n^{(n)}(x_0)=n!\,a_n$$

这样,上面所说 $p_n(x)$ 应该满足的条件就变成:

$$a_0=f(x_0),\ a_1=f'(x_0),\ 2!\,a_2=f''(x_0)\cdots n!\,a_n=f^{(n)}(x_0)$$

由此得出:

$$a_0=f(x_0),\ a_1=f'(x_0),\ a_2=\frac{f''(x_0)}{2!}\cdots a_n=\frac{f^{(n)}(x_0)}{n!}$$

于是对给定的函数 $f(x)$ 所要寻求的多项式为:

$p_n(x)=f(x_0)+f'(x_0)(x-x_0)+\dfrac{f''(x_0)}{2!}(x-x_0)^2+\cdots+\dfrac{f^{(n)}(x_0)}{n!}(x-x_0)^n$,这时

$$f(x)\approx f(x_0)+f'(x_0)(x-x_0)+\frac{f''(x_0)}{2!}(x-x_0)^2+\cdots+\frac{f^{(n)}(x_0)}{n!}(x-x_0)^n$$

其中 $(x-x_0)$ 充分小,称 $p_n(x)$ 为 $f(x)$ 的 n 阶近似。特别当 $x_0=0,|x|$ 充分小时,有

$$f(x)\approx f(0)+\frac{f'(0)}{1!}x+\frac{f''(0)}{2!}x^2+\cdots+\frac{f^{(n)}(0)}{n!}x^n$$

例 3-32 求出 $y=\sin x$ 在 $x=0$ 附近的近似式。

解 设 $f(x)=\sin x$,则:

$f'(x)=\cos x=\sin\left(x+\dfrac{\pi}{2}\right)$,$f''(x)=\cos\left(x+\dfrac{\pi}{2}\right)=\sin\left(x+2\cdot\dfrac{\pi}{2}\right)$,$f'''(x)=\cos(x+$

$\pi)=\sin\left(x+3\cdot\dfrac{\pi}{2}\right)\cdots f^{(n)}(x)=\sin\left(x+n\cdot\dfrac{\pi}{2}\right)$,故把 $x=0$ 依次代入上述各式,得到:

$f(0)=0,\ f'(0)=1,\ f''(0)=0,\ f'''(0)=-1,\ f^{(4)}(0)=0,\ f^{(5)}(0)=1,\ f^{(6)}(0)=0,$
$f^{(7)}(0)=-1\cdots$ 即:

$$\sin x\approx x-\frac{x^3}{3!}+\frac{x^5}{5!}-\frac{x^7}{7!}+\frac{x^9}{9!}-\cdots+(-1)^k\frac{x^{2k+1}}{(2k+1)!}$$

显然 $\quad p_1(x)=p_2(x)=x$

$$p_3(x)=p_4(x)=x-\frac{x^3}{3!}=x-\frac{x^3}{6}$$

$$p_5(x)=p_6(x)=x-\frac{x^3}{3!}+\frac{x^5}{5!}=x-\frac{x^3}{6}+\frac{x^5}{120}$$

下面是 $\sin x$ 的常用近似式：

$$\sin x \approx x,\ \sin x \approx x - \frac{x^3}{6}$$

$$\sin x \approx x - \frac{x^3}{6} + \frac{x^5}{120}$$

这三个近似式的精确度是依次提高的,它们与函数 $\sin x$ 的图形位置关系如图 3-21 所示,我们可以从图象上去理解它们之间的近似关系。

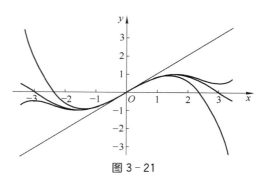

图 3-21

二、常用的几个函数的幂级数展开式

1. **幂级数**　设已给数列 u_1, u_2, $\cdots$, u_n, $\cdots$ 则式子

$$u_1 + u_2 + \cdots + u_n + \cdots = \sum_{n=1}^{\infty} u_n$$

称为**无穷级数**,或简称**级数**,第 n 项 u_n 称为**通项**或**一般项**。

如果级数的每一项都是常数,这级数称为**常数项级数**或**数项级数**;如果级数的每一项都是函数,这级数称为**函数项级数**。即：

$$u_1(x) + u_2(x) + u_3(x) + \cdots + u_n(x) + \cdots = \sum_{n=1}^{\infty} u_n(x)$$

特别地,函数项级数中每一项都是幂函数,则此函数项级数称为**幂级数**。形如

$$a_0 + a_1 x + a_2 x^2 + \cdots + a_n x^n + \cdots = \sum_{n=0}^{\infty} a_n x^n$$

或

$$a_0 + a_1(x - x_0) + a_2(x - x_0)^2 + \cdots + a_n(x - x_0)^n + \cdots = \sum_{n=0}^{\infty} a_n(x - x_0)^n$$

2. **幂级数展开式**　前面指出,在 $x = 0$ 的附近可以用多项式 $p_n(x)$ 来近似代替函数 $f(x)$,并且近似式

$$f(x) \approx f(0) + \frac{f'(0)}{1!}x + \frac{f''(0)}{2!}x^2 + \cdots + \frac{f^{(n)}(0)}{n!}x^n$$

式中,n 越大,近似的精确度越高。当 n 无限增大时,$p_n(x)$ 就变成一个具有无限多项的"多项式",即为一个幂级数

$$f(0) + \frac{f'(0)}{1!}x + \frac{f''(0)}{2!}x^2 + \cdots + \frac{f^{(n)}(0)}{n!}x^n + \cdots = \sum_{n=0}^{\infty} \frac{f^{(n)}(0)}{n!}x^n$$

如果等式成立,则称等式右端为函数 $f(x)$ 在点 $x = 0$ 处的**幂级数展开式**,即：

$$f(x) = f(0) + \frac{f'(0)}{1!}x + \frac{f''(0)}{2!}x^2 + \cdots + \frac{f^{(n)}(0)}{n!}x^n + \cdots$$

例 3-33 将函数 $f(x)=\dfrac{1}{1-x}$ 展为幂级数。

解 $f'(x)=\dfrac{1}{(1-x)^2}$，$f''(x)=\dfrac{1\cdot 2}{(1-x)^3}=\dfrac{2!}{(1-x)^3}$，$f'''(x)=\dfrac{3!}{(1-x)^4}\cdots f^{(n)}(x)=\dfrac{n!}{(1-x)^{n+1}}$，所以有：

$f(0)=1$，$f'(0)=1$，$f''(0)=2!$，$f'''(0)=3!\cdots f^{(n)}(0)=n!$，由此得到
$p_n(x)=1+x+x^2+\cdots+x^n$，则在 $x=0$ 附近，用 $p_n(x)$ 近似代替 $f(x)$，即：

$$\frac{1}{1-x}\approx 1+x+x^2+\cdots+x^n$$

现在我们来讨论 $f(x)$ 与 $p_n(x)$ 的差，称为**余项**，用 $R_n(x)$ 来表示，即：

$$R_n(x)=f(x)-p_n(x)=\frac{1}{1-x}-(1+x+x^2+\cdots+x^n)$$
$$=\frac{1}{1-x}-\frac{1-x^{n+1}}{1-x}=\frac{x^{n+1}}{1-x}$$

当 $|x|<1$ 时，$\lim\limits_{n\to\infty}R_n(x)=\lim\limits_{n\to\infty}\dfrac{x^{n+1}}{1-x}=0$，所以

$$\lim_{n\to\infty}[f(x)-p_n(x)]=\lim_{n\to\infty}\left[\frac{1}{1-x}-(1+x+x^2+\cdots+x^n)\right]=0,\ 即：$$

$\dfrac{1}{1-x}=\lim\limits_{n\to\infty}(1+x+x^2+\cdots+x^n)$ 或 $\dfrac{1}{1-x}=1+x+x^2+\cdots+x^n+\cdots$ $(-1<x<1)$

这表明当 $-1<x<1$ 时，函数 $\dfrac{1}{1-x}$ 可以展为幂级数。这时，我们说幂级数

$1+x+x^2+\cdots+x^n+\cdots$ 收敛于 $\dfrac{1}{1-x}$（或幂级数的和为 $\dfrac{1}{1-x}$），区间 $(-1,1)$ 称为收敛区间，它表示公式的适用范围。

3. 常用的几个函数的幂级数展开式

(1) 正弦函数的展开式(x 以弧度表示)

$$\sin x=x-\frac{x^3}{3!}+\frac{x^5}{5!}-\frac{x^7}{7!}+\frac{x^9}{9!}-\cdots+(-1)^n\frac{x^{2n+1}}{(2n+1)!}+\cdots\quad(-\infty<x<+\infty)$$

(2) 余弦函数的展开式(x 以弧度表示)

$$\cos x=1-\frac{x^2}{2!}+\frac{x^4}{4!}-\frac{x^6}{6!}+\frac{x^8}{8!}-\cdots+(-1)^n\frac{x^{2n}}{(2n)!}+\cdots\quad(-\infty<x<+\infty)$$

(3) 指数函数 e^x 的展开式

$$e^x=1+x+\frac{x^2}{2!}+\frac{x^3}{3!}+\cdots+\frac{x^n}{n!}+\cdots\quad(-\infty<x<+\infty)$$

（4）$\ln(1+x)$ 的展开式

$$\ln(1+x)=x-\frac{x^2}{2}+\frac{x^3}{3}-\frac{x^4}{4}+\cdots+(-1)^{n+1}\frac{x^n}{n}+\cdots \quad (-1<x\leqslant 1)$$

（5）$(1+x)^\alpha$ 的展开式（α 是常数）

$$(1+x)^\alpha=1+ax+\frac{a(a-1)}{2!}x^2+\cdots+\frac{a(a-1)\cdots(a-n+1)}{n!}x^n+\cdots \quad (-1<x\leqslant 1)$$

特别是当 α 为正整数 n 时，由于这时 $f^{(n)}(x)=n(n-1)\cdots 3\cdot 2\cdot 1=n!$ 是一常数，所以第 $n+1$ 阶以后的导数为零，因此 $(1+x)^n$ 的展开式只有 $n+1$ 项，变成一个 n 次多项式，即

$$(1+x)^n=1+nx+\frac{n(n-1)}{2!}x^2+\cdots+\frac{n(n-1)(n-2)}{3!}x^3+\cdots+x^n$$

这就是初等数学中大家熟知的二项式定理。

例 3-34　计算 e 的近似值。

解　由 $e^x=1+x+\frac{x^2}{2!}+\frac{x^3}{3!}+\cdots+\frac{x^n}{n!}+\cdots \ (-\infty<x<+\infty)$

令 $x=1$，得 $e=1+1+\frac{1}{2!}+\frac{1}{3!}+\cdots+\frac{1}{n!}+\cdots$

若取 $n=6$，算得：

$\frac{1}{3!}=0.166\ 7,\ \frac{1}{4!}=0.041\ 7,\ \frac{1}{5!}=0.008\ 3,\ \frac{1}{6!}=0.001\ 4,$ 所以

$$e=2+\frac{1}{2!}+\frac{1}{3!}+\frac{1}{4!}+\frac{1}{5!}+\frac{1}{6!}=2.718\ 1$$

例 3-35　常用对数表的编制。

解　$\ln(1+x)=x-\frac{x^2}{2}+\frac{x^3}{3}-\frac{x^4}{4}+\cdots(-1<x\leqslant 1)$，式中以 $-x$ 替代 x，得到：

$\ln(1-x)=-x-\frac{x^2}{2}-\frac{x^3}{3}-\frac{x^4}{4}-\cdots$ 两式相减，则有：

$\ln\frac{1+x}{1-x}=2\left(x+\frac{x^3}{3}+\frac{x^5}{5}+\cdots\right)$，令 $x=\frac{1}{2N+1}$，其中 N 是任意自然数，又因为

$\frac{1+x}{1-x}=\frac{1+\frac{1}{2N+1}}{1-\frac{1}{2N+1}}=\frac{N+1}{N}$，则有：

$\ln\frac{N+1}{N}=2\left[\frac{1}{2N+1}+\frac{1}{3(2N+1)^3}+\frac{1}{5(2N+1)^5}+\cdots\right]$ 或

$$\ln(N+1)=\ln N+2\left[\frac{1}{2N+1}+\frac{1}{3(2N+1)^3}+\frac{1}{5(2N+1)^5}+\cdots\right]$$

若取 $N = 1, 2, 3 \cdots$ 就可以得到 $\ln 2, \ln 3, \ln 4 \cdots$ 值(注意 $\ln 1 = 0$),即:

$$\ln 2 = 2\left[\frac{1}{3} + \frac{1}{3} \cdot \frac{1}{3^3} + \frac{1}{5} \cdot \frac{1}{3^5} + \cdots\right] \approx 0.693\ 1$$

$$\ln 3 = \ln 2 + 2\left[\frac{1}{5} + \frac{1}{3} \cdot \frac{1}{5^3} + \frac{1}{5} \cdot \frac{1}{5^5} + \cdots\right] \approx 1.098\ 5$$

$$\cdots$$

利用换底公式 $\lg N = \dfrac{1}{\ln 10} \cdot \ln N = 0.434\ 3 \ln N$,便求得:

$$\lg 2 = 0.434\ 3 \cdot \ln 2 = 0.434\ 3 \times 0.693\ 1 = 0.301\ 0$$
$$\lg 3 = 0.434\ 3 \cdot \ln 3 = 0.434\ 3 \times 1.098\ 5 = 0.477\ 1$$

从而编制出常用对数表。

拓 展 阅 读

罗尔、柯西与洛必达

罗 尔

罗尔(Michel Rolle)是法国数学家,出生于小店家庭,只受过初等教育,年轻时贫困潦倒,靠充当公证人与律师抄录员的微薄收入养家糊口,他利用业余时间刻苦自学代数等。1682 年,他解决了数学家奥扎南提出一个数论难题,受到了学术界的好评,从而声名鹊起,也使他的生活有了转机,此后担任初等数学教师和陆军部行政官员。1685 年进入法国科学院,担任低级职务,到 1690 年才获得科学院发给的固定薪水。此后他一直在科学院供职,1719 年因中风去世。罗尔在数学上的成就主要是在代数方面,专长于丢番图方程的研究。罗尔于 1691 年在题为《任意次方程的一个解法的证明》的论文中指出了:在多项式方程的两个相邻的实根之间,方程至少有一个根。在 100 多年后,1846 年尤斯托(Giusto Bellavitis)将这一定理推广到可微函数,尤斯托还把此定理命名为罗尔定理。罗尔定理的诞生是十分有趣的,他只是做了一个小小的假设,而且并没有证明,但现在,他的定理却出现在每一本微积分教材上。更有趣的是,他本人是微积分的强烈攻击者。

柯 西

柯西(Cauchy)是法国数学家。柯西对数学的最大贡献是在微积分中引进了清晰和严格的表述与证明方法。正如著名数学家冯·诺伊曼(Von Neumann)所说:"严密性的统治地位基本上由柯西重新建立起来的。"在这方面他写下了三部专著:《分析教程》(1821)、《无穷小计算教程》(1823)、《微分计算教程》(1826—1828)。他的这些著作,摆脱了微积分单纯的对几何、运动的直观理解和物理解释,引入了严格的分析上的叙述和论证,从而形成了微积分的现代体系,人们通常将柯西看作是近代微积分学的奠基者。阿贝尔(Henrik Abel)称颂柯西"是当今懂得应该怎样对待数学的人"。并指出:"每一个在数学研究中喜欢严密性的人,都应该读柯西的杰出著作《分析教程》。"柯西将微积分严格化的方法虽然也利用无穷小的概念,但他改变了以前数学家所说的无穷小是固定数,而把无穷小或无穷小量简单地定义为一个以零为极限的变量。他最早证明了收敛的概念,并在这里第一次使用了极限符号,他也给出了检验收敛性的重要判据——柯西准则,这个判据至今仍在使用。他还清楚地论述了半收敛级数的意义和用途,定义了二重级数的收敛性,并对幂级数的收敛半径有清晰的估计。他建立了极限和连续性的理论,重新给出函数的积分是和式的极限,他还定义了广义积分。他抛弃了欧拉坚持的函数的显示式表示以及拉格朗日的形式幂级数,而引进了不一定具有解析表达式的函数新概念,并且以精确的极限概念定义了函数的连续性、无穷级数的收敛性、函数的导数、微分和积分以及有关理论。柯西对微积分的论述,使数学界大为震惊。例如,在一次科学会议上,柯西提出了级数收敛性的理论,著名数学家拉普拉斯听过后非常紧张,便急忙赶回家,闭门不出,直到对他的《天体力学》中所用到的每一级数都核实过是收敛的以后,才松了口气。柯西上述三部教程的广泛流传和他一系列的学术演讲,使人们对微积分的见解被普遍接受,一直沿用至今。柯西有一句名言:"人总是要死的,但他们的业绩应该永存。"数学中以他的姓名命名的有:柯西积分、柯西公式、柯西不等式、柯西定理、柯西函数、柯西矩阵、柯西分布、柯西变换、柯西准则、柯西算子、柯西序列、柯西系统、柯西主值、柯西条件、柯西形式、柯西问题、柯西数据、柯西积、柯西核、柯西网……

洛必达

洛必达又音译为罗必塔(L'Hospital)。

洛必达(Marquis de l'Hôpital)是法国的数学家。他曾受袭侯爵衔,并在军队中担任骑兵军官,后来因为视力不佳而退出军队,转向学术方面的研究。他早年就显露出数学才能,15岁时就解出帕斯卡的摆线难题,以后又解出约翰·伯努利向欧洲挑战的"最速降曲线问题"。稍后他放弃了炮兵的职务,投入更多的时间在数学上,在瑞士数学家伯努利的门下学习微积分,并成为法国新解析的主要成员。洛必达的《无限小分析》(1696)一书是微积分学方面最早的教科书,在18世纪时为一模范著作,书中创造一种算法(洛必达法则),用以寻找满足一定条件的两函数之商的极限。洛必达的著作盛行于18世纪的圆锥曲线的研究,他最重要的著作是《阐明曲线的无穷小于分析》(1696),这本书是世界上第一本系统的微积分学教科书,他由一组定义和公理出发,全面地阐述变量、无穷小量、切线、微分等概念,这对传播新创建的微积分理论起了很大的作用。在书中第九章记载着约翰·伯努利在1694年7月22日告诉他的一个著名法则:洛必达法则,即求一个分式当分子和分母都趋于零时的极限的法则。但后人误以为是他的发明,故洛必达法则之名沿用至今。洛必达还写作过几何、代数及力学方面的文章。他亦计划写作一本关于积分学的教科书,但由于他过早去世,因此这本积分学教科书未能完成。而遗留的手稿于1720年巴黎出版,名为《圆锥曲线分析论》。

习　题

3-1　验证拉格朗日中值定理对函数 $f(x)=4x^3-5x^2+x-2$ 在区间 $[0,1]$ 上的正确性。

3-2　$0<a<b,n>1$ 时,证明 $na^{n-1}(b-a)<b^n-a^n<nb^{n-1}(b-a)$。

3-3　求下列极限。

(1) $\lim\limits_{x\to 0}\dfrac{(1+x)^a-1}{x}$；

(2) $\lim\limits_{x\to 1}\dfrac{x^3-3x+2}{x^3-x^2-x+1}$；

(3) $\lim\limits_{x \to 0} \dfrac{a^x - b^x}{x}$;

(4) $\lim\limits_{y \to 0} \dfrac{e^y + \sin y - 1}{\ln(1 + y)}$;

(5) $\lim\limits_{x \to +\infty} \dfrac{x^n}{e^x}$ (n 正整数);

(6) $\lim\limits_{x \to +\infty} \dfrac{\ln x}{e^x}$;

(7) $\lim\limits_{x \to 0} x \cot 2x$;

(8) $\lim\limits_{x \to 0} \left(\dfrac{1}{\sin x} - \dfrac{1}{x} \right)$;

(9) $\lim\limits_{x \to 0} \left(\dfrac{1}{x} \right)^{\tan x}$;

(10) $\lim\limits_{x \to 1} x^{\frac{1}{1-x}}$;

(11) $\lim\limits_{x \to +\infty} x^{-2} e^x$;

(12) $\lim\limits_{x \to 0^+} x^{\sin x}$。

3-4　求下列函数的单调区间。

(1) $y = x^3 - 3x + 2$;

(2) $y = (x - 1)(x + 1)^3$;

(3) $y = x - \sin x$;

(4) $y = x - \ln(x + 1)$。

3-5　求下列函数的极值。

(1) $y = 2x^3 - 3x^2$;

(2) $y = x + \dfrac{a^2}{x}$ $(a > 0)$;

(3) $y = 1 - (x - 2)^{\frac{2}{3}}$;

(4) $y = x - \ln(x^2 + 1)$。

3-6　求下列函数的最值。

(1) $y = (x^2 - 1)^3 + 1$ $[-2, 1]$;

(2) $y = 2x^3 + 3x^2 - 12x + 14$ $[-3, 4]$;

(3) $y = \sqrt{100 - x^2}$ $[-6, 8]$;

(4) $y = 3^x$ $[-1, 4]$。

3-7　肌内或皮下注射后,血药浓度为 $y = \dfrac{A}{a_2 - a_1}(e^{-a_1 t} - e^{-a_2 t})$,其中 $A > 0$, $0 < a_1 < a_2$,求血药浓度的最大值。

3-8　求曲线 $y = x^3 - 5x^2 + 3x - 5$ 的凹凸区间和拐点。

3-9　做下列函数的图象。

(1) $f(x) = x^3 - x^2 - x + 1$;

(2) $f(x) = \dfrac{4(x + 1)}{x^2} - 2$。

3-10　求下列函数的幂级数展开式。

(1) $\dfrac{e^x - e^{-x}}{2}$;

(2) $\ln(a + x)$ $(a > 0)$;

(3) a^x;

(4) $\sin^2 x$。

第四章　不定积分

导学

本章介绍不定积分的概念和性质,主要解决不定积分的计算问题。

(1) 掌握不定积分的基本解题方法:第一类积分换元法、第二类积分换元法和分部积分法。

(2) 熟悉原函数与不定积分的概念和性质。

(3) 了解不定积分的适用范围。

在数学运算上,有许多运算互为逆运算。这不仅是数学理论本身完整性的需要,更重要的是许多实际问题的解决提出了这种要求。前面我们讨论了导数与微分,但是常常还需要解决相反问题,就是要由已知一个函数的导数,求出这个函数,这种运算就称为求不定积分。

第一节　不定积分的概念与性质

一、原函数与不定积分

1. 原函数　如某物体的运动规律由方程 $s=f(t)$ 给出,其中 t 是时间, s 是物体经过的路程,函数 $f(t)$ 对 t 的导数 $v=f'(t)$ 就是物体在时刻 t 的瞬时速度。但是,在力学中时常遇到相反的问题,如果已知物体的运动速度 v[就是已知函数 $f'(t)$],求物体的运动规律[就是求函数 $f(t)$]。

定义 1　设 $f(x)$ 是定义在某区间上的已知函数,如果存在一个函数 $F(x)$,对于该区间上的每一点都满足:

$$F'(x)=f(x)\quad 或\quad \mathrm{d}F(x)=f(x)\mathrm{d}x$$

则称函数 $F(x)$ 是已知函数 $f(x)$ 在该区间上的一个**原函数**。

例如,运动规律 $s=\dfrac{1}{2}gt^2$(g 是常数)是速度 $v=gt$ 的原函数。我们已知 $\left(\dfrac{1}{2}gt^2\right)'=gt$。

那么, $\dfrac{1}{2}gt^2+3$, $\dfrac{1}{2}gt^2-2$, 或一般的 $\dfrac{1}{2}gt^2+C$(C 是任意常数)也都是 $v=gt$ 的原函数,因

为它们的导数都是 gt。

又如 $(-\cos x)'=\sin x$，$(-\cos x+3)'=\sin x$，所以，函数 $-\cos x$，$(-\cos x+3)$ 都是函数 $\sin x$ 的原函数。

综上所述，如果在区间 (a,b) 上 $f(x)$ 有原函数，则原函数是不唯一的。若 $F(x)$ 是 $f(x)$ 的一个原函数，即 $F'(x)=f(x)$，因为 $[F(x)+C]'=f(x)$（C 是任意常数），所以 $F(x)+C$ 也是 $f(x)$ 的原函数。由 C 的任意性可知，如果 $f(x)$ 有一个原函数 $F(x)$，则它一定有无穷多个形如 $F(x)+C$ 的原函数。

反过来，假设 $G(x)$ 也是 $f(x)$ 的一个原函数，那么 $G'(x)=f(x)$。但是已知 $F'(x)=f(x)$，所以 $G'(x)=F'(x)$，于是有：

$$[F(x)-G(x)]'=F'(x)-G'(x)=f(x)-f(x)=0$$

由微分中值定理的推论可得：

$$G(x)-F(x)=C$$

即：

$$G(x)=F(x)+C$$

因此，若 $F(x)$ 是 $f(x)$ 的一个原函数，则函数族 $F(x)+C$ 包含了 $f(x)$ 的所有原函数。也就是，$f(x)$ 的原函数必是 $F(x)+C$ 的形式，它们之间只相差一个常数。

2. 不定积分的概念

定义 2　函数 $f(x)$ 的全体原函数 $F(x)+C$ 称 $f(x)$ 的**不定积分**，记作：

$$\int f(x)\mathrm{d}x$$

其中符号"$\int$"称为**积分号**，它表示积分运算；$f(x)\mathrm{d}x$ 称为**被积表达式**；$f(x)$ 称为**被积函数**；x 称为**积分变量**。

从上面的定义可知，若 $F(x)$ 是 $f(x)$ 的一个原函数，则 $f(x)$ 的不定积分 $\int f(x)\mathrm{d}x$ 就是它的原函数的全体 $F(x)+C$，即：

$$\int f(x)\mathrm{d}x=F(x)+C$$

其中，任意常数 C 称为积分常数。因此，求不定积分时只需求出它的一个原函数，然后再加上任意积分常数 C 即可。

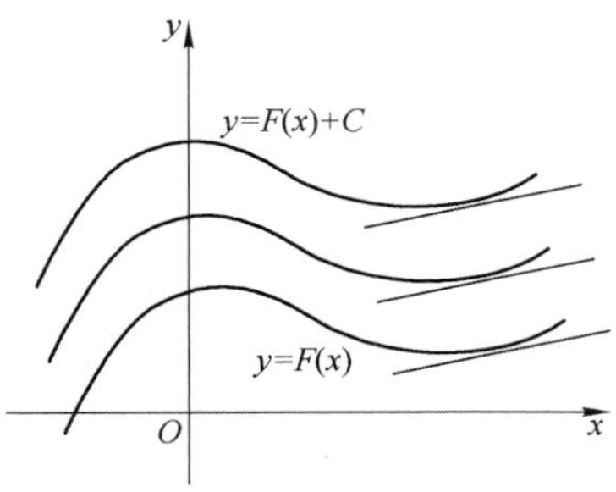

求已知函数的原函数的方法称为不定积分法，或简称积分法。由于求原函数（或不定积分）和求导数是两种互逆的运算，所以我们就称积分法是微分法的逆运算。

3. 不定积分的几何意义　若 $F(x)$ 是 $f(x)$ 的一个原函数，$y=F(x)$ 的图形为曲线 AB（图 4-1），称为函数 $f(x)$ 的**积分曲线**。对于 $y=\int f(x)\mathrm{d}x=F(x)+C$ 的图形，因它们在点 $(x_0,F(x_0))$ 处切线斜率为 $F'(x)$，故这些曲

图 4-1　积分曲线

线在点$(x_0, F(x_0)+C)$处的切线是相互平行的。所以$\int f(x)\mathrm{d}x = F(x)+C$的图形,可由曲线$AB$沿$y$轴方向平行移动一段距离$|C|$而得到。当$C>0$时,曲线向上移动$C$个单位;当$C<0$时,曲线向下移动$C$个单位,从而得到无穷多条积分曲线,这些积分曲线称为$f(x)$的**积分曲线族**。

二、不定积分的简单性质

由不定积分的定义,我们容易得到以下一些不定积分的简单性质。

性质 1　由定义知

$$\frac{\mathrm{d}}{\mathrm{d}x}\left[\int f(x)\mathrm{d}x\right] = f(x) \quad \text{或} \quad \mathrm{d}\int f(x)\mathrm{d}x = f(x)\mathrm{d}x$$

也就是说,一个函数先积分后求导,仍然等于这个函数。

性质 2　由定义可知

$$\int f'(x)\mathrm{d}x = f(x)+C \quad \text{或} \quad \int \mathrm{d}f(x) = f(x)+C$$

这说明,一个函数先微分后积分,等于这个函数加上任意常数。

性质 1 与性质 2 充分表明了微分运算与积分运算是一对互逆运算。

性质 3　如果$\int f(x)\mathrm{d}x = F(x)+C$,$u$为$x$的任何可微函数,则有:

$$\int f(u)\mathrm{d}u = F(u)+C$$

此性质称为积分形式的不变形,可由微分形式不变性推知。

性质 4　$\int[f(x)\pm g(x)]\mathrm{d}x = \int f(x)\mathrm{d}x \pm \int g(x)\mathrm{d}x$

证　$\left[\int f(x)\mathrm{d}x \pm \int g(x)\mathrm{d}x\right]' = \left[\int f(x)\mathrm{d}x\right]' \pm \left[\int g(x)\mathrm{d}x\right]' = f(x)\pm g(x)$

表明$\int f(x)\mathrm{d}x \pm \int g(x)\mathrm{d}x$是$f(x)\pm g(x)$的原函数的全体。

这个性质说明,函数代数和的不定积分等于它们不定积分的代数和。此性质可推广到有限多个函数之和的情况,即:

$$\int[f_1(x)+\cdots+f_n(x)]\mathrm{d}x = \int f_1(x)\mathrm{d}x + \cdots + \int f_n(x)\mathrm{d}x$$

性质 5　$\int kf(x)\mathrm{d}x = k\int f(x)\mathrm{d}x$ （k 是常数,$k\neq 0$）

证明类似性质 4,这个性质说明常数因子可以提到积分号外。

性质 6　由性质 4 和性质 5 可以导出

$$\int\left[\sum_{i=1}^{n}k_i f_i(x)\right]\mathrm{d}x = \sum_{i=1}^{n}k_i\int f_i(x)\mathrm{d}x$$

即线性组合的不定积分等于不定积分的线性组合,这说明不定积分具有线性运算性质。注意

上式中有 n 个积分号,形式上含有 n 个任意常数,但由于任意常数的线性组合仍是任意常数,故实际上只含有一个任意常数。

第二节 | 不定积分的计算

一、基本公式

我们已经知道,求不定积分是求导数的逆运算,因此把微分的基本公式逆过来,就得到相应的不定积分的基本公式。

(1) $\int 0 \mathrm{d}x = C$

(2) $\int 1 \mathrm{d}x = x + C$

(3) $\int k \mathrm{d}x = kx + C \ (k \ 为常数)$

(4) $\int x^{\mu} \mathrm{d}x = \dfrac{x^{\mu+1}}{\mu+1} + C \ (\mu \neq -1)$

(5) $\int \dfrac{1}{x} \mathrm{d}x = \ln|x| + C$

(6) $\int \mathrm{e}^x \mathrm{d}x = \mathrm{e}^x + C$

(7) $\int \sin x \mathrm{d}x = -\cos x + C$

(8) $\int \cos x \mathrm{d}x = \sin x + C$

(9) $\int \dfrac{\mathrm{d}x}{\cos^2 x} = \int \sec^2 x \mathrm{d}x = \tan x + C$

(10) $\int \dfrac{\mathrm{d}x}{\sin^2 x} = \int \csc^2 x \mathrm{d}x = -\cot x + C$

(11) $\int \dfrac{1}{1+x^2} \mathrm{d}x = \arctan x + C$

(12) $\int \dfrac{1}{\sqrt{1-x^2}} \mathrm{d}x = \arcsin x + C$

(13) $\int \sec x \tan x \mathrm{d}x = \sec x + C$

(14) $\int \csc x \cot x \mathrm{d}x = -\csc x + C$

(15) $\int a^x \mathrm{d}x = \dfrac{a^x}{\ln a} + C$

二、直接积分法

直接运用或者经过适当恒等变换后运用基本积分公式和不定积分的性质进行积分的方法,称为**直接积分法**。

例 4 - 1　求 $\int \sqrt[3]{x}\,(x^2 + 4) \mathrm{d}x$。

解
$$\int \sqrt[3]{x}\,(x^2+4)\mathrm{d}x = \int (x^{\frac{7}{3}} + 4x^{\frac{1}{3}})\,\mathrm{d}x = \int x^{\frac{7}{3}} \mathrm{d}x + \int 4x^{\frac{1}{3}} \mathrm{d}x$$
$$= \frac{3}{10} x^{\frac{10}{3}} + C_1 + 4 \times \frac{3}{4} x^{\frac{4}{3}} + C_2$$
$$= \frac{3}{10} x^{\frac{10}{3}} + 3x^{\frac{4}{3}} + C$$

从例 4 - 1 可见,凡在分项积分后每个不定积分的结果都含有任意常数,但由于任意常数之和仍是任意常数,因此只要总的写一个任意常数即可。

同时,检验积分结果正确与否,只要把结果求导,看导数是否等于被积函数。若相等,积分正确,否则不正确。例如,对例 4 - 1 结果求导有:

$$\left(\frac{3}{10}x^{\frac{10}{3}}+3x^{\frac{4}{3}}+C\right)'=x^{\frac{7}{3}}+4x^{\frac{1}{3}}=\sqrt[3]{x}\,(x^2+4)$$

求导结果正好等于被积函数,故积分正确。

例 4 - 2　求 $\int \dfrac{(x-1)^3}{x^2}\mathrm{d}x$ 。

解　$\displaystyle\int \frac{(x-1)^3}{x^2}\mathrm{d}x=\int \frac{x^3-3x^2+3x-1}{x^2}\mathrm{d}x$ 。

$$=\int \left(x-3+\frac{3}{x}-\frac{1}{x^2}\right)\mathrm{d}x$$

$$=\int x\,\mathrm{d}x-\int 3\,\mathrm{d}x+3\int \frac{1}{x}\mathrm{d}x-\int \frac{1}{x^2}\mathrm{d}x$$

$$=\frac{1}{2}x^2-3x+3\ln\mid x\mid+\frac{1}{x}+C$$

例 4 - 3　求 $\int \left(\dfrac{3}{1+x^2}-\dfrac{2}{\sqrt{1-x^2}}\right)\mathrm{d}x$ 。

解　$\displaystyle\int \left(\frac{3}{1+x^2}-\frac{2}{\sqrt{1-x^2}}\right)\mathrm{d}x=3\int \frac{1}{1+x^2}\mathrm{d}x-2\int \frac{1}{\sqrt{1-x^2}}\mathrm{d}x$

$$=3\arctan x-2\arcsin x+C$$

例 4 - 4　求 $\int \dfrac{1+x+x^2}{x(1+x^2)}\mathrm{d}x$ 。

解　$\displaystyle\int \frac{1+x+x^2}{x(1+x^2)}\mathrm{d}x=\int \frac{x+(1+x^2)}{x(1+x^2)}\mathrm{d}x$

$$=\int \left(\frac{1}{1+x^2}+\frac{1}{x}\right)\mathrm{d}x=\int \frac{1}{1+x^2}\mathrm{d}x+\int \frac{1}{x}\mathrm{d}x$$

$$=\arctan x+\ln\mid x\mid+C$$

例 4 - 5　求 $\int \dfrac{1+2x^2}{x^2(1+x^2)}\mathrm{d}x$ 。

解　$\displaystyle\int \frac{1+2x^2}{x^2(1+x^2)}\mathrm{d}x=\int \frac{1+x^2+x^2}{x^2(1+x^2)}\mathrm{d}x=\int \frac{1}{x^2}\mathrm{d}x+\int \frac{1}{1+x^2}\mathrm{d}x$

$$=-\frac{1}{x}+\arctan x+C$$

例 4 - 6　求 $\int \dfrac{1}{1+\cos 2x}\mathrm{d}x$ 。

解　$\displaystyle\int \frac{1}{1+\cos 2x}\mathrm{d}x=\int \frac{1}{1+2\cos^2 x-1}\mathrm{d}x=\frac{1}{2}\int \frac{1}{\cos^2 x}\mathrm{d}x$

$$= \frac{1}{2}\tan x + C$$

例 4 - 7 求 $\int \frac{x^4}{1+x^2}\mathrm{d}x$。

解 $\int \frac{x^4}{1+x^2}\mathrm{d}x = \int \frac{(x^4-1)+1}{1+x^2}\mathrm{d}x = \int \left[x^2 - 1 + \frac{1}{1+x^2} \right]\mathrm{d}x$

$$= \frac{1}{3}x^3 - x + \arctan x + C$$

例 4 - 8 求 $\int \dfrac{1}{\sin^2 \frac{x}{2} \cdot \cos^2 \frac{x}{2}}\mathrm{d}x$。

解 $\int \dfrac{1}{\sin^2 \frac{x}{2} \cdot \cos^2 \frac{x}{2}}\mathrm{d}x = 4 \int \dfrac{1}{4\sin^2 \frac{x}{2} \cdot \cos^2 \frac{x}{2}}\mathrm{d}x = 4\int \dfrac{1}{\sin^2 x}\mathrm{d}x = -4\cot x + C$

以上几例中的被积函数都需要进行恒等变换,才能使用基本积分表。

例 4 - 9 已知一曲线 $y = f(x)$ 在点 $(x, f(x))$ 处的切线斜率为 $\sec^2 x + \sin x$,且此曲线与 y 轴的交点为 $(0, 5)$,求此曲线方程。

解 $\dfrac{\mathrm{d}y}{\mathrm{d}x} = \sec^2 x + \sin x$

$$y = \int (\sec^2 x + \sin x)\,\mathrm{d}x = \tan x - \cos x + C$$

$$\text{因为 } y(0) = 5, \text{所以 } C = 6$$

则所求曲线方程为 $y = \tan x - \cos x + 6$。

例 4 - 10 求 $I = \int \max\{1, x^2, x^3\}\mathrm{d}x$。

解 $\max\{1, x^2, x^3\} = \begin{cases} x^3, x \geqslant 1 \\ x^2, x \leqslant -1 \\ 1, |x| < 1 \end{cases}$,则:

当 $x \geqslant 1$ 时 $I = \int x^3 \mathrm{d}x = \dfrac{1}{4}x^4 + C_1$

当 $x \leqslant -1$ 时 $I = \int x^2 \mathrm{d}x = \dfrac{1}{3}x^3 + C_2$

当 $|x| < 1$ 时 $I = \int \mathrm{d}x = x + C_3$

因被积函数连续,故原函数可导,进而原函数连续,于是有:

$$\lim_{x \to 1^-}(x + C_3) = \lim_{x \to 1^+}\left(\frac{x^4}{4} + C_1 \right)$$

$1 + C_3 = \dfrac{1}{4} + C_1$,所以有:

$C_1 = \dfrac{3}{4} + C_3$，又由于

$$\lim_{x \to -1^-} \left(\dfrac{1}{3} x^3 + C_2 \right) = \lim_{x \to -1^+} (x + C_3)，则有：$$

$-\dfrac{1}{3} + C_2 = -1 + C_3$，即：

$C_2 = -\dfrac{2}{3} + C_3$，故

$$I = \begin{cases} \dfrac{1}{3} x^3 - \dfrac{2}{3} + C & (x \leqslant -1) \\[2mm] x + C & (-1 < x < 1) \\[2mm] \dfrac{1}{4} x^4 + \dfrac{3}{4} + C & (x \geqslant 1) \end{cases}$$

不定积分计算时的几点说明：① 求不定积分时一定要加上积分常数，它表明一个函数的原函数有无穷多个，即要求的是全体原函数，若不加积分常数则表示只求出了一个原函数。② 写成分项积分后，积分常数可以只写一个。③ 积分的结果在形式上可能有所不同，但实质上只相差一个常数。

三、两类换元积分法

利用不定积分的简单性质及基本公式，虽然能求出一些函数的不定积分，但毕竟是有限的，许多不定积分不能用直接积分法求解。例如，$\displaystyle\int \cos 2x \, dx$，$\displaystyle\int x \, e^{x^2} \, dx$，$\displaystyle\int \sqrt{1 - x^2} \, dx$，$\displaystyle\int \ln x \, dx$ 等。因此，我们需要进一步掌握其他积分法，以便求出更多初等函数的积分。现在先讨论换元积分法。

所谓换元积分法就是将积分变量做适当的变换，使被积式化成与某一基本公式相同的形式，从而求得原函数。它是把复合函数求导法则反过来使用的一种积分法。

换元积分法按其应用方式的不同分为两种，分别称为第一类换元法及第二类换元法。

1. 第一类换元法（凑微分法）　首先考察以下两个例子。

例 4 - 11　求 $\displaystyle\int 2x \sin x^2 \, dx$。

解　$\displaystyle\int 2x \sin x^2 \, dx = \int \sin x^2 (x^2)' \, dx = \int \sin x^2 \, dx^2 \xlongequal{\text{令} u = x^2} \int \sin u \, du$

$$= -\cos u + C \xlongequal{\text{代回}} -\cos x^2 + C$$

例 4 - 12　求 $\displaystyle\int \dfrac{1}{x - a} \, dx$。

解　$\displaystyle\int \dfrac{1}{x - a} \, dx = \int \dfrac{1}{x - a} (x - a)' \, dx = \int \dfrac{1}{x - a} \, d(x - a)$

$$\xlongequal{\text{令} x - a = u} \int \dfrac{1}{u} \, du = \ln |u| + C = \ln |x - a| + C$$

例 4 - 11 与例 4 - 12 说明，当遇到的不定积分 $\displaystyle\int f(x) \, dx$ 无法直接应用基本积分公式时，可考虑引一个新的变量 u，使 $u = \varphi(x)$，把对 x 的积分化为对 u 的积分。如果对 u 的积分可以应用基本

公式求出来,则最后再把 $u=\varphi(x)$ 代回,即可得所求的结果。

将例 4-11 与例 4-12 的解法一般化:

设 $F'(u)=f(u)$,则 $\int f(u)\mathrm{d}u=F(u)+C$。 如果 $u=\varphi(x)$ 可微

因为 $\mathrm{d}F[\varphi(x)]=f[\varphi(x)]\varphi'(x)\mathrm{d}x$

所以 $\int f[\varphi(x)]\varphi'(x)\mathrm{d}x=F[\varphi(x)]+C=[\int f(u)\mathrm{d}u]_{u=\varphi(x)}$

将上述方法总结成定理,可得换元法积分公式。

定理 1 设 $f(u)$ 具有原函数,$u=\varphi(x)$ 可导,则换元公式为:

$$\int f[\varphi(x)]\varphi'(x)\mathrm{d}x=[\int f(u)\mathrm{d}u]_{u=\varphi(x)}$$

称为**第一类换元公式(凑微分法)**。

说明:使用此公式的关键在于将 $\int g(x)\mathrm{d}x$ 化为 $\int f[\varphi(x)]\varphi'(x)\mathrm{d}x$。 由于观察重点不同,所得结论不同。

定理说明:若已知 $\int f(u)\mathrm{d}u=F(u)+C$,则 $\int f[\varphi(x)]\varphi'(x)\mathrm{d}x=F[\varphi(x)]+C$,因此该定理的意义就在于把 $\int f(u)\mathrm{d}u=F(u)+C$ 中的 u 换成另一个 x 的可微函数 $\varphi(x)$ 后,式子仍成立,这又称为积分的形式不变性。这样一来,可使基本积分表中的积分公式的适用范围变得更加广泛。

由定理 1 可见,虽然 $\int f[\varphi(x)]\varphi'(x)\mathrm{d}x$ 是一整体记号,但可把 $\mathrm{d}x$ 视为自变量微分即凑微分 $\varphi'(x)\mathrm{d}x=\mathrm{d}\varphi(x)$。

凑微分法的基本思想就是对被积表达式进行变形,主要考虑如何变化 $f(x)\mathrm{d}x$。

凑微分法的基本思路:与基本积分公式相比较,将不同的部分即中间变量和积分变量变成相同形式。其步骤:凑微分、换元求出积分、回代原变量。

例 4-13 求 $\int \sin 2x\,\mathrm{d}x$。

解法一 $\int \sin 2x\,\mathrm{d}x=\dfrac{1}{2}\int \sin 2x\,(2x)'\mathrm{d}x=\dfrac{1}{2}\int \sin 2x\,\mathrm{d}(2x)$

$$\xlongequal{\,\diamond u=2x\,}\dfrac{1}{2}\int \sin u\,\mathrm{d}u$$

$$=-\dfrac{1}{2}\cos u+C$$

$$=-\dfrac{1}{2}\cos 2x+C$$

解法二 $\int \sin 2x\,\mathrm{d}x=2\int \sin x\cos x\,\mathrm{d}x$

$$=2\int \sin x\,(\sin x)'\mathrm{d}x=2\int \sin x\,\mathrm{d}(\sin x)$$

$$\xlongequal{\,\diamond u=\sin x\,}2\int u\,\mathrm{d}u=u^2+C$$

$$= (\sin x)^2 + C = \sin^2 x + C$$

解法三
$$\int \sin 2x \, \mathrm{d}x = 2 \int \sin x \cos x \, \mathrm{d}x$$
$$= -2 \int \cos x \, \mathrm{d}(\cos x) = -(\cos x)^2 + C$$
$$= -\cos^2 x + C$$

这三种不同的换元方法,其结果在形式上不一样,但实际上 $-\dfrac{1}{2}\cos 2x + C = -\dfrac{1}{2}(1 - 2\sin^2 x) = -\dfrac{1}{2} + \sin^2 x = -\dfrac{1}{2} + 1 - \cos^2 x = \dfrac{1}{2} - \cos^2 x$,它们结果之间只相差一个常数 $\pm\dfrac{1}{2}$。因此,只要结果正确,没有必要把它们化为相同的形式。

在运算比较熟练之后,不必把中间的代换过程 $u = \varphi(x)$ 明确地写出来。

例 4 - 14 求 $\displaystyle\int \tan x \, \mathrm{d}x$。

解
$$\int \tan x \, \mathrm{d}x = \int \frac{\sin x}{\cos x} \, \mathrm{d}x = -\int \frac{(\cos x)'}{\cos x} \, \mathrm{d}x$$
$$= -\int \frac{\mathrm{d}(\cos x)}{\cos x} = -\ln |\cos x| + C$$

例 4 - 15 求 $\displaystyle\int \frac{\ln x}{x} \, \mathrm{d}x$。

解
$$\int \frac{\ln x}{x} \, \mathrm{d}x = \int \ln x \, \mathrm{d}(\ln x) = \frac{1}{2}(\ln x)^2 + C$$

例 4 - 16 求 $\displaystyle\int \frac{1}{x^2 + a^2} \, \mathrm{d}x \ (a \neq 0)$。

解
$$\int \frac{1}{x^2 + a^2} \, \mathrm{d}x = \frac{1}{a^2} \int \frac{\mathrm{d}x}{1 + \left(\dfrac{x}{a}\right)^2} = \frac{1}{a} \int \frac{\mathrm{d}\left(\dfrac{x}{a}\right)}{1 + \left(\dfrac{x}{a}\right)^2} = \frac{1}{a} \arctan \frac{x}{a} + C$$

例 4 - 17 求 $\displaystyle\int \frac{1}{x^2 - a^2} \, \mathrm{d}x \ (a \neq 0)$。

解
$$\int \frac{1}{x^2 - a^2} \, \mathrm{d}x = \frac{1}{2a} \int \left(\frac{1}{x - a} - \frac{1}{x + a}\right) \mathrm{d}x$$
$$= \frac{1}{2a} \left[\int \frac{\mathrm{d}(x - a)}{x - a} - \int \frac{\mathrm{d}(x + a)}{x + a}\right] = \frac{1}{2a} \ln \left|\frac{x - a}{x + a}\right| + C$$

例 4 - 18 求 $\displaystyle\int \frac{1}{\sqrt{a^2 - x^2}} \, \mathrm{d}x \ (a > 0)$。

解
$$\int \frac{1}{\sqrt{a^2 - x^2}} \, \mathrm{d}x = \int \frac{1}{a\sqrt{1 - \left(\dfrac{x}{a}\right)^2}} \, \mathrm{d}x = \int \frac{1}{\sqrt{1 - \left(\dfrac{x}{a}\right)^2}} \, \mathrm{d}\left(\frac{x}{a}\right) = \arcsin \frac{x}{a} + C$$

例 4 - 19 求 $\displaystyle\int \csc x \, \mathrm{d}x$。

解法一
$$\int \csc x \, \mathrm{d}x = \int \frac{1}{\sin x} \mathrm{d}x = \int \frac{1}{2\sin \frac{x}{2} \cos \frac{x}{2}} \mathrm{d}x$$

$$= \int \frac{1}{\tan \frac{x}{2} \left(\cos \frac{x}{2}\right)^2} \mathrm{d}\left(\frac{x}{2}\right) = \int \frac{1}{\tan \frac{x}{2}} \mathrm{d}\left(\tan \frac{x}{2}\right)$$

$$= \ln |\tan \frac{x}{2}| + C$$

解法二
$$\int \csc x \, \mathrm{d}x = \int \frac{1}{\sin x} \mathrm{d}x = \int \frac{\sin x}{\sin^2 x} \mathrm{d}x$$

$$= -\int \frac{1}{1 - \cos^2 x} \mathrm{d}(\cos x) \xlongequal{u = \cos x} -\int \frac{1}{1 - u^2} \mathrm{d}u$$

$$= -\frac{1}{2} \int \left(\frac{1}{1-u} + \frac{1}{1+u}\right) \mathrm{d}u = \frac{1}{2} \ln \left|\frac{1-u}{1+u}\right| + C$$

$$= \frac{1}{2} \ln \left|\frac{1 - \cos x}{1 + \cos x}\right| + C$$

解法三
$$\int \csc x \, \mathrm{d}x = \int \frac{\csc x (\csc x + \cot x)}{\csc x + \cot x} \mathrm{d}x$$

$$= -\int \frac{-\csc^2 x - \csc x \cdot \cot x}{\csc x + \cot x} \mathrm{d}x$$

$$= -\int \frac{1}{\csc x + \cot x} \mathrm{d}(\csc x + \cot x)$$

$$= -\ln |\csc x + \cot x| + C$$
$$= \ln |\csc x - \cot x| + C$$

类似地可推出：$\int \sec x \, \mathrm{d}x = \ln |\sec x + \tan x| + C$

$$\int \sec x \, \mathrm{d}x = \int \frac{1}{\cos x} \mathrm{d}x = \int \frac{1}{\sin\left(x + \frac{\pi}{2}\right)} \mathrm{d}\left(x + \frac{\pi}{2}\right)$$

$$= \ln \left|\csc\left(x + \frac{\pi}{2}\right) - \cot\left(x + \frac{\pi}{2}\right)\right| + C = \ln |\sec x + \tan x| + C$$

例 4 - 20　求 $\int \tan^3 x \, \mathrm{d}x$。

解
$$\int \tan^3 x \, \mathrm{d}x = \int \tan x (\sec^2 x - 1) \mathrm{d}x$$

$$= \int \tan x \cdot \sec^2 x \, \mathrm{d}x - \int \tan x \, \mathrm{d}x$$

$$= \int \tan x \, \mathrm{d}(\tan x) + \int \frac{\mathrm{d}(\cos x)}{\cos x}$$

$$= \frac{1}{2} \tan^2 x + \ln |\cos x| + C$$

例 4 - 21　求 $\displaystyle\int \sin^2 x \cdot \cos^5 x \, \mathrm{d}x$。

解　$\displaystyle\int \sin^2 x \cdot \cos^5 x \, \mathrm{d}x = \int \sin^2 x \cdot \cos^4 x \, \mathrm{d}(\sin x)$

$$= \int \sin^2 x \cdot (1 - \sin^2 x)^2 \mathrm{d}(\sin x)$$

$$= \int (\sin^2 x - 2\sin^4 x + \sin^6 x) \mathrm{d}(\sin x)$$

$$= \frac{1}{3} \sin^3 x - \frac{2}{5} \sin^5 x + \frac{1}{7} \sin^7 x + C$$

说明：当被积函数是三角函数相乘时，拆开奇次项去凑微分。

例 4 - 22　求 $\displaystyle\int \frac{1}{3 + 2x} \mathrm{d}x$。

解　$\displaystyle\int \frac{1}{3 + 2x} \mathrm{d}x = \frac{1}{2} \int \frac{1}{3 + 2x} \cdot (3 + 2x)' \mathrm{d}x = \frac{1}{2} \int \frac{1}{3 + 2x} \mathrm{d}(3 + 2x)$

$$= \frac{1}{2} \ln | 3 + 2x | + C$$

例 4 - 23　求 $\displaystyle\int \frac{1}{x(1 + 2\ln x)} \mathrm{d}x$。

解　$\displaystyle\int \frac{1}{x(1 + 2\ln x)} \mathrm{d}x = \int \frac{1}{1 + 2\ln x} \mathrm{d}(\ln x)$

$$= \frac{1}{2} \int \frac{1}{1 + 2\ln x} \mathrm{d}(1 + 2\ln x) = \frac{1}{2} \ln | 1 + 2\ln x | + C$$

例 4 - 24　求 $\displaystyle\int \frac{x}{(1 + x)^3} \mathrm{d}x$。

解　$\displaystyle\int \frac{x}{(1 + x)^3} \mathrm{d}x = \int \frac{x + 1 - 1}{(1 + x)^3} \mathrm{d}x = \int \left[\frac{1}{(1 + x)^2} - \frac{1}{(1 + x)^3} \right] \mathrm{d}(1 + x)$

$$= -\frac{1}{1 + x} + \frac{1}{2(1 + x)^2} + C$$

例 4 - 25　求 $\displaystyle\int \frac{1}{x^2 - 8x + 25} \mathrm{d}x$。

解　$\displaystyle\int \frac{1}{x^2 - 8x + 25} \mathrm{d}x = \int \frac{1}{(x - 4)^2 + 9} \mathrm{d}x$

$$= \frac{1}{3^2} \int \frac{1}{\left(\dfrac{x - 4}{3}\right)^2 + 1} \mathrm{d}x = \frac{1}{3} \int \frac{1}{\left(\dfrac{x - 4}{3}\right)^2 + 1} \mathrm{d}\left(\frac{x - 4}{3}\right)$$

$$= \frac{1}{3} \arctan \frac{x - 4}{3} + C$$

例 4 - 26　求 $\displaystyle\int \frac{1}{1 + \mathrm{e}^x} \mathrm{d}x$。

解　$\displaystyle\int \frac{1}{1+\mathrm{e}^{x}}\mathrm{d}x = \int \frac{1+\mathrm{e}^{x}-\mathrm{e}^{x}}{1+\mathrm{e}^{x}}\mathrm{d}x$

$\displaystyle = \int \left(1-\frac{\mathrm{e}^{x}}{1+\mathrm{e}^{x}}\right)\mathrm{d}x = \int \mathrm{d}x - \int \frac{\mathrm{e}^{x}}{1+\mathrm{e}^{x}}\mathrm{d}x$

$\displaystyle = \int \mathrm{d}x - \int \frac{1}{1+\mathrm{e}^{x}}\mathrm{d}(1+\mathrm{e}^{x})$

$\displaystyle = x - \ln(1+\mathrm{e}^{x}) + C$

例 4 - 27　求 $\displaystyle\int \left(1-\frac{1}{x^{2}}\right)\mathrm{e}^{x+\frac{1}{x}}\mathrm{d}x$。

解　$\displaystyle\int \left(1-\frac{1}{x^{2}}\right)\mathrm{e}^{x+\frac{1}{x}}\mathrm{d}x = \int \mathrm{e}^{x+\frac{1}{x}}\mathrm{d}\left(x+\frac{1}{x}\right) = \mathrm{e}^{x+\frac{1}{x}} + C$

例 4 - 28　求 $\displaystyle\int \frac{1}{\sqrt{2x+3}+\sqrt{2x-1}}\mathrm{d}x$。

解　$\displaystyle\int \frac{1}{\sqrt{2x+3}+\sqrt{2x-1}}\mathrm{d}x = \int \frac{\sqrt{2x+3}-\sqrt{2x-1}}{(\sqrt{2x+3}+\sqrt{2x-1})(\sqrt{2x+3}-\sqrt{2x-1})}\mathrm{d}x$

$\displaystyle = \frac{1}{4}\int \sqrt{2x+3}\,\mathrm{d}x - \frac{1}{4}\int \sqrt{2x-1}\,\mathrm{d}x$

$\displaystyle = \frac{1}{8}\int \sqrt{2x+3}\,\mathrm{d}(2x+3) - \frac{1}{8}\int \sqrt{2x-1}\,\mathrm{d}(2x-1)$

$\displaystyle = \frac{1}{12}\left(\sqrt{2x+3}\right)^{3} - \frac{1}{12}\left(\sqrt{2x-1}\right)^{3} + C$

例 4 - 29　求 $\displaystyle\int \frac{1}{1+\cos x}\mathrm{d}x$。

解　$\displaystyle\int \frac{1}{1+\cos x}\mathrm{d}x = \int \frac{1-\cos x}{(1+\cos x)(1-\cos x)}\mathrm{d}x$

$\displaystyle = \int \frac{1-\cos x}{1-\cos^{2}x}\mathrm{d}x = \int \frac{1-\cos x}{\sin^{2}x}\mathrm{d}x$

$\displaystyle = \int \frac{1}{\sin^{2}x}\mathrm{d}x - \int \frac{1}{\sin^{2}x}\mathrm{d}(\sin x)$

$\displaystyle = -\cot x + \frac{1}{\sin x} + C$

也可这样求解 $\displaystyle\int \frac{1}{1+\cos x}\mathrm{d}x = \int \frac{1}{2\cos^{2}\dfrac{x}{2}}\mathrm{d}x = \tan \frac{x}{2} + C$

例 4 - 30　求 $\displaystyle\int \frac{1}{\sqrt{4-x^{2}}\arcsin \dfrac{x}{2}}\mathrm{d}x$。

解　$\displaystyle\int \frac{1}{\sqrt{4-x^2}\arcsin\frac{x}{2}}\mathrm{d}x = \int \frac{1}{\sqrt{1-\left(\frac{x}{2}\right)^2}\arcsin\frac{x}{2}}\mathrm{d}\frac{x}{2}$

$$= \int \frac{1}{\arcsin\dfrac{x}{2}}\mathrm{d}\left(\arcsin\frac{x}{2}\right) = \ln\arcsin\frac{x}{2} + C$$

例 4 - 31　设 $f'(\sin^2 x) = \cos^2 x$，求 $f(x)$。

解　令 $u = \sin^2 x$，$\cos^2 x = 1 - u$，$f'(u) = 1 - u$，则有：

$f(u) = \displaystyle\int (1 - u)\mathrm{d}u = u - \frac{1}{2}u^2 + C$，得：

$$f(x) = x - \frac{1}{2}x^2 + C$$

例 4 - 32　求 $\displaystyle\int \frac{\cos x - \sin x}{\sin x + \cos x}\mathrm{d}x$。

解法一　分子分母同乘以 $\cos x - \sin x$，得：

$$\int \frac{\cos x - \sin x}{\sin x + \cos x}\mathrm{d}x = \int \frac{1 - \sin 2x}{\cos 2x}\mathrm{d}x$$

$$= \frac{1}{2}\int \sec 2x \,\mathrm{d}(2x) - \frac{1}{2}\int \frac{\sin 2x}{\cos 2x}\mathrm{d}(2x)$$

$$= \frac{1}{2}\left[\ln | \sec 2x + \tan 2x | + \ln | \cos 2x |\right] + C$$

$$= \frac{1}{2}\ln | 1 + \sin 2x | + C$$

$$= \ln | \cos x + \sin x | + C$$

解法二　分子恰为分母的导数

$$\int \frac{\cos x - \sin x}{\sin x + \cos x}\mathrm{d}x = \int \frac{(\sin x + \cos x)'}{\sin x + \cos x}\mathrm{d}x$$

$$= \int \frac{1}{\sin x + \cos x}\mathrm{d}(\sin x + \cos x)$$

$$= \ln | \sin x + \cos x | + C$$

通过以上例题,我们可以看到第一类换元法中关键的一步是把被积表达式 $f(x)\mathrm{d}x$ 分离成两部分的乘积,一部分是中间变量 $u = \varphi(x)$ 的函数,即 $f(\varphi(x)) = f(u)$；另一部分是中间变量 $u = \varphi(x)$ 的微分,即 $\varphi'(x)\mathrm{d}x = \mathrm{d}\varphi(x) = \mathrm{d}u$,就是所说的凑微分。

常见的凑微分法可归纳为如下类型。

(1) $\displaystyle\int f(ax + b)\mathrm{d}x = \frac{1}{a}\int f(ax + b)\mathrm{d}(ax + b)\ (a \neq 0)$

(2) $\displaystyle\int x^{a-1} f(x^a)\mathrm{d}x = \frac{1}{a}\int f(x^a)\mathrm{d}(x^a)\ (a \neq 0)$

(3) $\displaystyle\int \frac{f(\ln x)}{x} \mathrm{d}x = \int f(\ln x)\mathrm{d}(\ln x)$

(4) $\displaystyle\int f(\sin x)\cos x\,\mathrm{d}x = \int f(\sin x)\mathrm{d}\sin x$

(5) $\displaystyle\int \mathrm{e}^x f(\mathrm{e}^x)\mathrm{d}x = \int f(\mathrm{e}^x)\mathrm{d}(\mathrm{e}^x)$

(6) $\displaystyle\int \frac{f(\tan x)}{\cos^2 x} \mathrm{d}x = \int f(\tan x)\mathrm{d}(\tan x)$

(7) $\displaystyle\int \frac{f(\arctan x)}{1+x^2} \mathrm{d}x = \int f(\arctan x)\mathrm{d}(\arctan x)$

(8) $\displaystyle\int \frac{f(\arcsin x)}{\sqrt{1-x^2}} \mathrm{d}x = \int f(\arcsin x)\mathrm{d}(\arcsin x)$

2. **第二类换元法**　有时我们会遇到一些不能用直接积分法与凑微分法求解的不定积分。例如，$\int x^5 \sqrt{1-x^2}\,\mathrm{d}x$ 等。解决的方法就是改变中间变量的设置方法，令 $x=\sin t \Rightarrow \mathrm{d}x = \cos t\,\mathrm{d}t$，即

$$\int x^5 \sqrt{1-x^2}\,\mathrm{d}x = \int (\sin t)^5 \sqrt{1-\sin^2 t}\cos t\,\mathrm{d}t = \int \sin^5 t \cos^2 t\,\mathrm{d}t = \cdots$$ 再应用"凑微分法"即可求出结果。

定理 2　设 $x=\psi(t)$ 是单调的、可导的函数，并且 $\psi'(t)\neq 0$，又设 $f[\psi(t)]\psi'(t)$ 具有原函数，则有换元公式 $\displaystyle\int f(x)\mathrm{d}x = \left[\int f[\psi(t)]\psi'(t)\mathrm{d}t\right]_{t=\psi^{-1}(x)}$，其中 $\psi^{-1}(x)$ 是 $x=\psi(t)$ 的反函数。

证　设 $\Phi(t)$ 为 $f[\psi(t)]\psi'(t)$ 的原函数，令 $F(x)=\Phi[\psi^{-1}(x)]$，则：

$$F'(x) = \frac{\mathrm{d}\Phi}{\mathrm{d}t} \cdot \frac{\mathrm{d}t}{\mathrm{d}x} = f[\psi(t)]\psi'(t) \cdot \frac{1}{\psi'(t)} = f[\psi(t)] = f(x)$$

说明 $F(x)$ 为 $f(x)$ 的原函数，由此可知

$\displaystyle\int f(x)\mathrm{d}x = F(x)+C = \Phi[\psi^{-1}(x)]+C$，即：

$$\int f(x)\mathrm{d}x = \left[\int f[\psi(t)]\psi'(t)\mathrm{d}t\right]_{t=\psi^{-1}(x)}$$

例 4 - 33　求 $\displaystyle\int \frac{1}{1+\sqrt{x}}\mathrm{d}x$。

解　设 $\sqrt{x}=u$，则 $x=u^2$，$\mathrm{d}x = 2u\,\mathrm{d}u$，则有：

$$\int \frac{1}{1+\sqrt{x}}\mathrm{d}x = \int \frac{2u\,\mathrm{d}u}{1+u} = 2\int \frac{1+u-1}{1+u}\mathrm{d}u$$

$$= 2\left(\int \mathrm{d}u - \int \frac{\mathrm{d}u}{1+u}\right) = 2(u - \ln|1+u|) + C$$

$$= 2[\sqrt{x} - \ln(1+\sqrt{x})] + C$$

例 4 - 34　求 $\int \dfrac{x-1}{\sqrt[3]{3x+1}}\mathrm{d}x$。

解　设 $\sqrt[3]{3x+1}=u$，$u^3=3x+1$，则 $x=\dfrac{u^3-1}{3}$，$\mathrm{d}x=u^2\mathrm{d}u$，则有：

$$\int \frac{x-1}{\sqrt[3]{3x+1}}\mathrm{d}x=\int \frac{\dfrac{u^3-1}{3}-1}{u}u^2\mathrm{d}u=\frac{1}{3}\int (u^4-4u)\mathrm{d}u$$

$$=\frac{1}{15}u^5-\frac{2}{3}u^2+C=\frac{1}{15}(3x+1)^{\frac{5}{3}}-\frac{2}{3}(3x+1)^{\frac{2}{3}}+C$$

例 4 - 35　求 $\int \dfrac{\mathrm{d}x}{\sqrt{x}\,(1+\sqrt[3]{x}\,)}$。

解　令 $x=u^6$，则 $\mathrm{d}x=6u^5\mathrm{d}u$，$\sqrt{x}=u^3$，$\sqrt[3]{x}=u^2$，则有：

$$\int \frac{\mathrm{d}x}{\sqrt{x}\,(1+\sqrt[3]{x}\,)}=\int \frac{6u^5\mathrm{d}u}{u^3(1+u^2)}=6\int \frac{u^2}{1+u^2}\mathrm{d}u$$

$$=6\int \frac{1+u^2-1}{1+u^2}\mathrm{d}u=6u-6\arctan u+C$$

$$=6\sqrt[6]{x}-6\arctan(\sqrt[6]{x}\,)+C$$

例 4 - 36　求 $\int \dfrac{1}{\sqrt{x^2+a^2}}\mathrm{d}x\ (a>0)$。

解　令 $x=a\tan t$，$\mathrm{d}x=a\sec^2 t\,\mathrm{d}t$，$t\in\left(-\dfrac{\pi}{2},\dfrac{\pi}{2}\right)$，则有：

$$\int \frac{1}{\sqrt{x^2+a^2}}\mathrm{d}x=\int \frac{1}{a\sec t}\cdot a\sec^2 t\,\mathrm{d}t=\int \sec t\,\mathrm{d}t$$

$$=\ln|\sec t+\tan t|+C$$

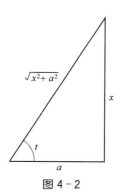

图 4 - 2

为了新变量 t 还原成 x，借助图 4 - 2 的直角三角形，得：

$$\tan t=\frac{x}{a},\ \sec t=\frac{\sqrt{x^2+a^2}}{a}$$

所以 $\int \dfrac{1}{\sqrt{x^2+x^2}}=\ln\left|\dfrac{\sqrt{x^2+a^2}}{a}+\dfrac{x}{a}\right|+C$

$$=\ln|x+\sqrt{a^2+x^2}|+C$$

例 4 - 37　求 $\int x^3\sqrt{4-x^2}\,\mathrm{d}x$。

解　令 $x=2\sin t$，$\mathrm{d}x=2\cos t\,\mathrm{d}t$，$t\in\left(-\dfrac{\pi}{2},\dfrac{\pi}{2}\right)$，借助图4 - 3的直角

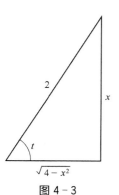

图 4 - 3　　三角形,得：

$$\int x^3 \sqrt{4-x^2}\,\mathrm{d}x = \int (2\sin t)^3 \sqrt{4-4\sin^2 t}\cdot 2\cos t\,\mathrm{d}t$$

$$= 32\int \sin^3 t \cos^2 t\,\mathrm{d}t = 32\int \sin t(1-\cos^2 t)\cos^2 t\,\mathrm{d}t$$

$$= -32\int (\cos^2 t - \cos^4 t)\,\mathrm{d}\cos t$$

$$= -32\left(\frac{1}{3}\cos^3 t - \frac{1}{5}\cos^5 t\right) + C$$

$$= -\frac{4}{3}\left(\sqrt{4-x^2}\right)^3 + \frac{1}{5}\left(\sqrt{4-x^2}\right)^5 + C$$

例 4 - 38　求 $\displaystyle\int \frac{1}{\sqrt{x^2-a^2}}\,\mathrm{d}x\ (a>0)$。

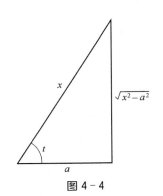

图 4 - 4

　　解　令 $x=a\sec t, \mathrm{d}x=a\sec t\tan t\,\mathrm{d}t, t\in\left(0, \dfrac{\pi}{2}\right)$，借助图 4 - 4 的

直角三角形,得：

$$\int \frac{1}{\sqrt{x^2-a^2}}\,\mathrm{d}x = \int \frac{a\sec t\cdot\tan t}{a\tan t}\,\mathrm{d}t$$

$$= \int \sec t\,\mathrm{d}t = \ln(\sec t + \tan t) + C$$

$$= \ln\left| \frac{x}{a} + \frac{\sqrt{x^2-a^2}}{a} \right| + C$$

$$= \ln\left| x + \sqrt{x^2-a^2} \right| + C$$

例 4 - 39　求 $\displaystyle\int \sqrt{a^2-x^2}\,\mathrm{d}x\ (a>0)$。

　　解　令 $x=a\sin t, t\in\left(-\dfrac{\pi}{2}, \dfrac{\pi}{2}\right)$，借助图 4 - 5 的直角三角形,得：

$\sqrt{a^2-x^2}=\sqrt{a^2-a^2\sin^2 t}=a\cos t,\ \mathrm{d}x=a\cos t\,\mathrm{d}t$，则有：

$$\int \sqrt{a^2-x^2}\,\mathrm{d}x = \int a\cos t\, a\cos t\,\mathrm{d}t = a^2\int \cos^2 t\,\mathrm{d}t = a^2\int \frac{1+\cos 2t}{2}\,\mathrm{d}t$$

$$= a^2\left(\frac{t}{2} + \frac{\sin 2t}{4}\right) + C = a^2\left(\frac{t}{2} + \frac{\sin t\cos t}{2}\right) + C$$

$$= \frac{a^2}{2}\arcsin\frac{x}{a} + \frac{1}{2}x\sqrt{a^2-x^2} + C$$

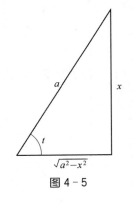

图 4 - 5

　　以上例 4 - 36、例 4 - 37、例 4 - 38 和例 4 - 39 所使用的均为三角代换。三角代换的目的是去根

式,其一般规律如下：① 含 $\sqrt{a^2-x^2}$，可令 $x=a\sin t$。② 含 $\sqrt{a^2+x^2}$，可令 $x=a\tan t$。③ 含

$\sqrt{x^2-a^2}$，可令 $x=a\sec t$。

　　同时,注意所做代换的单调性。对三角代换而言,掌握其单调区间即可。

例 4-40　求 $\displaystyle\int \frac{x^5}{\sqrt{1+x^2}}\mathrm{d}x$。

解　若使用三角代换很繁琐，故令 $t=\sqrt{1+x^2}$，$x^2=t^2-1$，等式两边同时微分，得 $x\,\mathrm{d}x=t\,\mathrm{d}t$，则有：

$$\int \frac{x^5}{\sqrt{1+x^2}}\mathrm{d}x=\int \frac{(t^2-1)^2}{t}t\,\mathrm{d}t=\int (t^4-2t^2+1)\mathrm{d}t=\frac{1}{5}t^5-\frac{2}{3}t^3+t+C$$

$$=\frac{1}{15}(8-4x^2+3x^4)\sqrt{1+x^2}+C$$

例 4-41　求 $\displaystyle\int \frac{1}{\sqrt{1+\mathrm{e}^x}}\mathrm{d}x$。

解　令 $t=\sqrt{1+\mathrm{e}^x}$，$\mathrm{e}^x=t^2-1$，$x=\ln(t^2-1)$，$\mathrm{d}x=\dfrac{2t}{t^2-1}\mathrm{d}t$，则有：

$$\int \frac{1}{\sqrt{1+\mathrm{e}^x}}\mathrm{d}x=\int \frac{2}{t^2-1}\mathrm{d}t=\int \left(\frac{1}{t-1}-\frac{1}{t+1}\right)\mathrm{d}t=\ln\left|\frac{t-1}{t+1}\right|+C=\ln\left|\frac{\sqrt{1+\mathrm{e}^x}-1}{\sqrt{1+\mathrm{e}^x}+1}\right|+C$$

$$=2\ln(\sqrt{1+\mathrm{e}^x}-1)-x+C$$

当分母的阶较高时，可采用倒数代换，令 $x=\dfrac{1}{t}$。

例 4-42　求 $\displaystyle\int \frac{1}{x(x^7+2)}\mathrm{d}x$。

解　作倒数代换，令 $x=\dfrac{1}{t}$，$\mathrm{d}x=-\dfrac{1}{t^2}\mathrm{d}t$，则有：

$$\int \frac{1}{x(x^7+2)}\mathrm{d}x=\int \frac{t}{\left(\frac{1}{t}\right)^7+2}\cdot\left(-\frac{1}{t^2}\right)\mathrm{d}t=-\int \frac{t^6}{1+2t^7}\mathrm{d}t=-\frac{1}{14}\ln|1+2t^7|+C$$

$$=-\frac{1}{14}\ln|2+x^7|+\frac{1}{2}\ln|x|+C$$

四、分部积分法

换元积分法能够解决很大一类积分问题，但有些积分用换元法还是不能计算，如 $\int x\ln x\,\mathrm{d}x$，$\int x\mathrm{e}^x\,\mathrm{d}x$，$\int \mathrm{e}^x\sin x\,\mathrm{d}x$ 等，这种积分的被积函数是两种不同类型的函数的乘积。既然积分法是微分法的逆运算，我们就可把函数乘积的微分公式转化为函数乘积的积分公式。

设函数 $u=u(x)$ 和 $v=v(x)$ 具有连续导数，则由函数乘积的微分公式得：

$$\mathrm{d}(u\cdot v)=u\,\mathrm{d}v+v\,\mathrm{d}u$$

移项得

$$u\,\mathrm{d}v = \mathrm{d}(u \cdot v) - v\,\mathrm{d}u$$

两边积分

$$\int u\,\mathrm{d}v = uv - \int v\,\mathrm{d}u$$

这个公式就称为**分部积分公式**。

运用此公式时,关键是把被积表达式 $f(x)\mathrm{d}x$ 分成 u 和 $\mathrm{d}v$ 两部分乘积的形式,即

$$\int f(x)\mathrm{d}x = \int u(x)v'(x)\mathrm{d}x = \int u(x)\mathrm{d}v(x)$$

然后再使用公式 $\int u\,\mathrm{d}v = uv - \int v\,\mathrm{d}u$。

单从形式上看,似乎看不出这个公式会给我们带来什么好处,然而当左边的不定积分 $\int u\,\mathrm{d}v$ 不易求得,而右边的不定积分 $\int v\,\mathrm{d}u$ 比较容易求得时,这就起到了化难为易的作用。

因此,一般当被积函数是多项式与指数函数的积或多项式与正(余)弦函数的乘积时,选择多项式为 u,这样经过求 $\mathrm{d}u$,可以降低多项式的次数。

例 4 - 43 求 $\int x\cos x\,\mathrm{d}x$。

解法一 令 $u = \cos x$,$x\,\mathrm{d}x = \dfrac{1}{2}\mathrm{d}x^2 = \mathrm{d}v$,则有:

$$\int x\cos x\,\mathrm{d}x = \frac{x^2}{2}\cos x + \int \frac{x^2}{2}\sin x\,\mathrm{d}x$$

显然,u,v' 选择不当,积分更难进行。

解法二 令 $u = x$,$\cos x\,\mathrm{d}x = \mathrm{d}\sin x = \mathrm{d}v$,则有:

$$\int x\cos x\,\mathrm{d}x = \int x\,\mathrm{d}\sin x = x\sin x - \int \sin x\,\mathrm{d}x = x\sin x + \cos x + C$$

分部积分公式运用的关键是恰当地选择 u 和 v。 一般来说,u 和 v 选取的原则是:① 积分容易者选为 v;② 求导简单者选为 u。

分部积分法的实质是将所求积分化为两个积分之差,积分容易者先积分,实际上是两次积分。

例 4 - 44 求 $\int x^2 \mathrm{e}^x\,\mathrm{d}x$。

解 令 $u = x^2$,$\mathrm{e}^x\,\mathrm{d}x = \mathrm{d}\mathrm{e}^x = \mathrm{d}v$,则有:

$$\int x^2 \mathrm{e}^x\,\mathrm{d}x = x^2 \mathrm{e}^x - 2\int x\mathrm{e}^x\,\mathrm{d}x = x^2\mathrm{e}^x - 2(x\mathrm{e}^x - \mathrm{e}^x) + C$$

若被积函数是幂函数和对数函数或幂函数和反三角函数的乘积,就考虑设对数函数或反三角函数为 u。 这样使用一次分部积分公式就可使被积函数代数化、有理化。

例 4 - 45 求 $\int x\arctan x\,\mathrm{d}x$。

解　令 $u = \arctan x$, $x\,\mathrm{d}x = \mathrm{d}\dfrac{x^2}{2}$, 则有:

$$
\begin{aligned}
\int x \arctan x\,\mathrm{d}x &= \frac{x^2}{2}\arctan x - \int \frac{x^2}{2}\mathrm{d}(\arctan x)\\
&= \frac{x^2}{2}\arctan x - \int \frac{x^2}{2}\cdot\frac{1}{1+x^2}\mathrm{d}x\\
&= \frac{x^2}{2}\arctan x - \int \frac{1}{2}\cdot\left(1-\frac{1}{1+x^2}\right)\mathrm{d}x\\
&= \frac{x^2}{2}\arctan x - \frac{1}{2}(x-\arctan x)+C
\end{aligned}
$$

例 4 - 46　求 $\displaystyle\int x\ln x\,\mathrm{d}x$。

解　令 $u = \ln x$, $x\,\mathrm{d}x = \mathrm{d}\dfrac{x^2}{2}$, 则有:

$$
\begin{aligned}
\int x\ln x\,\mathrm{d}x &= \frac{x^2}{2}\cdot\ln x - \int \frac{x^2}{2}\mathrm{d}(\ln x)\\
&= \frac{x^2}{2}\ln x - \int \frac{x}{2}\mathrm{d}x\\
&= \frac{x^2}{2}\ln x - \frac{x^2}{4}+C
\end{aligned}
$$

例 4 - 47　求 $\displaystyle\int \sin(\ln x)\,\mathrm{d}x$。

解

$$
\begin{aligned}
\int \sin(\ln x)\,\mathrm{d}x &= x\sin(\ln x) - \int x\,\mathrm{d}[\sin(\ln x)]\\
&= x\sin(\ln x) - \int x\cos(\ln x)\cdot\frac{1}{x}\mathrm{d}x\\
&= x\sin(\ln x) - x\cos(\ln x) + \int x\,\mathrm{d}[\cos(\ln x)]\\
&= x[\sin(\ln x)-\cos(\ln x)] - \int \sin(\ln x)\,\mathrm{d}x
\end{aligned}
$$

所以 $\displaystyle\int \sin(\ln x)\,\mathrm{d}x = \frac{x}{2}[\sin(\ln x)-\cos(\ln x)]+C$

例 4 - 48　求 $\displaystyle\int \mathrm{e}^x \sin x\,\mathrm{d}x$。

解

$$
\begin{aligned}
\int \mathrm{e}^x \sin x\,\mathrm{d}x &= \int \sin x\,\mathrm{d}\mathrm{e}^x\\
&= \mathrm{e}^x \sin x - \int \mathrm{e}^x\,\mathrm{d}(\sin x)\\
&= \mathrm{e}^x \sin x - \int \mathrm{e}^x \cos x\,\mathrm{d}x = \mathrm{e}^x \sin x - \int \cos x\,\mathrm{d}\mathrm{e}^x\\
&= \mathrm{e}^x \sin x - \left(\mathrm{e}^x \cos x - \int \mathrm{e}^x\,\mathrm{d}\cos x\right) = \mathrm{e}^x(\sin x-\cos x) - \int \mathrm{e}^x \sin x\,\mathrm{d}x
\end{aligned}
$$

所以 $\int e^x \sin x \, dx = \dfrac{e^x}{2}(\sin x - \cos x) + C$

由例 4 - 47、例 4 - 48 可得,两次分部积分后,又回到原来的积分,且两式系数不同,可移项得到积分结果,这是在分部积分中一种常用的技巧。

在求不定积分的过程中往往要兼用换元法和分部积分法。

例 4 - 49　求 $\int e^{\sqrt{x}} \, dx$。

解　令 $t = \sqrt{x}$,则 $x = t^2$,$dx = 2t \, dt$,则

$$\int e^{\sqrt{x}} \, dx = 2 \int t e^t \, dt$$
$$= 2 e^t (t - 1) + C$$
$$= 2 e^{\sqrt{x}}(\sqrt{x} - 1) + C$$

例 4 - 50　已知 $f(x)$ 的一个原函数是 e^{-x^2},求 $\int x f'(x) \, dx$。

解　$\int x f'(x) \, dx = \int x \, df(x) = x f(x) - \int f(x) \, dx$
$$= -2x^2 e^{-x^2} - e^{-x^2} + C$$

以上的典型例子可以作为基本积分公式,它们是:

(1) $\int \tan x \, dx = -\ln |\cos x| + C$

(2) $\int \cot x \, dx = \ln |\sin x| + C$

(3) $\int \sec x \, dx = \int \dfrac{1}{\cos x} \, dx = \ln |\sec x + \tan x| + C$

(4) $\int \csc x \, dx = \int \dfrac{1}{\sin x} \, dx = \ln |\csc x - \cot x| + C$

(5) $\int \dfrac{1}{a^2 + x^2} \, dx = \dfrac{1}{a} \arctan \dfrac{x}{a} + C \; (a \neq 0)$

(6) $\int \dfrac{1}{a^2 - x^2} \, dx = \dfrac{1}{2a} \ln \left| \dfrac{a + x}{a - x} \right| + C \; (a \neq 0)$

(7) $\int \dfrac{1}{x^2 - a^2} \, dx = \dfrac{1}{2a} \ln \left| \dfrac{x - a}{x + a} \right| + C \; (a \neq 0)$

(8) $\int \sqrt{a^2 - x^2} \, dx = \dfrac{x}{2} \sqrt{a^2 - x^2} + \dfrac{a^2}{2} \arcsin \dfrac{x}{a} + C \; (a > 0)$

(9) $\int \sqrt{x^2 \pm a^2} \, dx = \dfrac{x}{2} \sqrt{x^2 \pm a^2} \pm \dfrac{a^2}{2} \ln |x + \sqrt{x^2 \pm a^2}| + C \; (a \neq 0)$

(10) $\int \dfrac{1}{\sqrt{a^2 - x^2}} \, dx = \arcsin \dfrac{x}{a} + C \; (a > 0)$

(11) $\int \dfrac{1}{\sqrt{x^2 \pm a^2}} \, dx = \ln |x + \sqrt{x^2 \pm a^2}| + C \; (a \neq 0)$

五、有理函数与三角函数的积分

介绍两类特殊类型的初等函数——有理函数和三角函数的有理式的不定积分。对于有理函数，可按一定的步骤进行分解后求得其不定积分；有理三角函数经变换可转化为有理函数的积分。

1. 有理函数的积分 有理函数是指由两个多项式的商所表示的函数，具有如下形式的函数，即：

$$\frac{P(x)}{Q(x)} = \frac{a_0 x^n + a_1 x^{n-1} + \cdots + a_{n-1} x + a_n}{b_0 x^m + b_1 x^{m-1} + \cdots + b_{m-1} x + b_m}$$

其中 m, n 都是非负整数；a_0, a_1, $\cdots$, a_n 及 b_0, b_1, $\cdots$, b_m 都是实数，并且 $a_0 \neq 0$, $b_0 \neq 0$。假定分子与分母之间没有公因式，如果 $n < m$，则有理函数是真分式；若 $n \geq m$，此有理函数是假分式。利用多项式除法，假分式可以化成一个多项式和一个真分式之和，如：

$$\frac{x^3 + x + 1}{x^2 + 1} = x + \frac{1}{x^2 + 1}$$

有理函数化为部分分式之和的一般规律如下。

(1) 分母中若有因式 $(x-a)^k$，则分解后为：

$$\frac{A_1}{(x-a)^k} + \frac{A_2}{(x-a)^{k-1}} + \cdots + \frac{A_k}{x-a}$$

其中 A_1, A_2, $\cdots$, A_k 都是常数。特殊地当 $k=1$，分解后为 $\dfrac{A}{x-a}$。

例如，对 $\dfrac{1}{(x-a)^k}$ 进行分解时：$\dfrac{1}{(x-a)^k} = \dfrac{A_1}{(x-a)^k} + \dfrac{A_2}{(x-a)^{k-1}} + \cdots + \dfrac{A_k}{x-a}$，一项也不能少，因为通分后分子上是 x 的 $(k-1)$ 次多项式，可得到 k 个方程，定出 k 个系数，否则将会得到矛盾的结果。

例如，$\dfrac{1}{x^2(x+1)} = \dfrac{A}{x} + \dfrac{B}{x^2} + \dfrac{C}{x+1}$，则有 $Ax(x+1) + B(x+1) + Cx^2 = 1$，得到 $\begin{cases} A + C = 0 \\ A + B = 0, \\ B = 1 \end{cases}$

即 $\begin{cases} A = -1 \\ B = 1 \\ C = 1 \end{cases}$。但若设：$\dfrac{1}{x^2(x+1)} = \dfrac{A}{x^2} + \dfrac{B}{x+1}$，$A(x+1) + Bx^2 = 1$，$A=0$，$A=1$，则自相矛盾。

(2) 分母中若有因式 $(x^2 + px + q)^k$，其中若 $p^2 - 4q < 0$，分解后为：

$$\frac{M_1 x + N_1}{(x^2 + px + q)^k} + \frac{M_2 x + N_2}{(x^2 + px + q)^{k-1}} + \cdots + \frac{M_k x + N_k}{x^2 + px + q}$$

其中 M_i, N_i 都是常数 ($i = 1, 2, \cdots, k$)。特殊地，当 $k=1$，则分解后为 $\dfrac{Mx + N}{x^2 + px + q}$。

故真分式化为部分分式之和可用待定系数法求得。

例 4 - 51　求 $\dfrac{x+3}{x^2-5x+6}\mathrm{d}x$。

解　$\dfrac{x+3}{x^2-5x+6}=\dfrac{x+3}{(x-2)(x-3)}=\dfrac{A}{x-2}+\dfrac{B}{x-3}$

$x+3=A(x-3)+B(x-2)$，得到：

$\begin{cases}A+B=1\\-(3A+2B)=3\end{cases}$，所以

$\begin{cases}A=-5\\B=6\end{cases}$，即

$$\int\dfrac{x+3}{x^2-5x+6}\mathrm{d}x=\int\dfrac{-5}{x-2}\mathrm{d}x+\int\dfrac{6}{x-3}\mathrm{d}x=-5\ln|x-2|+6\ln|x-3|+C$$

例 4 - 52　求 $\displaystyle\int\dfrac{1}{x\,(x-1)^2}\mathrm{d}x$。

解　设 $\dfrac{1}{x\,(x-1)^2}=\dfrac{A}{x}+\dfrac{B}{(x-1)^2}+\dfrac{C}{x-1}$，则有：

$1=A\,(x-1)^2+Bx+Cx(x-1)$，代入特殊值来确定系数 A，B，C，则有：

取 $x=0,A=1$　取 $x=1,B=1$　取 $x=2$，并将 A，B 值代入，得到：

$C=-1$，因此

$\dfrac{1}{x\,(x-1)^2}=\dfrac{1}{x}+\dfrac{1}{(x-1)^2}-\dfrac{1}{x-1}$，即有：

$$\int\dfrac{1}{x\,(x-1)^2}\mathrm{d}x=\int\left[\dfrac{1}{x}+\dfrac{1}{(x-1)^2}-\dfrac{1}{x-1}\right]\mathrm{d}x$$

$$=\int\dfrac{1}{x}\mathrm{d}x+\int\dfrac{1}{(x-1)^2}\mathrm{d}x-\int\dfrac{1}{x-1}\mathrm{d}x$$

$$=\ln|x|-\dfrac{1}{x-1}-\ln|x-1|+C$$

将有理函数化为部分分式之和后，一般只会出现三类情况：① 多项式；② $\dfrac{A}{(x-a)^n}$；③ $\dfrac{Mx+N}{(x^2+px+q)^n}$。

对于积分 $\displaystyle\int\dfrac{Mx+N}{(x^2+px+q)^n}\mathrm{d}x$，因为 $x^2+px+q=\left(x+\dfrac{p}{2}\right)^2+q-\dfrac{p^2}{4}$，可令 $x+\dfrac{p}{2}=t$。设 $x^2+px+q=t^2+a^2$，$Mx+N=Mt+b$，则 $a^2=q-\dfrac{p^2}{4}$，$b=N-\dfrac{Mp}{2}$。

即　$\displaystyle\int\dfrac{Mx+N}{(x^2+px+q)^n}\mathrm{d}x=\int\dfrac{Mt}{(t^2+a^2)^n}\mathrm{d}t+\int\dfrac{b}{(t^2+a^2)^n}\mathrm{d}t$

当 (1) $n=1$，$\displaystyle\int\dfrac{Mx+N}{x^2+px+q}\mathrm{d}x=\dfrac{M}{2}\ln(x^2+px+q)+\dfrac{b}{a}\arctan\dfrac{x+\dfrac{p}{2}}{a}+C$；

当 (2) $n > 1$, $\int \dfrac{Mx + N}{(x^2 + px + q)^n} \mathrm{d}x = -\dfrac{M}{2(n-1)(t^2 + a^2)^{n-1}} + b \int \dfrac{1}{(t^2 + a^2)^n} \mathrm{d}t$

这三类积分均可积出,且原函数都是初等函数。

以上介绍的虽是有理函数积分的普遍方法,但对一个具体问题而言,未必是最简捷的方法,应同时考虑有否其他的简便方法。

2. 三角有理函数的积分　由三角函数和常数经过有限次四则运算构成的函数称之为**三角有理函数**,一般记为 $R(\sin x, \cos x)$。形如 $\int R(\sin x, \cos x) \mathrm{d}x$ 的积分,称为**三角有理式积分**,因为

$$\sin x = 2\sin \dfrac{x}{2} \cos \dfrac{x}{2} = \dfrac{2\tan \dfrac{x}{2}}{\sec^2 \dfrac{x}{2}} = \dfrac{2\tan \dfrac{x}{2}}{1 + \tan^2 \dfrac{x}{2}}$$

$$\cos x = \cos^2 \dfrac{x}{2} - \sin^2 \dfrac{x}{2} = \dfrac{1 - \tan^2 \dfrac{x}{2}}{\sec^2 \dfrac{x}{2}} = \dfrac{1 - \tan^2 \dfrac{x}{2}}{1 + \tan^2 \dfrac{x}{2}}$$

可令 $u = \tan \dfrac{x}{2}$,则 $x = 2\arctan u$,则有:

$$\sin x = \dfrac{2u}{1 + u^2}, \ \cos x = \dfrac{1 - u^2}{1 + u^2}, \ \mathrm{d}x = \dfrac{2}{1 + u^2} \mathrm{d}u$$

$$\int R(\sin x, \cos x) \mathrm{d}x = \int R\left(\dfrac{2u}{1 + u^2}, \dfrac{1 - u^2}{1 + u^2}\right) \dfrac{2}{1 + u^2} \mathrm{d}u$$

因此,可以将三角有理函数的积分通过上述万能代换公式变为有理函数的积分。

例 4 - 53　求 $\int \dfrac{\sin x}{1 + \sin x + \cos x} \mathrm{d}x$。

解　令 $\sin x = \dfrac{2u}{1 + u^2}$, $\cos x = \dfrac{1 - u^2}{1 + u^2}$, $\mathrm{d}x = \dfrac{2}{1 + u^2} \mathrm{d}u$, 可得:

$$
\begin{aligned}
\int \dfrac{\sin x}{1 + \sin x + \cos x} \mathrm{d}x &= \int \dfrac{2u}{(1 + u)(1 + u^2)} \mathrm{d}u \\
&= \int \dfrac{2u + 1 + u^2 - 1 - u^2}{(1 + u)(1 + u^2)} \mathrm{d}u \\
&= \int \dfrac{(1 + u)^2 - (1 + u^2)}{(1 + u)(1 + u^2)} \mathrm{d}u = \int \dfrac{1 + u}{1 + u^2} \mathrm{d}u - \int \dfrac{1}{1 + u} \mathrm{d}u \\
&= \arctan u + \dfrac{1}{2} \ln(1 + u^2) - \ln|1 + u| + C \\
&= \dfrac{x}{2} + \ln\left|\sec \dfrac{x}{2}\right| - \ln\left|1 + \tan \dfrac{x}{2}\right| + C
\end{aligned}
$$

有理函数积分法的解题程序一般是:第一步用多项式除法,把被积函数化为一个整式与一个

真分式之和;第二步把真分式分解成部分分式之和。所谓部分分式是指分母为质因式或质因式的若干次幂,而分子的次数低于分母的次数。

而对于三角有理式积分考虑如下步骤:① 尽量使分母简单,或分子分母同乘以某个因子把分母化为 $\sin^k x$(或$\cos^k x$)的单项式,或将分母整个看成一项。② 利用倍角或积化和差公式达到降幂的目的。③ 用万能代换可把三角有理式化为有理函数的积分,但有时积分很繁琐,此时,通过其他方法将积分求出来。

拓 展 阅 读

现代微积分的发展简史

文艺复兴时期之后,基于实际的需要及理论的探讨,积分技巧有了进一步的发展。如为了航海的方便,杰拉杜斯·麦卡托(G. Mercator)发明了所谓的麦卡托投影法,使得地图上的直线就是航海时保持定向的斜驶线。在欧洲,基础性的论证来自博纳文图拉·卡瓦列里(B. Cavalieri),他认为体积和面积应该用求无穷小横截面的总量来计算。他的想法类似于阿基米德(Archimedes)的《方法论》,但是卡瓦列里的手稿丢失了,直到 20 世纪初期再被找到。卡瓦列里的努力没有得到认可,因为他的方法不仅误差巨大,而且在当时无穷小也不受重视。

17 世纪的前半是微积分学的酝酿时期,观念在摸索中,计算是个别的,应用也是个别的。而后戈特弗里德·威廉·莱布尼茨(Wilhelm Leibniz)和艾萨克·牛顿(Isaac Newton)两人几乎同时使微积分观念成熟,澄清微、积分之间的关系,使计算系统化,并把微积分大规模使用到几何与物理研究上。在他们创立微积分以前,人们把微分和积分视为独立的学科,之后才确实划分出“微积分学”这门学科。

在对微积分的研究中,皮埃尔·德·费马声称他借用了丢番图的成就,引入了“足量”概念,等同于误差的无穷小。可惜他未能体会两者之间的密切关系。约翰·沃利斯、伊萨克·巴罗和詹姆士·格里高利完成了组合论证。而牛顿的老师伊萨克·巴罗虽然知道两者之间有互逆的关系,但他不能体会此种关系的意义,其原因之一就是求导数还没有一套有系统的计算方法。古希腊平面几何的成功给予西方数学非常深远的影响:一般认为唯有几何的论证方法才是严谨、真正的数学,代数不过是辅助的工具而已。直到笛卡儿(Rene Descartes)及费马倡导以代数的方法研究几何的问题,这种态度才渐有转变。可是一方面几何思维方式深植人心,而另一方面代数方法仍然未臻成熟,实数系统迟迟未能建立,所以许多数学家仍然固守几何阵营而不能发展出有效的计算方法,巴罗便是其中之一。牛顿虽然放弃了他老师的纯几何观点而发展出了有效的微分方法,可是他迟迟未敢发表。牛顿利用了微积分的技巧,由万有引力及运动定律出发说明了他的宇宙体系,解决天体运动、流体旋转的表面、地球的扁率、摆线上重物的运动等问题。牛顿在解决数学物理问题时,使用了独特的符号来进行计算,实际上这些就是乘积法则、链式法则、高阶导数、泰勒(Brook Taylor)级数和解析方程。但因害怕当时人的批评,所以在他 1687 年的巨著《自然哲学的数学原理》中仍把微积分的痕迹抹去,而以古典的几何论证方式论述。在其他著作中,牛顿使用了分数和无理数的乘幂,很明显,牛顿知道泰勒级数的定律。但是他没有发表这些发现,因为无穷小在当时仍然饱受争议。

上述思想被戈特弗里德·威廉·莱布尼茨整合成为真正的无穷小版本的微积分,而牛顿指责前者抄袭。莱布尼茨在今天被认为是独立发明微积分的另一人。他的贡献在于风格严密,便于计算二次或更高级别的导数,以微分和积分的形式给出乘积法则和链式法则。与牛顿不同,莱布尼茨很注重形式,常常日复一日地研究妥当的符号。

莱布尼茨和牛顿都被认为是独立的微积分发明者。牛顿最先将微积分应用到普通物理当中,而莱布尼茨制作了今天绝大多数的符号。牛顿、莱布尼茨都给出了微分、积分的基本方法,以及二阶或更高阶导数和数列近似值符号等。在牛顿的时代,微积分基本公式已经被世界知晓。

当牛顿和莱布尼茨第一次发表各自的成果时,数学界就发明微积分的归属和优先权问题爆发一场旷日持久的大争论。牛顿最先得出结论,而莱布尼茨最先将其发表。牛顿称莱布尼茨从他未发表的手稿中抄袭,这个观点得到了牛顿所在的皇家学会支持。这场大纷争将使数学家分成两派:一派是英国数学家,捍卫牛顿;另一派是欧洲大陆数学家。结果是对英国数学家不利。日后的小心求证得出牛顿和莱布尼茨两人独立得出自己的结论。莱布尼茨从积分推导,牛顿从微分推导。在今天,牛顿和莱布尼茨被誉为发明微积分的两个独立作者。"微积分"之名与其使用之运算符号则是莱布尼茨所创,而牛顿将它称为"流数术"。

实际上微积分是被许多人不断地完善,离不开巴罗、笛卡儿、费马、惠更斯和沃利斯的贡献。最早的一部完整的有关有限和无穷小的分析著作被玛利亚·阿涅西于1748年总结编撰。牛顿和莱布尼茨虽然把微积分系统化,但是它还是不够严谨。由于微积分被成功地用来解决许多问题,使得18世纪的数学家偏向其应用,而少致力于其严谨。当时,微积分学的发展幸而掌握在几个非常优越的数学家(如欧拉、拉格朗日、拉普拉斯、达朗贝尔及伯努利等人)的手里。在这些数学家的手中,微积分学的内容很快地超过现在大学初阶段所授的微积分课程,而迈向更高深的解析学。

习　题

4-1　用直接积分法求下列不定积分。

(1) $\displaystyle\int \frac{\mathrm{d}x}{x^2}$;

(2) $\displaystyle\int x \cdot \sqrt[3]{x}\,\mathrm{d}x$;

(3) $\displaystyle\int (\sqrt{x}+1)(\sqrt{x^3}-1)\mathrm{d}x$;

(4) $\displaystyle\int (\cos x - 2a^x + \sec^2 x)\mathrm{d}x$;

(5) $\displaystyle\int \left(\cot^2 x + \frac{2}{1+x^2} + \sin x\right)\mathrm{d}x$;

(6) $\displaystyle\int \frac{x^3+1}{x+1}\mathrm{d}x$;

(7) $\displaystyle\int \frac{x^2 + \cos^2 x + 1}{\cos^2 x(x^2+1)}\mathrm{d}x$;

(8) $\displaystyle\int \mathrm{e}^x \left(1 - \frac{\mathrm{e}^{-x}}{x}\right)\mathrm{d}x$;

(9) $\displaystyle\int \frac{\sqrt{1-x^2}-x^2-1}{(x^2+1)\sqrt{1-x^2}}\mathrm{d}x$;

(10) $\displaystyle\int 2^x \mathrm{e}^x \,\mathrm{d}x$;

(11) $\displaystyle\int \frac{\sqrt{1+x^2}}{\sqrt{1-x^4}}\mathrm{d}x$;

(12) $\displaystyle\int \sec x\,(\sec x - \tan x)\mathrm{d}x$;

(13) $\displaystyle\int \frac{\cos 2x}{\cos x - \sin x}\mathrm{d}x$;

(14) $\displaystyle\int \frac{\cos 2x}{\sin^2 x}\mathrm{d}x$;

$(15)\displaystyle\int\cos^2\frac{x}{2}\mathrm{d}x;$

$(16)\displaystyle\int\frac{\cos 2x}{\cos^2 x\ \sin^2 x}\mathrm{d}x;$

$(17)\displaystyle\int\left(\cos\frac{x}{2}+\sin\frac{x}{2}\right)^2\mathrm{d}x;$

$(18)\displaystyle\int(1-x^{-2})\sqrt{x\sqrt{x}}\,\mathrm{d}x;$

$(19)\displaystyle\int\frac{1+\sin x}{1-\sin x}\mathrm{d}x;$

$(20)\displaystyle\int(2^x+3^x)^2\mathrm{d}x。$

4-2 在下列各式等号右端的空白处填入适当的系数,使等式成立。

$(1)\ \mathrm{d}x=\underline{\quad}\mathrm{d}(7x-3);$

$(2)\ x\,\mathrm{d}x=\underline{\quad}\mathrm{d}(3x^2);$

$(3)\ x^2\mathrm{d}x=\underline{\quad}\mathrm{d}(x^3-2);$

$(4)\ \mathrm{e}^{3x}\mathrm{d}x=\underline{\quad}\mathrm{d}(\mathrm{e}^{3x});$

$(5)\ x\mathrm{e}^{x^2}\mathrm{d}x=\underline{\quad}\mathrm{d}\mathrm{e}^{x^2};$

$(6)\ \sin 5x\,\mathrm{d}x=\underline{\quad}\mathrm{d}(\cos 5x);$

$(7)\ \dfrac{\mathrm{d}x}{x}=\underline{\quad}\mathrm{d}(3-4\ln|x|);$

$(8)\ \dfrac{\mathrm{d}x}{9x^2+1}=\underline{\quad}\mathrm{d}(\arctan 3x);$

$(9)\ \dfrac{\mathrm{d}x}{\sqrt{1-x^2}}=\underline{\quad}\mathrm{d}(1-\arccos x);$

$(10)\ \dfrac{x\,\mathrm{d}x}{\sqrt{1-x^2}}=\underline{\quad}\mathrm{d}(\sqrt{1-x^2})。$

4-3 利用第一类换元法求下列不定积分。

$(1)\displaystyle\int\mathrm{e}^{2x}\mathrm{d}x;$

$(2)\displaystyle\int x^2\mathrm{e}^{x^3}\mathrm{d}x;$

$(3)\displaystyle\int(1+x)^{99}\mathrm{d}x;$

$(4)\displaystyle\int\frac{\mathrm{d}x}{\sqrt{3x+1}};$

$(5)\displaystyle\int\frac{\sin\sqrt{x}}{\sqrt{x}}\mathrm{d}x;$

$(6)\displaystyle\int\frac{x\,\mathrm{d}x}{(3x^2+2)^4};$

$(7)\displaystyle\int\frac{\ln x}{x}\mathrm{d}x;$

$(8)\displaystyle\int\sin x\cdot\mathrm{e}^{\cos x}\mathrm{d}x;$

$(9)\displaystyle\int\frac{\mathrm{d}x}{\mathrm{e}^x+\mathrm{e}^{-x}};$

$(10)\displaystyle\int\frac{\ln x}{x\sqrt{1+\ln^2 x}}\mathrm{d}x;$

$(11)\displaystyle\int\tan^{10}x\ \sec^2 x\,\mathrm{d}x;$

$(12)\displaystyle\int\frac{1}{\sin x\cos x}\mathrm{d}x;$

$(13)\displaystyle\int\frac{\sin x}{\cos^3 x}\mathrm{d}x;$

$(14)\displaystyle\int\frac{\sin x+\cos x}{\sqrt[3]{\sin x-\cos x}}\mathrm{d}x;$

$(15)\displaystyle\int\frac{1-x}{\sqrt{9-4x^2}}\mathrm{d}x;$

$(16)\displaystyle\int\frac{x^3}{9+x^2}\mathrm{d}x;$

$(17)\displaystyle\int\frac{\mathrm{d}x}{4x^2-1};$

$(18)\displaystyle\int\frac{1}{\sqrt{1-x^2}\arcsin x}\mathrm{d}x;$

$(19)\displaystyle\int\frac{\arctan x}{1+x^2}\mathrm{d}x;$

$(20)\displaystyle\int\tan^3 x\sec x\,\mathrm{d}x;$

$(21)\displaystyle\int\sin^3 x\cos^2 x\,\mathrm{d}x;$

$(22)\displaystyle\int\tan^4 x\,\mathrm{d}x;$

$(23)\displaystyle\int\cos^4 x\,\mathrm{d}x;$

$(24)\displaystyle\int\frac{\ln\tan x}{\cos x\sin x}\mathrm{d}x;$

(25) $\int \dfrac{1}{x^2-3x+2}\mathrm{d}x$；

(26) $\int \dfrac{2x+1}{x^2+2}\mathrm{d}x$；

(27) $\int \dfrac{1}{\sqrt{4x-x^2}}\mathrm{d}x$；

(28) $\int \dfrac{x}{x^2+4x+5}\mathrm{d}x$。

4-4 利用第二类换元法求下列不定积分。

(1) $\int \dfrac{1}{x\sqrt{1+x}}\mathrm{d}x$；

(2) $\int \dfrac{\sin\sqrt{x}}{\sqrt{x}}\mathrm{d}x$；

(3) $\int x\sqrt{x-3}\,\mathrm{d}x$；

(4) $\int \dfrac{\sqrt{x}}{1+x}\mathrm{d}x$；

(5) $\int \dfrac{\sqrt[3]{x}+\sqrt[6]{x}}{\sqrt{x}}\mathrm{d}x$；

(6) $\int \dfrac{1}{\sqrt[4]{x}+\sqrt{x}}\mathrm{d}x$；

(7) $\int \dfrac{x^2}{\sqrt{a^2-x^2}}\mathrm{d}x \;(a>0)$；

(8) $\int \dfrac{1}{\sqrt{(1-x^2)^3}}\mathrm{d}x$；

(9) $\int \dfrac{x^3}{\sqrt{1+x^2}}\mathrm{d}x$；

(10) $\int \dfrac{\mathrm{d}x}{x\sqrt{a^2+x^2}} \;(a>0)$；

(11) $\int \dfrac{1}{x\sqrt{x^2-1}}\mathrm{d}x$；

(12) $\int \dfrac{x^3}{(1+x^2)^{\frac{3}{2}}}\mathrm{d}x$；

(13) $\int \dfrac{1}{x(1+x^4)}\mathrm{d}x$；

(14) $\int \dfrac{1}{x^8(1+x^2)}\mathrm{d}x$。

4-5 利用分部积分求下列不定积分。

(1) $\int x\sin 2x\,\mathrm{d}x$；

(2) $\int x\cos^2\dfrac{x}{2}\,\mathrm{d}x$；

(3) $\int x\mathrm{e}^{-x}\,\mathrm{d}x$；

(4) $\int \sqrt{x}\sin\sqrt{x}\,\mathrm{d}x$；

(5) $\int x^3\ln x\,\mathrm{d}x$；

(6) $\int x\ln^2 x\,\mathrm{d}x$；

(7) $\int x\arccos x\,\mathrm{d}x$；

(8) $\int \dfrac{x\arcsin x}{\sqrt{1-x^2}}\mathrm{d}x$；

(9) $\int \mathrm{e}^{-x}\cos x\,\mathrm{d}x$；

(10) $\int \cos(\ln x)\,\mathrm{d}x$；

(11) $\int \arctan\sqrt{x}\,\mathrm{d}x$；

(12) $\int \ln(1+\sqrt[3]{x})\,\mathrm{d}x$。

4-6 求下列有理函数和三角函数有理式的不定积分。

(1) $\int \dfrac{x^3+1}{x^3-5x^2+6x}\mathrm{d}x$；

(2) $\int \dfrac{1}{(x^2+x)(x^2+1)}\mathrm{d}x$；

(3) $\int \dfrac{\mathrm{d}x}{4\sin x+3\cos x+5}$；

(4) $\int \dfrac{\mathrm{d}x}{(2+\cos x)\sin x}$；

(5) $\int \dfrac{\mathrm{d}x}{(5+4\sin x)\cos x}$；

(6) $\int \dfrac{\sin x\cos^3 x}{1+\cos^2 x}\mathrm{d}x$。

4-7 求下列不定积分。

(1) $\int \dfrac{\cot x}{\sqrt{\sin x}} \mathrm{d}x$;

(2) $\int \dfrac{\mathrm{e}^x - \mathrm{e}^{-x}}{\mathrm{e}^x + \mathrm{e}^{-x}} \mathrm{d}x$;

(3) $\int \sin^2 \sqrt{x}\, \mathrm{d}x$;

(4) $\int \dfrac{x^2}{\sqrt{x^2 - a^2}} \mathrm{d}x\ (a > 0)$;

(5) $\int \dfrac{\mathrm{d}x}{x(x^6 + 2)}$;

(6) $\int \dfrac{x\,\mathrm{e}^x}{(1 + \mathrm{e}^x)^2} \mathrm{d}x$;

(7) $\int \dfrac{\mathrm{d}x}{\sqrt{1 + \mathrm{e}^x}}$;

(8) $\int \dfrac{\sin x \cos x}{\sin^4 x + \cos^4 x} \mathrm{d}x$ 。

第五章　定积分及其应用

导学

　　本章主要介绍定积分的概念和性质,给出定积分计算的基本方法,并介绍定积分在实际问题中的应用、广义积分的定义和计算方法。

　　(1) 掌握定积分的计算;定积分换元法及分部积分法;直角坐标系下计算平面图形的面积;液体压力和变力做功;广义积分的计算。

　　(2) 熟悉定积分的概念和性质;极坐标系下计算平面图形的面积;旋转体体积的计算;广义积分的定义。

　　(3) 了解定积分在医药学和经济分析中的应用;Γ 函数的定义及性质。

第一节　定积分的概念与性质

一、定积分的引入

　　1. **曲边梯形的面积**　在初等数学中,我们学习了求矩形、三角形和梯形等特殊直边图形的面积,但在实际应用中往往需要求以曲边为边的图形的面积。在直角坐标系中,由闭区间 $[a , b]$ 上的一条连续曲线 $y = f(x)(f(x) \geqslant 0)$,直线 $x = a$,$x = b$ 及 x 轴所围成的平面图形,称为曲边梯形,如图 5-1 所示。

　　我们知道,解决圆的面积所用的方法是利用圆内接正多边形的面积作为圆面积的近似值,再用极限的方法求出圆的面积。现在,我们也可以用同样的思路来分析曲边梯形面积问题。基本思路是把曲边梯形分割成小的曲边梯形,以小矩形面积近似代替小曲边梯形的面积,所有这些小矩形面积之和可作为曲边梯形面积的一个近似值。当分割越来越细,这种近似也就越来越精确。将曲边梯形无限细分,所有小矩形面积之和的极限值即为曲边梯形面积的精确值。

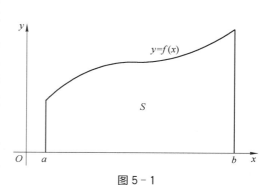

图 5-1

根据上述思路,可按下面四步来计算曲边梯形的面积。

(1) 分割:在区间$[a,b]$中任意插入 $n-1$ 个分点

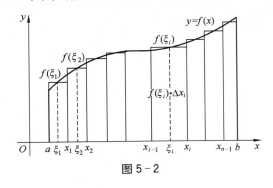

图 5-2

$$a=x_0<x_1<x_2<\cdots<x_{n-1}<x_n=b$$

将其分成 n 个小区间

$$[x_0,x_1],[x_1,x_2]\cdots[x_{n-1},x_n]$$

第 i 个小区间的长度记为 $\Delta x_i=x_i-x_{i-1}(i=1,2,\cdots,n)$。直线 $x=x_1$, $x=x_2$, $\cdots$, $x=x_{n-1}$ 将曲边梯形分成 n 个小曲边梯形,如图 5-2 所示。小曲边梯形的面积用 $\Delta A_i(i=1,2,\cdots,n)$ 表示。

(2) 近似:在每个小区间上任取一点 ξ_i,以小区间$[x_{i-1},x_i]$的长度为底,$f(\xi_i)$为高的小矩形面积近似代替第 i 个小曲边梯形的面积,即:

$$\Delta A_i\approx f(\xi_i)\Delta x_i \quad (i=1,2,\cdots,n)$$

(3) 求和:将所有小矩形的面积相加,就得到了曲边梯形面积的近似值,即:

$$A=\sum_{i=1}^{n}\Delta A_i\approx\sum_{i=1}^{n}f(\xi_i)\Delta x_i$$

(4) 取极限:记 $\lambda=\max\{\Delta x_1,\Delta x_2,\cdots,\Delta x_n\}$,当 $\lambda\to0$ 时,分点的个数无限增加,上述公式的近似程度越来越精确,即:

$$A=\lim_{\lambda\to0}\sum_{i=1}^{n}f(\xi_i)\Delta x_i$$

2. 变速直线运动的路程　设某物体做变速直线运动,t 时刻的速度为 $v(t)$,现求该物体从时刻 T_1 到时刻 T_2 这一段时间内走过的路程 s。

对于匀速直线运动,我们知道:路程=速度×时间。但是,在变速直线运动中速度是变化的,此式不再适用。下面我们仿照求曲边梯形面积的方法来求变速直线运动的路程 s,具体步骤如下。

(1) 分割:在时间间隔区间$[T_1,T_2]$中任意插入 $n-1$ 个分点

$$T_1=t_0<t_1<t_2<\cdots<t_{n-1}<t_n=T_2$$

将其分成 n 个小区间

$$[t_0,t_1],[t_1,t_2]\cdots[t_{n-1},t_n]$$

第 i 个小区间的长度记为 $\Delta t_i=t_i-t_{i-1}(i=1,2,\cdots,n)$,相应的第 i 个小区间上物体走过的路程记为 $\Delta s_i(i=1,2,\cdots,n)$。

(2) 近似:物体在各个小时间区间内的运动可以近似看做匀速运动,在每个小区间上任取一点 ξ_i,把 $v(\xi_i)$ 作为该时段的速度,则该时段的近似路程为:

$$\Delta s_i\approx v(\xi_i)\Delta t_i \quad (i=1,2,\cdots,n)$$

（3）求和：将所有小时间区间的路程相加,就得到了在$[T_1,T_2]$时段上路程的近似值,即：

$$s=\sum_{i=1}^{n}\Delta s_i \approx \sum_{i=1}^{n}v(\xi_i)\Delta t_i$$

（4）取极限：记$\lambda=\max\{\Delta t_1,\Delta t_2,\cdots,\Delta t_n\}$,当$\lambda \to 0$时,分点的个数无限增加,上述公式的近似程度越来越精确,即：

$$s=\lim_{\lambda \to 0}\sum_{i=1}^{n}v(\xi_i)\Delta t_i$$

类似的问题在物理、化学、医学和工程技术等领域普遍存在,它们都可以运用上述的方法来解决。

二、定积分的定义

我们可以从上述求曲边梯形的面积和变速直线运动的路程两个例子看出它们在数量关系形式上有共同本质,最后的问题都归结为求解一个具有特定结构的和式的极限。因此,把这类问题的共性抽象出来,引出了下述定积分的定义。

定义 设$f(x)$是定义在$[a,b]$上的函数,在区间$[a,b]$内任意插入 $n-1$ 个分点

$$a=x_0<x_1<x_2<\cdots<x_{n-1}<x_n=b$$

将其分成 n 个小区间。记$\Delta x_i=x_i-x_{i-1}$,$\lambda=\max\{\Delta x_i\}$ $(i=1,2,\cdots,n)$,在每个小区间上任取一点 $\xi_i \in [x_{i-1},x_i]$,若下列和式的极限

$$\lim_{\lambda \to 0}\sum_{i=1}^{n}f(\xi_i)\Delta x_i$$

存在,且与小区间的划分及 ξ_i 的选取无关,则称函数 $f(x)$ 在$[a,b]$上**可积**,并称该极限值为 $f(x)$ 在$[a,b]$上的**定积分**,记作$\int_a^b f(x)\mathrm{d}x$,即：

$$\int_a^b f(x)\mathrm{d}x=\lim_{\lambda \to 0}\sum_{i=1}^{n}f(\xi_i)\Delta x_i$$

其中,$f(x)$ 称为**被积函数**,$f(x)\mathrm{d}x$ 称为**被积表达式**,x 称为**积分变量**,a 称为**积分下限**,b 称为**积分上限**,$[a,b]$称为**积分区间**,和式 $\sum_{i=1}^{n}f(\xi_i)\Delta x_i$ 称为**黎曼(Riemann)和**。

根据定积分的定义,曲线$y=f(x)(f(x) \geqslant 0)$,直线$x=a$,$x=b$及x轴所围成的曲边梯形的面积就可以记为：

$$A=\int_a^b f(x)\mathrm{d}x$$

做变速直线运动的物体在时间间隔$[T_1,T_2]$上走过的路程也可以记为：

$$s=\int_{T_1}^{T_2}v(t)\mathrm{d}t$$

对于定积分的概念我们需要注意以下两点。

(1) 定积分 $\int_a^b f(x)\mathrm{d}x$ 的值仅与被积函数和积分区间有关,而与积分变量的记号无关,即有:

$$\int_a^b f(x)\mathrm{d}x = \int_a^b f(t)\mathrm{d}t = \int_a^b f(u)\mathrm{d}u$$

(2) 极限过程 $\lambda \to 0$ 表示区间被分得越来越小,因此分点个数必然越来越多,即 $n \to \infty$,但反过来,$n \to \infty$ 并不能保证 $\lambda \to 0$。

此外,在上述定义中要求积分上限 b 大于积分下限 a,为了方便起见,我们做如下规定:① 若 $a > b$,则 $\int_a^b f(x)\mathrm{d}x = -\int_b^a f(x)\mathrm{d}x$。② 若 $a = b$,则 $\int_a^b f(x)\mathrm{d}x = 0$。

定积分的**几何意义**:当 $f(x) \geqslant 0$ 时,定积分 $\int_a^b f(x)\mathrm{d}x$ 表示区间 $[a, b]$ 所对应的 x 轴上方曲边梯形的面积;当 $f(x) \leqslant 0$ 时,定积分 $\int_a^b f(x)\mathrm{d}x$ 表示区间 $[a, b]$ 所对应的 x 轴下方曲边梯形面积的相反数;而当 $f(x)$ 在区间 $[a, b]$ 上有正有负时,函数 $f(x)$ 的图形某些部分在 x 轴上方,其余部分在 x 轴下方。如图 5-3 所示,此时定积分 $\int_a^b f(x)\mathrm{d}x$ 的值代表 x 轴上方图形的面积减去 x 轴下方图形的面积。 综上所得,定积分 $\int_a^b f(x)\mathrm{d}x$ 的几何意义表示由曲线 $y = f(x)$,直线 $x = a$,$x = b$ 与 x 轴所围成的各部分图形面积的代数和。

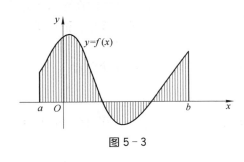

图 5-3

定积分的定义表明,只有当和式的极限存在时,函数 $f(x)$ 在区间 $[a, b]$ 上才可积,那在什么情况下和式的极限存在呢? 也就是说什么样函数是可积呢? 因此,我们给出可积的两个充分条件:**闭区间上的连续函数必可积;闭区间上只有有限个间断点的有界函数必可积。**

例 5-1 利用定积分的定义计算 $\int_{-1}^{2} x\,\mathrm{d}x$。

解 由于被积函数 $f(x) = x$ 在区间 $[-1, 2]$ 上连续,根据可积的充分条件 $f(x)$ 在积分区间上可积。因为定积分的值与区间的分法以及 ξ_i 的选取无关,不妨将积分区间 n 等分,即有 $\Delta x_i = \dfrac{2 - (-1)}{n} = \dfrac{3}{n}$,取 ξ_i 为第 i 小区间的右端点,则有:

$$\xi_i = (-1) + \frac{2 - (-1)}{n}i = -1 + \frac{3}{n}i$$

则和式为:

$$A_n = \sum_{i=1}^{n} f(\xi_i)\Delta x_i = \sum_{i=1}^{n} \frac{3}{n}\left(-1 + \frac{3}{n}i\right) = -\sum_{i=1}^{n} \frac{3}{n} + \sum_{i=1}^{n} \frac{9}{n^2}i = -3 + \frac{9}{n^2}\frac{n(n+1)}{2}$$

当 $n \to \infty(\lambda \to \infty)$ 时,根据定积分的定义,即得所求的定积分为

$$\int_{-1}^{2} x\,\mathrm{d}x = \lim_{n \to \infty}\left[-3 + \frac{9}{n^2}\frac{n(n+1)}{2}\right] = \frac{3}{2}$$

三、定积分的性质

为了进一步讨论定积分的理论和计算,下面我们介绍定积分的一些性质。在讨论中我们假设函数在讨论的区间上可积。

性质 1　常数因子可以提到积分号外,即:

$$\int_a^b kf(x)\mathrm{d}x = k\int_a^b f(x)\mathrm{d}x \quad (k \text{ 为常数})$$

证　由定积分的定义知

$$\int_a^b kf(x)\mathrm{d}x = \lim_{\lambda \to 0}\sum_{i=1}^n kf(\xi_i)\Delta x_i = k\lim_{\lambda \to 0}\sum_{i=1}^n f(\xi_i)\Delta x_i = k\int_a^b f(x)\mathrm{d}x$$

性质 2　函数代数和的积分等于它们积分的代数和,即:

$$\int_a^b [f(x) \pm g(x)]\mathrm{d}x = \int_a^b f(x)\mathrm{d}x \pm \int_a^b g(x)\mathrm{d}x$$

证　同样从定义出发

$$\begin{aligned}
\int_a^b [f(x) \pm g(x)]\mathrm{d}x &= \lim_{\lambda \to 0}\sum_{i=1}^n [f(\xi_i) \pm g(\xi_i)]\Delta x_i \\
&= \lim_{\lambda \to 0}\sum_{i=1}^n f(\xi_i)\Delta x_i \pm \lim_{\lambda \to 0}\sum_{i=1}^n g(\xi_i)\Delta x_i \\
&= \int_a^b f(x)\mathrm{d}x \pm \int_a^b g(x)\mathrm{d}x
\end{aligned}$$

从上面的证明过程不难看出,此性质还可以推广到有限多个情形。

性质 3　对任意三个实数 a, b, c 恒有

$$\int_a^b f(x)\mathrm{d}x = \int_a^c f(x)\mathrm{d}x + \int_c^b f(x)\mathrm{d}x$$

此性质被称作**区间可加性定理**。

性质 4　若在区间 $[a, b]$ 上,被积函数 $f(x) \equiv K$,那么

$$\int_a^b f(x)\mathrm{d}x = \int_a^b K\mathrm{d}x = K\int_a^b \mathrm{d}x = K(b-a)$$

特别地,当 $K=1$ 时,$\int_a^b f(x)\mathrm{d}x = \int_a^b K\mathrm{d}x = b-a$。在该性质的条件下,曲边梯形已经退化为矩形,被积函数的定积分即为矩形面积。

性质 5　如果在区间 $[a, b]$ 上,$f(x) \leqslant g(x)$,则:

$$\int_a^b f(x)\mathrm{d}x \leqslant \int_a^b g(x)\mathrm{d}x \quad (a < b)$$

从定积分的几何意义上看该性质就一目了然了。

性质 6　若函数 $f(x)$ 在闭区间 $[a, b]$ 上的最大值和最小值分别为 M 和 m,则:

$$m(b-a) \leqslant \int_a^b f(x)\mathrm{d}x \leqslant M(b-a)$$

证 因为 $m \leqslant f(x) \leqslant M$, $x \in [a,b]$, 由性质 5 知

$$\int_a^b m\mathrm{d}x \leqslant \int_a^b f(x)\mathrm{d}x \leqslant \int_a^b M\mathrm{d}x$$

再由性质 4 就得到本性质的结论。

利用性质 6, 只要知道被积函数在积分区间上的最大值和最小值, 就可以估计定积分的大致范围。

性质 7 **积分中值定理** 设函数 $f(x)$ 在闭区间 $[a,b]$ 上连续, 则在区间 $[a,b]$ 上至少存在一点 ξ, 使得:

$$\int_a^b f(x)\mathrm{d}x = f(\xi)(b-a)$$

此式也可改写为:

$$\frac{1}{b-a}\int_a^b f(x)\mathrm{d}x = f(\xi)$$

证 因为 $f(x)$ 在闭区间 $[a,b]$ 上连续, 故必存在最大值 M 和最小值 m, 即

$$m \leqslant f(x) \leqslant M$$

由性质 6 知

$$m(b-a) \leqslant \int_a^b f(x)\mathrm{d}x \leqslant M(b-a)$$

由于 $b \neq a$, 上式即为:

$$m \leqslant \frac{\int_a^b f(x)\mathrm{d}x}{b-a} \leqslant M$$

再由闭区间上连续函数的介值定理可得, 在区间 $[a,b]$ 上至少存在一点 ξ, 使得:

$$\frac{1}{b-a}\int_a^b f(x)\mathrm{d}x = f(\xi)$$

也可以表示为:

$$\int_a^b f(x)\mathrm{d}x = f(\xi)(b-a)$$

由此可见 $f(\xi)$ 具有函数 $f(x)$ 在区间 $[a,b]$ 上的平均值的意义, 如图 5-4 所示, 我们就把函数 $f(x)$ 在区间 $[a,b]$ 上的平均值记作:

$$\overline{y} = f(\xi) = \frac{1}{b-a}\int_a^b f(x)\mathrm{d}x$$

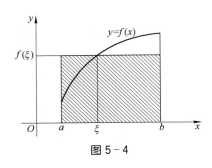

图 5-4

第二节 | 定积分的计算

一、微积分的基本定理

本章第一节中我们介绍了定积分的定义及其性质,根据定义,我们采用求和式极限的方式来计算定积分。但这种直接利用定义的方法计算定积分比较繁琐,有时也是很困难的。因此,有必要寻找更有效的方法来计算定积分,实际上微积分的广泛应用正是因为找到了一种联系定积分和不定积分的途径,从而实现了定积分的简便计算。

1. 积分上限函数

定义　设函数 $f(x)$ 在区间 $[a, b]$ 上连续,对于任意 $x \in [a, b]$, $f(x)$ 在区间 $[a, x]$ 上也连续,所以函数 $f(x)$ 在 $[a, x]$ 上也可积。显然对于 $[a, b]$ 上的每一个 x 的取值,都有唯一对应的定积分 $\int_a^x f(t)\mathrm{d}t$ 和 x 对应,因此 $\int_a^x f(t)\mathrm{d}t$ 是定义在 $[a, b]$ 上的函数。记为:

$$\Phi(x) = \int_a^x f(t)\mathrm{d}t \quad x \in [a, b]$$

$\Phi(x)$ 称为**积分上限函数**,有时又称为**变上限定积分**。

积分上限函数 $\Phi(x)$ 具有如下重要性质。

定理 1　如果函数 $f(x)$ 在区间 $[a, b]$ 上连续, 则 $\Phi(x) = \int_a^x f(t)\mathrm{d}t$ 在 $[a, b]$ 上可导,且

$$\Phi'(x) = \frac{\mathrm{d}}{\mathrm{d}x}\int_a^x f(t)\mathrm{d}t = f(x) \quad (a \leqslant x \leqslant b)$$

证　给定函数 $\Phi(x)$ 的自变量 x 的改变量 Δx, 函数 $\Phi(x)$ 有相应的改变量 $\Delta\Phi$, 则:

$$\Delta\Phi = \Phi(x + \Delta x) - \Phi(x) = \int_a^{x+\Delta x} f(t)\mathrm{d}t - \int_a^x f(t)\mathrm{d}t = \int_x^{x+\Delta x} f(t)\mathrm{d}t$$

由积分中值定理可知,存在一点 $\xi \in (x, x + \Delta x)$ 或 $(x + \Delta x, x)$, 使得:

$$\int_x^{x+\Delta x} f(t)\mathrm{d}t = f(\xi)\Delta x$$

成立,则有:

$$\lim_{\Delta x \to 0} \frac{\Delta\Phi}{\Delta x} = \lim_{\Delta x \to 0} \frac{f(\xi)\Delta x}{\Delta x} = \lim_{\Delta x \to 0} f(\xi) = \lim_{\xi \to x} f(\xi) \xrightarrow{f(x)\text{ 连续}} f(x)$$, 即:

$$\Phi'(x) = \frac{\mathrm{d}}{\mathrm{d}x}\int_a^x f(t)\mathrm{d}t = f(x)$$

定理 1 说明,如果函数 $f(x)$ 在区间 $[a, b]$ 上连续,那么函数 $\Phi(x) = \int_a^x f(t)\mathrm{d}t$ 就是 $f(x)$ 在

区间 $[a,b]$ 上的一个原函数。从定理的结论还可以看出求导正是变上限定积分的逆运算,表面上看是求两个不相干的概念,实际上却存在内在的本质联系。此外,这个定理还证明了连续函数一定存在原函数,并有:

$$\int f(x)\mathrm{d}x = \int_a^x f(t)\mathrm{d}t + C \quad x \in [a,b]$$

这一结果把定积分和不定积分巧妙地联系在一起,有了这个结论,我们就得到微积分里最著名的基本定理,即**牛顿-莱布尼兹(Newton-Leibniz)公式**。

定理 2 牛顿-莱布尼兹公式 如果函数 $f(x)$ 在区间 $[a,b]$ 上连续,且 $F(x)$ 是 $f(x)$ 的任意一个原函数,那么

$$\int_a^b f(x)\mathrm{d}x = F(b) - F(a)$$

证 由上述分析知,$\varPhi(x) = \int_a^x f(t)\mathrm{d}t$ 是 $f(x)$ 在区间 $[a,b]$ 的一个原函数,则 $\varPhi(x)$ 与 $F(x)$ 相差一个常数 C,即:

$$\int_a^x f(t)\mathrm{d}t = F(x) + C$$

因为 $\int_a^a f(t)\mathrm{d}t = F(a) + C = 0$,所以,$C = -F(a)$,则有:

$\int_a^x f(t)\mathrm{d}t = F(x) - F(a)$,所以

$\int_a^b f(x)\mathrm{d}x = F(b) - F(a)$ 成立。

方便起见,通常把 $F(b) - F(a)$ 记作 $F(x) \big|_a^b$ 或 $[F(x)]_a^b$。

上述定理表明:一个函数在区间 $[a,b]$ 上连续,它在该区间上的定积分的值等于它的任意一个原函数在该区间上的增量。

例 5 - 2 试用牛顿-莱布尼兹公式计算 $\int_{-1}^2 x\,\mathrm{d}x$。

解 $\int_{-1}^2 x\,\mathrm{d}x = \dfrac{x^2}{2}\bigg|_{-1}^2 = 2 - \dfrac{1}{2} = \dfrac{3}{2}$

可见与前面例 5 - 1 用定义求得的结果完全一致。

例 5 - 3 计算 $\int_0^\pi (\mathrm{e}^x + \sin x)\mathrm{d}x$。

解 $\int_0^\pi (\mathrm{e}^x + \sin x)\mathrm{d}x = \int_0^\pi \mathrm{e}^x\,\mathrm{d}x + \int_0^\pi \sin x\,\mathrm{d}x = \mathrm{e}^x\big|_0^\pi + (-\cos x)\big|_0^\pi$

$$= \mathrm{e}^\pi - \mathrm{e}^0 + [-\cos\pi - (-\cos 0)] = \mathrm{e}^\pi + 1$$

通过例 5 - 2 和例 5 - 3 这两个例子,可以充分体会到牛顿-莱布尼兹公式的简便性。有了此公式,就把求定积分的问题转化为求解被积函数原函数的问题,利用不定积分的知识,大大简化了求解过程。

二、定积分的换元积分法

利用牛顿-莱布尼兹公式计算定积分的关键是求出被积函数的原函数,在第四章不定积分部

分,我们已经介绍过换元积分法和分部积分法,它们是求原函数的两种重要方法。接下来我们将讨论如何应用换元积分法来计算定积分。

定理3　设函数 $f(x)$ 在区间 $[a,b]$ 上连续,并且满足下列条件。

(1) $x=\varphi(t)$,且 $a=\varphi(\alpha)$,$b=\varphi(\beta)$。

(2) $\varphi(t)$ 在区间 $[\alpha,\beta]$ 上单调且有连续的导数 $\varphi'(t)$。

(3) 当 t 从 α 变到 β 时,$\varphi(t)$ 从 a 单调地变到 b,则有 $\int_a^b f(x)\mathrm{d}x=\int_\alpha^\beta f(\varphi(t))\varphi'(t)\mathrm{d}t$。

证　设 $F(x)$ 是 $f(x)$ 在区间 $[a,b]$ 上的原函数,由牛顿-莱布尼兹公式得:

$$\int_a^b f(x)\mathrm{d}x=F(b)-F(a)$$

根据复合函数的求导法则,$F(\varphi(t))$ 是 $f(\varphi(t))\varphi'(t)$ 的原函数。于是
$\int_\alpha^\beta f(\varphi(t))\varphi'(t)\mathrm{d}t=F(\varphi(\beta))-F(\varphi(\alpha))=F(b)-F(a)$,即:

$$\int_a^b f(x)\mathrm{d}(x)=\int_\alpha^\beta f(\varphi(t))\varphi'(t)\mathrm{d}t$$

上述公式称为**定积分的换元公式**。

在应用该公式计算定积分时需要注意以下两点:① 求出 $f(\varphi(t))\varphi'(t)$ 的原函数 $\Phi(t)=F(\varphi(t))$ 后,不需要像求不定积分那样,还把 $\Phi(t)$ 还原成 x 的函数,而只需要把原来的积分限 a 和 b 相应地换为新变量 t 的积分限 α 和 β,再求 $\Phi(t)$ 的增量 $\Phi(\beta)-\Phi(\alpha)$ 即可。② 在变量代换时,原积分上限对应新积分上限,原积分下限对应新积分下限,而不论上下限的大小。

例5-4　计算 $\int_0^a \sqrt{a^2-x^2}\,\mathrm{d}x\ (a>0)$。

解　令 $x=a\sin t$,则 $\sqrt{a^2-x^2}=\sqrt{a^2-a^2\sin^2 t}=a\cos t$,$\mathrm{d}x=a\cos t$。当 $x=0$ 时 $t=0$,当 $x=a$ 时 $t=\frac{\pi}{2}$,利用定积分的换元法,则有:

$$\int_0^a \sqrt{a^2-x^2}\,\mathrm{d}x=\int_0^{\frac{\pi}{2}} a\cos t\cdot a\cos t\,\mathrm{d}t=a^2\int_0^{\frac{\pi}{2}}\cos^2 t\,\mathrm{d}t=\frac{a^2}{2}\int_0^{\frac{\pi}{2}}(1+\cos 2t)\mathrm{d}t$$

$$=\frac{a^2}{2}\left[t+\frac{1}{2}\sin 2t\right]_0^{\frac{\pi}{2}}=\frac{1}{4}\pi a^2$$

从几何上看,此积分值即为圆 $x^2+y^2=a^2$ 在第一象限的面积。

例5-5　计算 $\int_0^3 \frac{x}{\sqrt{1+x}}\mathrm{d}x$。

解　令 $\sqrt{1+x}=t$,则 $x=t^2-1\ (t>0)$,$\mathrm{d}x=2t\,\mathrm{d}t$,当 $x=0$ 时 $t=1$,当 $x=3$ 时 $t=2$,则有:

$$\int_0^3 \frac{x}{\sqrt{1+x}}\mathrm{d}x=\int_1^2 \frac{t^2-1}{t}\cdot 2t\,\mathrm{d}t=2\int_1^2(t^2-1)\mathrm{d}t=2\left[\frac{1}{3}t^3-t\right]_1^2=\frac{8}{3}$$

例5-6　设 $f(x)$ 在区间 $[-a,a]$ 上连续,证明:

(1) 如果 $f(x)$ 为奇函数,则 $\int_{-a}^a f(x)\mathrm{d}x=0$。

(2) 如果 $f(x)$ 为偶函数,则 $\int_{-a}^{a} f(x)\mathrm{d}x = 2\int_{0}^{a} f(x)\mathrm{d}x$。

解 由定积分的可加性知

$$\int_{-a}^{a} f(x)\mathrm{d}x = \int_{-a}^{0} f(x)\mathrm{d}x + \int_{0}^{a} f(x)\mathrm{d}x$$

对于定积分 $\int_{-a}^{0} f(x)\mathrm{d}x$,做代换 $x = -t$,得到:

$$\int_{-a}^{0} f(x)\mathrm{d}x = -\int_{a}^{0} f(-t)\mathrm{d}t = \int_{0}^{a} f(-t)\mathrm{d}t = \int_{0}^{a} f(-x)\mathrm{d}x ,\text{ 所以}$$

$$\int_{-a}^{a} f(x)\mathrm{d}x = \int_{0}^{a} f(-x)\mathrm{d}x + \int_{0}^{a} f(x)\mathrm{d}x = \int_{0}^{a}[f(x)+f(-x)]\mathrm{d}x$$

(1) 如果 $f(x)$ 为奇函数,即 $f(-x) = -f(x)$,则 $f(x)+f(-x) = f(x)-f(x) = 0$,于是

$$\int_{-a}^{a} f(x)\mathrm{d}x = 0$$

(2) 如果 $f(x)$ 为偶函数,即 $f(-x) = f(x)$,则
$f(x)+f(-x) = f(x)+f(x) = 2f(x)$,于是

$$\int_{-a}^{a} f(x)\mathrm{d}x = 2\int_{0}^{a} f(x)\mathrm{d}x$$

例 5-6 也可借助几何图形去理解,奇函数定积分所对应的曲边梯形分布在 x 轴的上方和下方,上方面积与下方面积相等,但符号相反,做代数和刚好等于零。而偶函数定积分所对应的曲边梯形关于 y 轴对称,左侧面积和右侧面积相当,因此可写成一侧面积两倍的形式。

例 5-7 求下列定积分。

(1) $\int_{-\sqrt{3}}^{\sqrt{3}} \dfrac{x^2\sin x}{1+x^4}\mathrm{d}x$ (2) $\int_{-2}^{2} x^2\sqrt{4-x^2}\,\mathrm{d}x$

解 (1) 因为被积函数 $f(x) = \dfrac{x^2\sin x}{1+x^4}$ 是奇函数,且积分区间 $[-\sqrt{3},\sqrt{3}]$ 是对称区间,所以

$$\int_{-\sqrt{3}}^{\sqrt{3}} \frac{x^2\sin x}{1+x^4}\mathrm{d}x = 0$$

(2) 被积函数 $f(x) = x^2\sqrt{4-x^2}$ 是偶函数,积分区间 $[-2,2]$ 是对称区间,所以

$$\int_{-2}^{2} x^2\sqrt{4-x^2}\,\mathrm{d}x = 2\int_{0}^{2} x^2\sqrt{4-x^2}\,\mathrm{d}x$$

令 $x = 2\sin t$,则 $\mathrm{d}x = 2\cos t\,\mathrm{d}t$,$\sqrt{4-x^2} = 2\cos t$,当 $x=0$ 时 $t=0$,当 $x=2$ 时 $t=\dfrac{\pi}{2}$,则有:

$$\int_{-2}^{2} x^2\sqrt{4-x^2}\,\mathrm{d}x = 2\int_{0}^{\frac{\pi}{2}} 16\sin^2 t\cos^2 t\,\mathrm{d}t = 8\int_{0}^{\frac{\pi}{2}}\sin^2 2t\,\mathrm{d}t$$

$$= 4\int_{0}^{\frac{\pi}{2}}(1-\cos 4t)\mathrm{d}t = (4t-\sin 4t)\Big|_{0}^{\frac{\pi}{2}} = 2\pi$$

例 5-8 设函数 $f(x)=\begin{cases} x\,\mathrm{e}^{-x^2} & x\geqslant 0 \\ \dfrac{1}{1+\cos x} & -1\leqslant x<0 \end{cases}$，计算 $\displaystyle\int_1^4 f(x-2)\mathrm{d}x$。

解 设 $x-2=t$，则 $\mathrm{d}x=\mathrm{d}t$，当 $x=1$ 时 $t=-1$，当 $x=4$ 时 $t=2$，则有：

$$\int_1^4 f(x-2)\mathrm{d}x=\int_{-1}^2 f(t)\mathrm{d}t=\int_{-1}^0 \frac{1}{1+\cos t}\mathrm{d}t+\int_0^2 t\,\mathrm{e}^{-t^2}\mathrm{d}t$$

$$=\tan\frac{t}{2}\bigg|_{-1}^0-\frac{1}{2}\mathrm{e}^{-t^2}\bigg|_0^2=\tan\frac{1}{2}-\frac{1}{2}\mathrm{e}^{-4}+\frac{1}{2}$$

三、定积分的分部积分法

在不定积分的计算时用到了分部积分的方法，与此相对应的，下面介绍定积分的分部积分法。

定理 4 设函数 $u=u(x)$ 和 $v=v(x)$ 在区间 $[a,b]$ 上有连续的导数，则有：

$$\int_a^b u(x)v'(x)\mathrm{d}x=[u(x)v(x)]_a^b-\int_a^b v(x)u'(x)\mathrm{d}x$$

证 由求导公式得：

$$[u(x)v(x)]'=u'(x)v(x)+u(x)v'(x)$$

对等式两边分别从 a 到 b 做定积分，于是

$\displaystyle\int_a^b[u(x)v(x)]'\mathrm{d}x=\int_a^b u(x)v'(x)\mathrm{d}x+\int_a^b v(x)u'(x)\mathrm{d}x$，移项后即为：

$$\int_a^b u(x)v'(x)\mathrm{d}x=[u(x)v(x)]_a^b-\int_a^b v(x)u'(x)\mathrm{d}x$$

上述公式称为**定积分的分部积分公式**。选取 $u(x)$ 的方式、方法与不定积分的分部积分法完全一样。但需注意的是，定积分的分部积分法可将原函数已经积出的部分，先用上、下限代入，以便简化后面的计算。

例 5-9 计算 $\displaystyle\int_1^2 x\ln x\,\mathrm{d}x$。

解
$$\int_1^2 x\ln x\,\mathrm{d}x=\frac{1}{2}\int_1^2 \ln x\,\mathrm{d}(x^2)=\frac{1}{2}x^2\ln x\,\bigg|_1^2-\frac{1}{2}\int_1^2 x^2\mathrm{d}(\ln x)$$

$$=2\ln 2-\frac{1}{2}\int_1^2 x\,\mathrm{d}x=2\ln 2-\frac{1}{4}x^2\bigg|_1^2=2\ln 2-\frac{3}{4}$$

例 5-10 计算 $\displaystyle\int_0^{\frac{1}{2}}\arcsin x\,\mathrm{d}x$。

解
$$\int_0^{\frac{1}{2}}\arcsin x\,\mathrm{d}x=[x\arcsin x]_0^{\frac{1}{2}}-\int_0^{\frac{1}{2}} x\,\mathrm{d}\arcsin x$$

$$=\frac{1}{2}\cdot\frac{\pi}{6}-\int_0^{\frac{1}{2}}\frac{x}{\sqrt{1-x^2}}\mathrm{d}x$$

$$=\frac{\pi}{12}+\frac{1}{2}\int_0^{\frac{1}{2}}\frac{1}{\sqrt{1-x^2}}\mathrm{d}(1-x^2)$$

$$= \frac{\pi}{12} + [\sqrt{1-x^2}]_0^{\frac{1}{2}} = \frac{\pi}{12} + \frac{\sqrt{3}}{2} - 1$$

例 5 - 11　计算 $\int_0^1 e^{\sqrt{x}} \, dx$。

解　令 $\sqrt{x} = t$，则 $x = t^2$，$dx = 2t \, dt$，当 $x=0$ 时 $t=0$，当 $x=1$ 时 $t=1$，于是

$$\int_0^1 e^{\sqrt{x}} \, dx = 2 \int_0^1 t \, e^t \, dt = 2 \int_0^1 t \, de^t = 2t \, e^t \Big|_0^1 - 2 \int_0^1 e^t \, dt = 2e - 2e^t \Big|_0^1 = 2e - 2e + 2 = 2$$

例 5 - 11 先利用换元积分法，再应用分部积分法。

第三节　定积分的应用

定积分在几何、物理和医药学等许多领域中有着广泛的应用，其普遍使用的方法是微元法。微元法是应用定积分解决实际问题的一种重要思想，它实际上是定积分概念的精华。

回顾求曲边梯形面积 A 的方法和步骤：① 将区间 $[a, b]$ 分成 n 个小区间，相应得到 n 个小曲边梯形，小曲边梯形的面积记为 $\Delta A_i (i = 1, 2, \cdots, n)$。② 计算 ΔA_i 的近似值，即 $\Delta A_i \approx f(\xi_i) \Delta x_i$（其中 $\Delta x_i = x_i - x_{i-1}$，$\xi_i \in [x_{i-1}, x_i]$）。③ 求和得 A 的近似值，即 $A \approx \sum_{i=1}^n f(\xi_i) \Delta x_i$。④ 对上述和式取极限得 $A = \lim_{\lambda \to 0} \sum_{i=1}^n f(\xi_i) \Delta x_i = \int_a^b f(x) dx$。

上述过程利用了所求量(面积 A)的可分割性和可加性，实际应用时，通常按以下简化步骤来进行。

1. **近似**　根据实际情况选取积分变量 x，并确定相应的积分区间 $[a, b]$。由于分割的任意性，为简便起见，对 $\Delta A_i \approx f(\xi_i) \Delta x_i$ 省略下标，得 $\Delta A \approx f(\xi) \Delta x$，用 $[x, x+dx]$ 表示 $[a, b]$ 内的任一小区间，并取小区间的左端点 x 为 ξ，则 ΔA 的近似值就是以 dx 为底，$f(x)$ 为高的小矩形的面积(如图 5 - 5 阴影部分)，即 $\Delta A \approx f(x) dx$。用微分表示，则有微元 $dA = f(x) dx$。

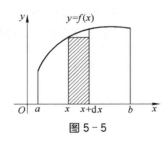

图 5 - 5

2. **求和**　将所有部分量累加起来，便得到所求量 A 的积分表达式 $A = \int_a^b f(x) dx$，然后计算它的值。

利用定积分按上述步骤解决实际问题的方法称为定积分的**微元法**。

一、几何上的应用

1. 利用微元法来计算平面图形的面积

例 5 - 12　求由曲线 $y = x^2$ 与 $y = 2x - x^2$ 所围图形的面积。

解　如图 5 - 6 所示，先求出两条抛物线的交点。为此解方程组 $\begin{cases} y = x^2 \\ y = 2x - x^2 \end{cases}$，则得两条曲线

的交点为 $O(0, 0)$，$A(1, 1)$。

取 x 为积分变量，$x \in [0, 1]$。相应于区间 $[0, 1]$ 上的任一小区间 $[x, x + dx]$ 的面积约等于高为 $2x - 2x^2$、底为 dx 的小矩形面积，因此面积微元为：

$$dA = (2x - 2x^2)dx$$

由定积分公式得：

$$A = \int_0^1 (2x - 2x^2)dx = \left[x^2 - \frac{2}{3}x^3 \right]_0^1 = \frac{1}{3}$$

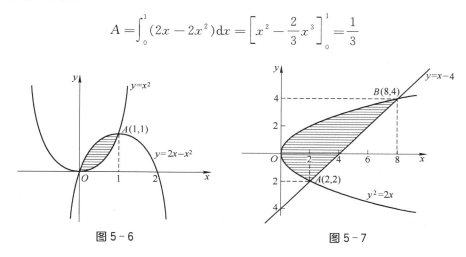

图 5 - 6　　　　　　　　　图 5 - 7

例 5 - 13　求曲线 $y^2 = 2x$ 与 $y = x - 4$ 所围图形的面积。

解　如图 5 - 7 所示，由方程组 $\begin{cases} y^2 = 2x \\ y = x - 4 \end{cases}$ 得两条曲线的交点坐标为 $A(2, -2)$，$B(8, 4)$，取 y 为积分变量，$y \in [-2, 4]$。将两曲线方程分别改写为 $x = \frac{1}{2}y^2$ 及 $x = y + 4$ 得所求面积为：

$$A = \int_{-2}^4 \left(y + 4 - \frac{1}{2}y^2 \right)dy = \left(\frac{1}{2}y^2 + 4y - \frac{1}{6}y^3 \right)\bigg|_{-2}^4 = 18$$

若以 x 为积分变量，由于图形在 $[0, 2]$ 和 $[2, 8]$ 两个区间上的构成情况不同，因此需要分成两部分来计算，其较为复杂，结果应为：

$$A = 2\int_0^2 \sqrt{2x}\,dx + \int_2^8 [\sqrt{2}x - (x - 4)]dx = \frac{4\sqrt{2}}{3}x^{\frac{3}{2}}\bigg|_0^2 + \left[\frac{2\sqrt{2}}{3}x^{\frac{3}{2}} - \frac{1}{2}x^2 + 4x \right]\bigg|_2^8 = 18$$

2. 介绍极坐标系下面积的计算　设曲边扇形由极坐标方程 $\rho = \rho(\theta)$ 与射线 $\theta = \alpha$，$\theta = \beta$ $(\alpha < \beta)$ 所围成，如图 5 - 8 所示，求它的面积 A。

以极角 θ 为积分变量，它的变化区间是 $[\alpha, \beta]$，相应的小曲边扇形的面积近似等于半径为 $\rho(\theta)$，中心角为 $d\theta$ 的圆扇形的面积，从而得面积微元为 $dA = \frac{1}{2}[\rho(\theta)]^2 d\theta$，于是，所求曲边扇形的面积为：

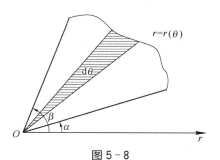

图 5 - 8

$$A = \int_{\alpha}^{\beta} \frac{1}{2} [\rho(\theta)]^2 \mathrm{d}\theta$$

例 5-14   计算心形线 $\rho = a(1 + \cos\theta)(a > 0)$ 所围图形的面积,如图 5-9 所示。

解   图 5-9 形是对称的,因此所求图形的面积 A 是图中 A_1 面积的两倍。取 θ 为积分变量,$\theta \in [0, \pi]$,由上述公式得:

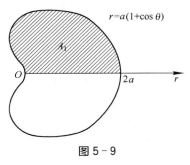

图 5-9

$$
\begin{aligned}
A = 2A_1 &= 2 \times \frac{1}{2} \int_0^{\pi} a^2 (1 + \cos\theta)^2 \mathrm{d}\theta \\
&= a^2 \int_0^{\pi} (1 + 2\cos\theta + \cos^2\theta) \mathrm{d}\theta \\
&= a^2 \int_0^{\pi} \left(\frac{3}{2} + 2\cos\theta + \frac{1}{2}\cos 2\theta \right) \mathrm{d}\theta \\
&= a^2 \left[\frac{3}{2}\theta + 2\sin\theta + \frac{1}{4}\sin 2\theta \right] \Big|_0^{\pi} = \frac{3}{2}\pi a^2
\end{aligned}
$$

平面图形绕平面内一条直线旋转一周而成的立体,被称作旋转体。定积分不仅能用于求解平面图形的面积,而且在计算旋转体体积方面也有实际应用价值。

设旋转体是由连续曲线 $y = f(x)(f(x) \geqslant 0)$ 和直线 $x = a$,$x = b$ 及 x 轴所围成的曲边梯形绕 x 轴旋转一周而成,如图 5-10 所示。

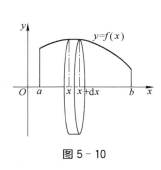

图 5-10

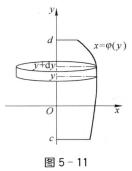

图 5-11

取 x 为积分变量,它的变化区间为 $[a, b]$,在 $[a, b]$ 上任取一小区间 $[x, x + \mathrm{d}x]$,相应薄片的体积近似于以 $f(x)$ 为底面圆半径,$\mathrm{d}x$ 为高的小圆柱体的体积,从而得到体积元素为 $\mathrm{d}V = \pi[f(x)]^2\mathrm{d}x$,于是,所求旋转体体积为:

$$V_x = \pi \int_a^b [f(x)]^2 \mathrm{d}x$$

类似地,由曲线 $x = \varphi(y)$ 和直线 $y = c$,$y = d$ 及 y 轴所围成的曲边梯形绕 y 轴旋转一周而成,如图 5-11,所得旋转体的体积为:

$$V_y = \pi \int_c^d [\varphi(y)]^2 \mathrm{d}y$$

例 5-15   求由椭圆 $\dfrac{x^2}{a^2} + \dfrac{y^2}{b^2} = 1$ 绕 x 轴旋转而成的椭球体的体积。

解　如图 5-12 所示,它可看作上半椭圆 $y = \dfrac{b}{a}\sqrt{a^2 - x^2}$ 与 x 轴围成的平面图形绕 x 轴旋转而成。取 x 为积分变量,$x \in [-a, a]$,由公式所求椭球体的体积为:

$$
\begin{aligned}
V_x &= \pi \int_{-a}^{a} \left(\frac{b}{a}\sqrt{a^2 - x^2} \right)^2 \mathrm{d}x \\
&= \frac{2\pi b^2}{a^2} \int_0^a (a^2 - x^2)\,\mathrm{d}x \\
&= \frac{2\pi b^2}{a^2} \left[a^2 x - \frac{x^3}{3} \right]_0^a \\
&= \frac{4}{3}\pi a b^2
\end{aligned}
$$

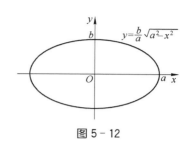

图 5-12

例 5-16　一平面经过半径为 R 的圆柱体的底圆中心,并与底面交成角 α,计算这平面截圆柱体所得立体的体积,如图 5-13 所示。

解　取这平面与圆柱体的底面交线为 x 轴建立如图 5-13 的直角坐标系,则底面圆的方程为 $x^2 + y^2 = R^2$。立体中过点 x 且垂直于 x 轴的截面是一个直角三角形。它的直角边分别为 y,$y\tan\alpha$,即 $\sqrt{R^2 - x^2}$,$\sqrt{R^2 - x^2}\tan\alpha$。因而,截面面积为:

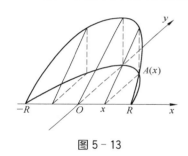

图 5-13

$A(x) = \dfrac{1}{2}(R^2 - x^2)\tan\alpha$,故所求立体体积为

$$
V = \int_{-R}^{R} \frac{1}{2}(R^2 - x^2)\tan\alpha\,\mathrm{d}x = \frac{1}{2}\tan\alpha \left[R^2 x - \frac{1}{3}x^3 \right]_{-R}^{R}
$$

$$
= \frac{2}{3}R^3 \tan\alpha
$$

二、物理上的应用

在物理上,除了利用定积分计算变速直线运动的路程之外,还可以求变力沿直线所做的功、弹簧拉伸做功、液体压力、引力做功等。

1. 液体压力的计算　由物理学知道,在液面下深度为 h 处的压强为 $P = \rho g h$,其中 ρ 是液体的密度,g 是重力加速度。如果有一面积为 A 的薄板水平地放置在深度为 h 的液体中,那么薄板一侧所受的垂直于表面方向的压力大小为液体压力,即:

$$
F = PA = \rho g h A
$$

在实际问题中,往往要计算薄板竖直放置在液体中时,其一侧所受到的压力。由于压强 P 随液体的深度而变化,故薄板一侧所受的液体压力就不能用上述方法计算,可以用定积分来加以解决。

设薄板形状是曲边梯形,建立如图 5-14 所示的坐标系,曲边方程为 $y = f(x)$,取液体深度 x 为积分变量,$x \in [a, b]$ 在 $[a, b]$ 上取一小区间 $[x, x+\mathrm{d}x]$,该区间上小曲边平板所受的压力可近似地看作长为 y 和宽

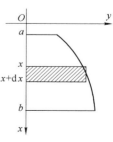

图 5-14

为 dx 的小矩形水平地放在距液体表面深度为 x 的位置上时,一侧所受的压力。因此,所求的压力微元,即:

$$dF = \rho g h f(x) dx$$

于是,整个平板一侧所受压力为:

$$F = \int_a^b \rho g h f(x) dx$$

例 5 - 17 修建一道梯形闸门,它的两条底边各长 6 m 和 4 m,高为 6 m,上底边较长平行于水面,求闸门一侧所受水的压力。

解 根据题设条件,建立如图 5 - 15 所示的坐标系。

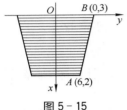

图 5 - 15

AB 的方程为 $y = -\dfrac{1}{6}x + 3$。取 x 为积分变量,$x \in [0, 6]$,在 $x \in [0, 6]$ 上任一小区间 $[x, x+dx]$ 的压力微元为:

$$dF = 2\rho g x y \, dx = 2 \times 9.8 \times 10^3 x \left(-\frac{1}{6}x + 3\right) dx$$

从而所求的压力为:

$$F = \int_0^6 9.8 \times 10^3 \left(-\frac{1}{3}x^2 + 6x\right) dx = 9.8 \times 10^3 \left[-\frac{1}{9}x^3 + 3x^2\right]_0^6 \approx 8.23 \times 10^5 \text{ N}$$

2. 变力做功

例 5 - 18 设物体在变力 $F = f(x)$ 的作用下,沿 x 轴由点 a 移动到点 b,如图 5 - 16 所示,且变力方向与 x 轴方向一致,求变力 F 做的功。

解 取 x 为积分变量,$x \in [a, b]$,在区间 $[a, b]$ 上任取一小区间 $[x, x+dx]$,该区间上各点处的力可以用点 x 处的力 $F(x)$ 近似代替。因此功的微元为:

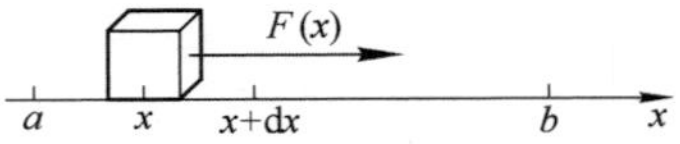

图 5 - 16

$$dW = F(x) dx$$

因此,从 a 到 b 这一段位移上变力 $F(x)$ 所做的功为:

$$W = \int_a^b F(x) dx$$

例 5 - 19 弹簧在拉伸过程中,所需要的力与弹簧的伸长量成正比,即 $F = kx$(k 为弹性系数)。已知弹簧拉长 0.01 m 时,需力 12 N,现将弹簧拉长 0.04 m,计算外力所做的功。

解 由题设,$x = 0.01$ m 时,$F = 12$ N,代入 $F = kx$,得 $K = 1\,200$ N/m。从而变力为 $F = 1\,200x$,由上述公式所求的功为:

$$W = \int_0^{0.04} 1\,200x \, dx = 600x^2 \big|_0^{0.04} = 0.96 \text{ J}$$

三、定积分在其他方面的简单应用

1. 定积分在医药学中的应用 定积分在医药领域应用非常广泛,如在药代动力学中可以用来

计算平均血药浓度。根据积分中值定理

$$f(\xi) = \frac{1}{b-a} \int_a^b f(x)\mathrm{d}x$$

在实际问题中通常利用上式来计算连续函数在闭区间上的平均值。

例 5 - 20　在某一实验中,先让患者禁食(以降低体内的血糖水平),然后通过注射大量葡萄糖,假设实验测定血液中胰岛素浓度 $c(t)$ U/ml 符合下列函数

$$c(t) = \begin{cases} t(10-t) & (0 \leqslant t \leqslant 5) \\ 25\mathrm{e}^{-k(t-5)} & (t > 5) \end{cases}$$

其中, $k = \dfrac{1}{20}\ln 2$,时间 t 的单位为 min,求 1 h 内血液中胰岛素的平均浓度。

解　由题意得:

$$\overline{c(t)} = \frac{1}{60} \int_0^{60} c(t)\mathrm{d}t = \frac{1}{60}\left[\int_0^5 t(10-t)\mathrm{d}t + \int_5^{60} 25\mathrm{e}^{-k(t-5)}\mathrm{d}t \right]$$

$$= \frac{1}{60}\left[\int_0^5 (10t - t^2)\mathrm{d}t + \int_5^{60} 25\mathrm{e}^{-k(t-5)}\mathrm{d}(t-5) \right]$$

$$= \left(5t^2 - \frac{1}{3}t^3 \right)\bigg|_0^5 - \frac{5}{12k}\mathrm{e}^{-k(t-5)}\bigg|_5^{60}$$

$$= \frac{1}{60}\left(125 - \frac{125}{3} \right) - \frac{5}{12k}(\mathrm{e}^{-55k} - 1)$$

$$\approx 11.62 \text{ U/ml}$$

例 5 - 21　设口服某种药物后体内的血药浓度变化函数为:

$$c(t) = \frac{k_1 DF}{(k_1 - K)V}(\mathrm{e}^{-Kt} - \mathrm{e}^{-k_1 t})$$

其中 k_1 , K , V , D , F 均为常数。求在时间间隔 $[0, T]$ 内,血药浓度时间曲线下的总面积 D 。

解　利用定积分计算:

$$D = \int_0^T c(t)\mathrm{d}t = \int_0^T \frac{k_1 DF}{(k_1 - K)V}(\mathrm{e}^{-Kt} - \mathrm{e}^{-k_1 t})\mathrm{d}t$$

$$= \frac{k_1 DF}{(k_1 - K)V} \int_0^T (\mathrm{e}^{-Kt} - \mathrm{e}^{k_1 t})\mathrm{d}t$$

$$= \frac{k_1 DF}{(k_1 - K)V}\left[-\frac{1}{K} \int_0^T \mathrm{e}^{-Kt}\mathrm{d}(-Kt) + \frac{1}{k_1} \int_0^T \mathrm{e}^{-k_1 t}\mathrm{d}(-k_1 t) \right]$$

$$= \frac{k_1 DF}{(k_1 - K)V}\left(-\frac{1}{K}\mathrm{e}^{-KT} + \frac{1}{K} + \frac{1}{k_1}\mathrm{e}^{-k_1 T} - \frac{1}{k_1} \right)$$

当 T 很大时,上式括号中的第一项和第三项可以忽略不计。此时

$$D \approx \frac{k_1 DF}{(k_1 - K)V}\left(\frac{1}{K} - \frac{1}{k_1}\right)$$

2. 定积分在经济分析中的应用　在经济学领域,定积分也具有很大的应用价值,其中一个应用就是由边际函数求总函数。

由牛顿-莱布尼兹公式知: 若 $f'(x)$ 连续,则有:

$\int_0^x f'(t)\mathrm{d}t = f(x) - f(0)$, 即:

$$f(x) = f(0) + \int_0^x f'(t)\mathrm{d}t$$

在经济问题中,如果已知边际函数 $f'(x)$,就可以通过上式来计算总函数 $f(x)$。

(1) 总成本函数: 已知边际成本函数 $C'(x)$, $C_0 = C(0)$ 为固定成本,那么总成本函数 $C(x)$ 为:

$$C(x) = \int_0^x C'(t)\mathrm{d}t + C(0)$$

(2) 总收益函数: 已知边际收益函数 $R'(x)$,产品未销售前的收益 $R_0 = R(0) = 0$,那么总收益函数 $R(x)$ 为:

$$R(x) = \int_0^x R'(t)\mathrm{d}t$$

(3) 总利润函数: 总利润函数 $L(x)$ 为:

$$L(x) = R(x) - C(x) = \int_0^x [R'(t) - C'(t)]\mathrm{d}t - C(0)$$

当 x 从 a 个单位变化到 b 个单位时,以上这些总量的改变量可以表示为:

$$\Delta C = C(b) - C(a) = \int_a^b C'(t)\mathrm{d}t$$

$$\Delta R = R(b) - R(a) = \int_a^b R'(t)\mathrm{d}t$$

$$\Delta L = L(b) - L(a) = \int_a^b L'(t)\mathrm{d}t$$

例 5 - 22　设某种产品生产 x 个单位时的边际成本和边际收益分别为 $C'(x) = 4 + x$ 与 $R'(x) = 8 - x$。

(1) 当固定成本 $C(0) = 2$ 时,求出成本、收益、利润。

(2) 当产量为 4 时,成本为 16,求出成本的函数表达式。

(3) 当产量为多少时,利润可以达到最大? 最大利润又是多少?

解　(1) 根据前面分析的公式得:

$$C(x) = \int_0^x C'(t)\mathrm{d}t + C(0) = \int_0^x (4 + t)\mathrm{d}t + 2 = 4x + \frac{x^2}{2} + 2$$

$$R(x) = \int_0^x R'(t)\mathrm{d}t + R(0) = \int_0^x (8 - t)\mathrm{d}t + 0 = 8x - \frac{x^2}{2}$$

$$L(x) = \int_0^x [R'(t) - C'(t)]\mathrm{d}t - C(0) = \int_0^x (4 - 2t)\mathrm{d}t - 2 = 4x - x^2 - 2$$

(2) $C(x) = \int_4^x C'(t)\mathrm{d}t + C(4) = \int_4^x (4+x)\mathrm{d}t + 16$

$\qquad = \left(4t + \dfrac{t^2}{2}\right)\Big|_4^x + 16 = 4x + \dfrac{x^2}{2} - 8$

(3) 令 $L'(x) = R'(x) - C'(x) = 4 - 2x = 0$，得 $x = 2$。又因为 $L''(x) = -2 < 0$ 且驻点唯一，所以当 $x = 2$ 时，利润达到最大，最大利润为

$$\max L(x) = L(2) = 2$$

第四节 广义积分和 Γ 函数

一、广义积分

讨论定积分时，我们总假设积分区间是有界闭区间，被积函数是有界函数。但在一些实际问题中，我们常常遇到积分区间无限，或被积函数无界的积分问题。其中无限区间的积分，简称为**无穷积分**；无界函数的积分，称为**瑕积分**。无穷积分和瑕积分统称为**广义积分**。

1. 无穷积分

定义 1 设函数 $f(x)$ 在 $[a, +\infty)$ 上连续，若极限 $\lim\limits_{b\to+\infty}\int_a^b f(x)\mathrm{d}x$ 存在，则称此极限值为函数 $f(x)$ 在无限区间 $[a, +\infty)$ 上的**无穷积分**(infinite integral)，记作：

$$\int_a^{+\infty} f(x)\mathrm{d}x = \lim_{b\to+\infty}\int_a^b f(x)\mathrm{d}x$$

此时称无穷积分 $\int_a^{+\infty} f(x)\mathrm{d}x$ **存在或收敛**，若极限不存在，就称无穷积分 $\int_a^{+\infty} f(x)\mathrm{d}x$ **不存在或发散**。

类似地，可以定义 $f(x)$ 在无限区间 $(-\infty, b]$ 上的无穷积分

$$\int_{-\infty}^b f(x)\mathrm{d}x = \lim_{a\to-\infty}\int_a^b f(x)\mathrm{d}x$$

也可定义 $f(x)$ 在无限区间 $(-\infty, +\infty)$ 上的无穷积分，即若对任何实数 k，无穷积分 $\int_{-\infty}^k f(x)\mathrm{d}x$ 和 $\int_k^{+\infty} f(x)\mathrm{d}x$ 都收敛，则称无穷积分 $\int_{-\infty}^{+\infty} f(x)\mathrm{d}x$ 收敛，且

$$\int_{-\infty}^{+\infty} f(x)\mathrm{d}x = \int_{-\infty}^k f(x)\mathrm{d}x + \int_k^{+\infty} f(x)\mathrm{d}x$$

为了简便起见，无穷积分可以简化为：

$$\int_a^{+\infty} f(x)\mathrm{d}x = F(x)\Big|_a^{+\infty} = F(+\infty) - F(a)$$

$$\int_{-\infty}^{b} f(x)\mathrm{d}x = F(x) \mid_{-\infty}^{b} = F(b) - F(-\infty)$$

$$\int_{-\infty}^{+\infty} f(x)\mathrm{d}x = F(x) \mid_{-\infty}^{+\infty} = F(+\infty) - F(-\infty)$$

其中，$F(+\infty) = \lim\limits_{x \to +\infty} F(x)$，$F(-\infty) = \lim\limits_{x \to -\infty} F(x)$。

例 5 - 23　计算下列无穷积分。

$(1) \displaystyle\int_{-\infty}^{0} x\,\mathrm{e}^{x}\,\mathrm{d}x$　$(2) \displaystyle\int_{-\infty}^{+\infty} \frac{1}{1+x^2}\mathrm{d}x$

解　$(1) \displaystyle\int_{-\infty}^{0} x\,\mathrm{e}^{x}\,\mathrm{d}x = \lim\limits_{a \to -\infty} \int_{a}^{0} x\,\mathrm{e}^{x}\,\mathrm{d}x = \lim\limits_{a \to -\infty}\left[x\,\mathrm{e}^{x} \mid_{a}^{0} - \int_{a}^{0} \mathrm{e}^{x}\,\mathrm{d}x \right]$

$$= \lim\limits_{a \to -\infty}\left[-a\,\mathrm{e}^{a} - \mathrm{e}^{x} \mid_{a}^{0} \right] = \lim\limits_{a \to -\infty}\left[-a\,\mathrm{e}^{a} - 1 + \mathrm{e}^{a} \right]$$

$$= -1$$

(2) 由于被积函数是偶函数，故 $\displaystyle\int_{-\infty}^{+\infty} \frac{1}{1+x^2}\mathrm{d}x = 2\int_{0}^{+\infty} \frac{1}{1+x^2}\mathrm{d}x$，任取实数 $b > 0$，则

$$\int_{0}^{+\infty} \frac{1}{1+x^2}\mathrm{d}x = \lim\limits_{b \to +\infty} \int_{0}^{b} \frac{1}{1+x^2}\mathrm{d}x = \lim\limits_{b \to +\infty} \arctan x \mid_{0}^{b}$$

$$= \lim\limits_{b \to +\infty} (\arctan b - \arctan 0) = \frac{\pi}{2}$$

原积分等于 π。

例 5 - 24　讨论无穷积分 $\displaystyle\int_{a}^{+\infty} \frac{1}{x^p}\mathrm{d}x \ (a > 0)$ 的敛散性。

解　当 $p = 1$ 时，$\displaystyle\int_{a}^{+\infty} \frac{1}{x^p}\mathrm{d}x = \int_{a}^{+\infty} \frac{1}{x}\mathrm{d}x = \lim\limits_{b \to +\infty} \ln x \mid_{a}^{b} = \lim\limits_{b \to +\infty} [\ln b - \ln a] = +\infty$（发散）　当

$p \neq 1$ 时，$\displaystyle\int_{a}^{+\infty} \frac{1}{x^p}\mathrm{d}x = \lim\limits_{b \to +\infty} \frac{x^{1-p}}{1-p} \bigg|_{a}^{b} = -\frac{a^{1-p}}{1-p} + \lim\limits_{b \to +\infty} \frac{b^{1-p}}{1-p} = \begin{cases} +\infty, p < 1\text{（发散）} \\ \dfrac{a^{1-p}}{p-1}, p > 1\text{（收敛）} \end{cases}$

综上所述，当 $p > 1$ 时，该无穷积分收敛，其值为 $\dfrac{a^{1-p}}{p-1}$；当 $p \leqslant 1$ 时，该无穷积分发散。此无穷积分称为 p 积分，它的敛散性，可以直接运用。

2. 瑕积分　如果函数 $f(x)$ 在某一点附近无界，即满足

$$\lim\limits_{x \to x_0^-} f(x) = \infty \quad 或 \quad \lim\limits_{x \to x_0^+} f(x) = \infty$$

则称 $x = x_0$ 为函数 $f(x)$ 的**瑕点**。

定义 2　设函数 $f(x)$ 在 $[a, b)$ 内连续，$x = b$ 是 $f(x)$ 的瑕点，有 $\lim\limits_{x \to b^-} f(x) = \infty$。

若极限 $\lim\limits_{\varepsilon \to 0^+} \displaystyle\int_{a}^{b-\varepsilon} f(x)\mathrm{d}x$ 存在，则称此极限值为函数 $f(x)$ 在 $[a, b]$ 上的**瑕积分或无界函数的**

广义积分，记作 $\displaystyle\int_{a}^{b} f(x)\mathrm{d}x$，并称瑕积分 $\displaystyle\int_{a}^{b} f(x)\mathrm{d}x$ **收敛**，即：

$$\int_a^b f(x)\mathrm{d}x = \lim_{\varepsilon \to 0^+}\int_a^{b-\varepsilon} f(x)\mathrm{d}x$$

若极限不存在, 则称瑕积分 $\int_a^b f(x)\mathrm{d}x$ **发散**。

类似地, 若函数 $f(x)$ 在 a 的右边附近无界, 也可按上面的方式定义。

当瑕点 $x=c$ 位于区间 $[a, b]$ 的内部时, 则定义瑕积分 $\int_a^b f(x)\mathrm{d}x$ 为:

$$\int_a^b f(x)\mathrm{d}x = \int_a^c f(x)\mathrm{d}x + \int_c^b f(x)\mathrm{d}x$$

上式右端两个积分均为瑕积分, 当且仅当右端两个积分同时收敛时, 称瑕积分 $\int_a^b f(x)\mathrm{d}x$ 收敛, 否则称其发散。

例 5 - 25　计算 $\int_0^1 \dfrac{1}{\sqrt{1-x}}\mathrm{d}x$。

解　因为函数 $f(x)=\dfrac{1}{\sqrt{1-x}}\mathrm{d}x$ 在 $[0, 1)$ 上连续, 且 $\lim\limits_{x\to 1^-}\dfrac{1}{\sqrt{1-x}}=+\infty$, 所以 $\int_0^1 \dfrac{1}{\sqrt{1-x}}\mathrm{d}x$ 是瑕积分, 则有:

$$\int_0^1 \dfrac{1}{\sqrt{1-x}}\mathrm{d}x = \lim_{b\to 1^-}\int_0^b \dfrac{1}{\sqrt{1-x}}\mathrm{d}x = \lim_{b\to 1^-}[-2\sqrt{1-x}]\,|_0^b$$
$$= \lim_{b\to 1^-}[2-2\sqrt{1-b}]=2$$

例 5 - 26　计算 $\int_{-1}^1 \dfrac{1}{x^2}\mathrm{d}x$。

解　由于 $\lim\limits_{x\to 0}\dfrac{1}{x^2}=+\infty$, 所以 $\int_{-1}^1 \dfrac{1}{x^2}\mathrm{d}x$ 是瑕积分, 则有:

$$\int_{-1}^1 \dfrac{1}{x^2}\mathrm{d}x = \int_0^1 \dfrac{1}{x^2}\mathrm{d}x + \int_{-1}^0 \dfrac{1}{x^2}\mathrm{d}x$$

由于 $\int_{-1}^0 \dfrac{1}{x^2}\mathrm{d}x=+\infty$, 即 $\int_{-1}^0 \dfrac{1}{x^2}\mathrm{d}x$ 发散, 从而 $\int_{-1}^1 \dfrac{1}{x^2}\mathrm{d}x$ 发散。

对于例 5 - 26, 如果没有考虑到被积函数 $\dfrac{1}{x^2}$ 在 $x=0$ 处有无穷间断点的情况, 仍然按定积分来计算, 就会得出如下错误的结果:

$$\int_{-1}^1 \dfrac{1}{x^2}\mathrm{d}x = -\dfrac{1}{x}\bigg|_{-1}^1 = -2$$

二、Γ 函数

定义 3　将含参变量 $s(s>0)$ 的广义积分 $\Gamma(s)=\int_0^{+\infty} x^{s-1}\mathrm{e}^{-x}\mathrm{d}x\,(s>0)$ 称为 **Γ 函数**。

Γ 函数是无穷积分区间上的反常积分,当 $s<1$ 时,$x=0$ 是瑕点,则 Γ 函数还是一个无界函数的广义积分。可以证明当 $s>0$ 时 Γ 函数收敛,因此它的定义域为 $s>0$。

Γ 函数有以下重要性质:

性质 递推公式 若 $s>0$,则有 $\Gamma(s+1)=s\Gamma(s)$。

证 由分部积分公式,得:

$$\Gamma(s+1)=\int_0^{+\infty}x^{s-1}\mathrm{e}^{-x}\mathrm{d}x=\int_0^{+\infty}x^s\mathrm{d}(-\mathrm{e}^{-x})$$

$$=-\mathrm{e}^{-x}x^s\big|_0^{+\infty}+s\int_0^{+\infty}x^{s-1}\mathrm{e}^{-x}\mathrm{d}x=s\Gamma(s)$$

其中 $\lim\limits_{x\to+\infty}x^s\mathrm{e}^{-x}=0$,可通过洛必达法则得到。

进一步考虑,当 $s=1$ 时,有

$$\Gamma(1)=\int_0^{+\infty}\mathrm{e}^{-x}\mathrm{d}x=1$$

运用递推公式,有

$$\Gamma(2)=1\cdot\Gamma(1)=1$$
$$\Gamma(3)=2\cdot\Gamma(2)=2!$$
$$\Gamma(4)=3\cdot\Gamma(3)=3!$$
$$\cdots\cdots$$
$$\Gamma(n+1)=n\cdot\Gamma(n)=n!$$

因此,我们可以把 Γ 函数看成是阶乘的推广。

拓 展 阅 读

莱布尼兹——博学多才的数学符号大师

莱布尼兹(Leibniz)是数学史上最伟大的符号学者之一,堪称符号大师。他曾说:"要发明,就要挑选恰当的符号,要做到这一点,就要用含义简明的少量符号来表达和比较忠实地描绘事物的内在本质,从而最大限度地减少人的思维劳动。"正像印度——阿拉伯数字促进算术和代数发展一样,莱布尼兹所创造的这些数学符号对微积分的发展起了很大的促进作用。欧洲大陆的数学得以迅速发展,莱布尼兹的巧妙符号功不可没。除积分、微分符号外,他创设的符号还有商"a/b",比"$a:b$",相似"$\backsim$",全等"$\cong$",并"$\bigcup$",交"$\bigcap$"以及函数和行列式等符号。

牛顿(Newton)和莱布尼兹对微积分的创建都做出了巨大的贡献,但两人的方法和途径是不同的。牛顿是在力学研究的基础上,运用几何方法研究微积分的;莱布尼兹主要是在研究曲线的切线和面积的问题上,运用分析学方法引进微积分要领的。牛顿在微积分的应用上更多地结合了运动学,造诣精深;但莱布尼兹的表达形式简洁准确,胜过牛顿。在对微积分具体内容的研究上,牛顿先有导数概念,后有积分概念;莱布尼兹则先有求积概念,后有导数概念。虽然牛顿和莱布尼兹研究微积分的方法各异,但殊途同归,各自独立地完成了创建微积分的盛业,荣誉应由他们两人共享。

习　题

5-1　用定积分表示下列问题中的量纲。

(1) 圆 $x^2 + y^2 = 4a^2$ 的面积。

(2) 抛物线 $y = \dfrac{1}{2}x^2$,直线 $x = 2$ 及 x 轴所围成的图形面积。

(3) 质量 m 关于时间 t 的减少率为 $\dfrac{\mathrm{d}m}{\mathrm{d}t} = f(t) = -0.05t$ 的葡萄糖代谢在 t_1 到 t_2 这段时间内减少的质量 m。

5-2　根据定积分的性质比较下列积分的大小。

(1) $\displaystyle\int_0^{\frac{\pi}{4}} \arctan x \, \mathrm{d}x$ 与 $\displaystyle\int_0^{\frac{\pi}{4}} (\arctan x)^2 \, \mathrm{d}x$;　　　　(2) $\displaystyle\int_3^4 \ln x \, \mathrm{d}x$ 与 $\displaystyle\int_3^4 (\ln x)^2 \, \mathrm{d}x$;

(3) $\displaystyle\int_{-1}^1 \sqrt{1+x^4} \, \mathrm{d}x$ 与 $\displaystyle\int_{-1}^1 (1+x^2) \, \mathrm{d}x$;　　　　(4) $\displaystyle\int_0^{\frac{\pi}{2}} (1-\cos x) \, \mathrm{d}x$ 与 $\displaystyle\int_0^{\frac{\pi}{2}} \frac{1}{2}x^2 \, \mathrm{d}x$ 。

5-3　求下列导数。

(1) $\dfrac{\mathrm{d}}{\mathrm{d}x} \displaystyle\int_0^x \sin t^2 \, \mathrm{d}t$;　　　　　　　(2) $\dfrac{\mathrm{d}}{\mathrm{d}x} \displaystyle\int_{\arctan x}^{\cos x} \mathrm{e}^{-t} \, \mathrm{d}t$;

(3) 由参数方程 $\begin{cases} x = \displaystyle\int_0^{t^2} u\mathrm{e}^u \, \mathrm{d}u \\ y = \displaystyle\int_{t^2}^0 u^2 \mathrm{e}^u \, \mathrm{d}u \end{cases}$ 所确定的函数的导数 $\dfrac{\mathrm{d}y}{\mathrm{d}x}$;

(4) 由方程 $\displaystyle\int_0^y t^2 \, \mathrm{d}t + \int_0^{x^2} \frac{\sin t}{\sqrt{t}} \, \mathrm{d}t = 1$ 确定的函数 $y = y(x)$ 的导数 $\dfrac{\mathrm{d}y}{\mathrm{d}x}$ 。

5-4　计算下列定积分。

(1) $\displaystyle\int_1^2 \frac{1}{(3x-1)^2} \, \mathrm{d}x$;　　　　　　　(2) $\displaystyle\int_0^3 \mathrm{e}^{|2-x|} \, \mathrm{d}x$;

(3) $\displaystyle\int_{-\frac{\pi}{4}}^{\frac{\pi}{4}} \frac{1}{1+\sin x} \, \mathrm{d}x$;　　　　　　(4) $\displaystyle\int_0^1 \frac{\mathrm{d}x}{\mathrm{e}^x + \mathrm{e}^{-x}}$;

(5) $\displaystyle\int_0^1 x\sqrt{3-2x} \, \mathrm{d}x$;　　　　　　　(6) $\displaystyle\int_1^{\sqrt{3}} \frac{1}{x\sqrt{1+x^2}} \, \mathrm{d}x$;

(7) $\displaystyle\int_{-1}^1 \frac{1}{\sqrt{1+x^2}} \, \mathrm{d}x$;　　　　　　(8) $\displaystyle\int_0^1 \frac{\arctan\sqrt{x}}{\sqrt{x}(1+x)} \, \mathrm{d}x$;

(9) 设 $f(x) = \begin{cases} 1+x^2, & x < 0 \\ \mathrm{e}^x, & x \geqslant 0 \end{cases}$,求 $\displaystyle\int_1^3 f(x-2) \, \mathrm{d}x$ 。

5-5　利用函数的奇偶性计算下列定积分。

(1) $\int_{-\pi}^{\pi} x^4 \sin x \, dx$；

(2) $\int_{-\frac{\pi}{2}}^{\frac{\pi}{2}} 4\cos^4 x \, dx$；

(3) $\int_{-5}^{5} \dfrac{x^3 \sin^2 x}{x^4 + 2x^2 + 1} dx$；

(4) $\int_{-a}^{a} (x\cos x - 5\sin x + 2) dx$。

5-6　计算下列定积分。

(1) $\int_{0}^{1} x e^{-2x} \, dx$；

(2) $\int_{0}^{1} x\ln(1+x) dx$；

(3) $\int_{0}^{1} x\arctan x \, dx$；

(4) $\int_{-2}^{2} (|x| + x) e^{-|x|} dx$；

(5) $\int_{0}^{\frac{\pi}{4}} \dfrac{x}{1+\cos 2x} dx$；

(6) $\int_{1}^{4} \dfrac{\ln x}{\sqrt{x}} dx$；

(7) $\int_{\frac{1}{e}}^{e} |\ln x| \, dx$。

5-7　求由下列曲线所围的图形的面积。

(1) $y = \dfrac{1}{x}$ 及直线 $y = x$，$x = 1$，$x = 2$ 所围图形的面积。

(2) $y = \dfrac{x^2}{2}$ 分割 $x^2 + y^2 \leqslant 8$ 成两部分图形的各自面积。

(3) $y = e^x$，$y = e^{-x}$ 与直线 $x = 1$ 所围图形的面积。

(4) $y = \ln x$，y 轴与直线 $y = \ln a$，$y = \ln b$ $(b > a > 0)$ 所围图形的面积。

5-8　求由下列曲线所围的图形的面积。

(1) 求圆 $r = 2a\cos\theta$ 所围图形的面积。

(2) 求三叶线 $r = a\sin 3\theta$ 围成的图形面积。

5-9　求下列旋转体的体积。

(1) 由曲线 $y = x^2$ 和 $x = y^2$ 所围成的图形绕 y 轴旋转后所得旋转体体积。

(2) 由 $y = x^3$，$x = 2$，$y = 0$ 所围成的图形，绕 x 轴及 y 轴旋转所得的两个不同的旋转体的体积。

5-10　在 x 轴上做直线运动的质点，在任意点 x 处所受的力为 $F(x) = 1 - e^{-x}$，试求质点从 $x = 0$ 运动到 $x = 1$ 处所做的功。

5-11　把一金属杆的长度由 a 拉长到 $a + x$ 时，所需的力等于 $\dfrac{kx}{a}$，其中 k 为常数，试求将该金属杆由长度 a 拉长到 b 所做的功。

5-12　有一等腰梯形闸门，上下底边各长 10 m 和 6 m，高为 8 m，上底边与水面相距 2 m，求闸门一侧受的压力。

5-13　一金属棒长 3 m，离棒左端 x m 处的线密度为 $\rho(x) = \dfrac{1}{\sqrt{x+1}}$ kg/m，问 x 为何值时，$[0, x]$ 一段的质量是全棒质量的一半？

5-14　计算下列广义积分。

(1) $\displaystyle\int_{1}^{+\infty} \mathrm{e}^{-100x}\,\mathrm{d}x$;

(2) $\displaystyle\int_{-\infty}^{+\infty} \frac{1+x^{2}}{1+x^{4}}\,\mathrm{d}x$;

(3) $\displaystyle\int_{1}^{+\infty} \frac{1}{(x+1)^{3}}\,\mathrm{d}x$;

(4) $\displaystyle\int_{0}^{6} (x-4)^{-\frac{2}{3}}\,\mathrm{d}x$;

(5) $\displaystyle\int_{0}^{+\infty} \mathrm{e}^{-2x}\,\mathrm{d}x$;

(6) $\displaystyle\int_{\mathrm{e}}^{+\infty} \frac{1}{x\ln x}\,\mathrm{d}x$。

第六章 微分方程

导学

　　本章主要介绍常微分方程的基本概念、一阶和二阶常微分方程的一般解法、拉普拉斯变换求解微分方程,简单介绍微分方程在医药学中的应用。

　　(1) 掌握微分方程的基本概念,一阶可分离变量微分方程的解法;齐次方程的解法;一阶线性微分方程的解法;二阶常系数齐次线性微分方程解的结构,非齐次线性方程解与齐次线性方程解的关系;二阶常系数齐次线性微分方程的解法。

　　(2) 熟悉三种可用降阶的二阶微分方程的解法,理解转化思想方法在解这类方程中的作用,二阶常系数非齐次线性微分方程的解法。

　　(3) 了解微分方程在医药学中的应用。

第一节 微分方程的基本概念

我们先来观察以下来自几何与物理学的两个简单实例,它们都与一个函数的变化率即导数有关。

例 6-1 已知 xOy 平面上的一条曲线通过点 $(0,-1)$,且该曲线上任何一点 (x,y) 处的切线的斜率为 $\cos x$,求这条曲线的方程。

解 设所求的曲线的方程为 $y=y(x)$。那么,若把变量 y 看成自变量 x 的函数 $y(x)$,则求曲线的方程等价于求未知函数 $y(x)$。根据题设和导数的几何意义知,$y=y(x)$ 应满足等式:

$$\frac{\mathrm{d}y}{\mathrm{d}x}=\cos x$$

和条件

$$y(0)=-1 \quad 即当 x=0 时 y=-1$$

由于积分是微分的逆运算,为了求出未知函数 $y(x)$,把上式两端积分得 $y=\int \cos x\,\mathrm{d}x$,即:

$$y=\sin x+C$$

其中,C 是任意常数。因为 $y(x)$ 满足条件,所以把 $x=0$,$y=-1$ 代入等式方程,就可以求出

$C=-1$。

因此,所求的函数为:$y=\sin x-1$。 这就是所求的曲线(图 6-1)的方程。

例 6-2　设有一个质量为 m 的质点在时刻 $t_0=0$ 从距地面 50 m 的空中落下,求这个自由落体在时刻 t 与地面的距离。

解　设自由落体在时刻 t 与地面的距离为 $y=y(t)$。 由于一阶导数 $\dfrac{\mathrm{d}y}{\mathrm{d}t}$ 和二阶导数 $\dfrac{\mathrm{d}^2 y}{\mathrm{d}t^2}$ 分别表示该自由落体的速度和加速度,根据牛顿第二定律知,必须满足

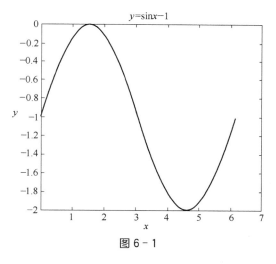

图 6-1

$$m\frac{\mathrm{d}^2 y}{\mathrm{d}t^2}=mg$$

则有:

$$\frac{\mathrm{d}^2 y}{\mathrm{d}t^2}=g$$

据条件,当 $t=0$ 时 $y=50$,$y'=0$,即 $y=y(t)$ 必须同时满足

$$y(0)=50,\ y'(0)=0$$

由于积分是微分的逆运算,为了求出未知函数 $y(t)$,先对上式两端积分得:

$$\frac{\mathrm{d}y}{\mathrm{d}t}=gt+C_1$$

再对此式两端积分得:

$$y=\frac{1}{2}gt^2+C_1 t+C_2$$

其中,C_1 和 C_2 是任意常数。因为 $y(t)$ 满足已知条件,把 $t=0$,$y=50$,$y'=0$ 分别代入已知条件,就可以求出 $C_1=0$,$C_2=50$。 因此,所求的函数为:

$$y=\frac{1}{2}gt^2+50$$

由例 6-1 和例 6-2 可知,求解一类有关变化率的几何与物理的问题,可以先建立一个含有未知函数的导数的方程;然后通过积分得出所求函数的表达式,它含有若干个任意常数;再根据实际问题的特定条件确定常数,就得出所求的解。其实,这就是用微分方程解实际问题的总体思路。

现在我们就一般情形,较系统地介绍有关概念。

含有未知函数的导数或微分的等式称为**微分方程**。

应该指出,微分方程中必定含有未知函数的导数或微分,还可能(但未必)包含该未知函数本身或一些已知函数。例如,例 6-1 和例 6-2 介绍的方程中分别含有已知函数 $\cos x$ 与 g(常数函

数),而 $y'+2xy=\sin x$ 和 $y''+a(x)y'+b(x)y=c(x)$ ($a(x)$,$b(x)$ 和 $c(x)$ 为已知函数)这两个方程均含有未知函数 y 本身。

若微分方程中的未知函数是一元函数,则称为**常微分方程**;若其中的未知函数是多元函数,则称为**偏微分方程**。本教材仅研究常微分方程,并把常微分方程称为微分方程或简称为方程。微分方程中出现的未知函数的最高阶导数的阶数,称为该方程的**阶**。例如,方程 $\dfrac{\mathrm{d}y}{\mathrm{d}x}=\cos x$ 和 $y'+2xy=\sin x$ 都是一阶的,方程 $\dfrac{\mathrm{d}^2 y}{\mathrm{d}t^2}=g$ 和 $y''+a(x)y'+b(x)y=c(x)$ 都是二阶的。方程 $x^2 y'''+2xy''+y'+5y=\mathrm{e}^x$,$y^{(5)}+3y^{(4)}+5xy''+y'=0$ 分别是 3 阶和 5 阶微分方程。

一般地,n 阶微分方程的形式是

$$F(x,y,y',\cdots,y^{(n)})=0$$

其中 F 是 x,y,y',$\cdots$,$y^{(n)}$ 的函数,且最高阶导数 $y^{(n)}$ 是必须出现的,而 x,y,y',$\cdots$,$y^{(n-1)}$ 等可以出现或不出现。例如,$y^{(n)}+1=0$ 是一个 n 阶微分方程,仅有 $y^{(n)}$ 出现,而 x,y 和 n 阶以下的导数均不出现。

如果某个区间 I 上的函数 $y(x)$ 具有 n 阶导数且在 I 上满足

$$F(x,y(x),y'(x),\cdots,y^{(n)}(x))\equiv 0$$

则称 $y=y(x)$ 为方程 $F(x,y,y',\cdots,y^{(n)})=0$ 在 I 上的解。一般地认为,如果方程的解中所含有的任意常数的个数与该方程的阶数相同,则称这个解为该方程的**通解**。显然,函数 $y=\sin x+C$ 是方程 $\dfrac{\mathrm{d}y}{\mathrm{d}x}=\cos x$ 的通解。

函数 $y=\sin x-1$ 是通过特定条件 $y(0)=-1$ 来确定通解 $y=\sin x+C$ 中的任意常数而得到的解,今后把这种特定条件称为**初始条件**,把通过初始条件来确定通解中的任意常数而得到的解称为**特解**。因此,函数 $y=\sin x-1$ 是方程 $\dfrac{\mathrm{d}y}{\mathrm{d}x}=\cos x$ 的特解。

设微分方程的未知函数为 $y=y(x)$,对 n 阶方程初始条件可表达成:

$$y(x_0)=y_0,\ y'(x_0)=y_0',\ \cdots,\ y^{(n-1)}(x_0)=y_0^{(n-1)}$$
$$\text{或 } y\,|_{x=x_0}=y_0,\ y'\,|_{x=x_0}=y_0',\ \cdots,\ y^{(n-1)}\,|_{x=x_0}=y_0^{(n-1)}$$

求 n 阶方程满足初始条件的特解这一数学问题,称为 n 阶方程的**初值问题**,常记作:

$$\begin{cases} F(x,y,y',\cdots,y^{(n)})=0 \\ y(x_0)=y_0,\ y'(x_0)=y_0',\ \cdots,\ y^{(n-1)}(x_0)=y_0^{(n-1)} \end{cases}$$

或

$$\begin{cases} F(x,y,y',\cdots,y^{(n)})=0 \\ y\,|_{x=x_0}=y_0,\ y'\,|_{x=x_0}=y_0',\ \cdots,\ y^{(n-1)}\,|_{x=x_{x_0}}=y_0^{(n-1)} \end{cases}$$

假定函数 $y=y(x)$ 是微分方程的一个解,从几何直观看来,解的图形是一条曲线。因此,通常把微分方程的解对应的曲线称为解曲线或**积分曲线**。于是,通解的几何表示就是一族曲线,它随着任意常数的取值不同而得到该族的不同曲线,而特解(即初值问题的解)就是其中满足初始条件的积分曲线。特别的是,一阶方程的初值问题的解为 xOy 平面上经过点 (x_0, y_0) 的积分曲线(图 6-1),二阶方程的初值问题的解为 xOy 平面上经过点 (x_0, y_0) 且在该点的斜率为 y_0' 的积分曲线。

例6-3　验证 $y = C_1 e^{-x} + C_2 e^{-4x}$ 是二阶微分方程 $y'' + 5y' + 4y = 0$ 的通解,并求满足初始条件 $y|_{x=0} = 2$, $y'|_{x=0} = 1$ 的特解。

解　将 $y = C_1 e^{-x} + C_2 e^{-4x}$ 代入原方程左边,则有:

$C_1 e^{-x} + 16C_2 e^{-4x} + 5(-C_1 e^{-x} - 4C_2 e^{-4x}) + 4C_1 e^{-x} + 4C_2 e^{-4x} = 0$,且含有两个任意常数,因此 $y = C_1 e^{-x} + C_2 e^{-4x}$ 为通解。将 $y|_{x=0} = 2$, $y'|_{x=0} = 1$ 代入 $y = C_1 e^{-x} + C_2 e^{-4x}$,得到 $C_1 = 3$, $C_2 = -1$,因此,原方程的特解,即为 $y = 3e^{-x} - e^{-4x}$。

第二节 ｜ 一阶微分方程

一阶微分方程的一般形式为 $F(x, y, y') = 0$。 这通常是隐式表达式,如果能从中解出 y',就得出如下显式表达式 $y' = f(x, y)$。 本节和第三节将介绍的三种较易求解的基本形式,以及可以转化为这三种类型的方程的解法。

一、可分离变量的方程

现在讨论简单形式的方程 $y' = 2x$。 根据导数的定义,未知函数 y 就是 $2x$ 的一个原函数,从而可对 $2x$ 求不定积分得到 $y = x^2 + C$;同时,可把方程表示成微分形式 $\mathrm{d}y = 2x\,\mathrm{d}x$,将上式两边分别积分得 $\int \mathrm{d}y = \int 2x\,\mathrm{d}x$,则同样可求得 $y = x^2 + C$。

上述方程其实是如下一般形式的特殊情形

$$g(y)\mathrm{d}y = f(x)\mathrm{d}x$$

其中, $g(y)$ 和 $f(x)$ 都是连续函数。 显然,方程具有如下特点: 等号的每一端都是一个变量的连续函数与该变量的微分的乘积。这种方程称为**可分离变量方程**。

同样可在方程两边积分,得:

$$\int g(y)\mathrm{d}y = \int f(x)\mathrm{d}x$$

假定 $G(y)$ 和 $F(x)$ 分别是 $g(y)$ 与 $f(x)$ 的原函数,就求得如下通解:

$$G(y) = F(x) + C$$

注意到以导数形式出现的如下方程:

$$\frac{\mathrm{d}y}{\mathrm{d}x} = f(x)\varphi(y)$$

当 $\varphi(y) \neq 0$ 时,只要令 $g(y) = [\varphi(y)]^{-1}$,就可改写为此形式。因此,也把原方程称为可分离变量方程。

例 6-4 求微分方程 $\dfrac{\mathrm{d}y}{\mathrm{d}x} = \dfrac{x + xy^2}{y + yx^2}$ 的通解。

解 分离变量,则有:

$\dfrac{y\,\mathrm{d}y}{1+y^2} = \dfrac{x\,\mathrm{d}x}{1+x^2}$,两边分别积分,得到:

$$\int \frac{\mathrm{d}(1+y^2)}{1+y^2} = \int \frac{\mathrm{d}(1+x^2)}{1+x^2}$$

$\ln(1+y^2) = \ln(1+x^2) + \ln C$,故得到通解为:

$$1 + y^2 = C(1+x^2)$$

例 6-5 求 $\sqrt{1-y^2} = 3x^2 yy'$ 满足初始条件 $y(1) = 0$ 的特解。

解 分离变量,则有:

$\dfrac{y\,\mathrm{d}y}{\sqrt{1-y^2}} = \dfrac{\mathrm{d}x}{3x^2}$,两边分别积分,得到:

$\dfrac{1}{2}\displaystyle\int (1-y^2)^{-1/2}\,\mathrm{d}(1-y^2) = -\dfrac{1}{3}\int x^{-2}\,\mathrm{d}x$,故得到通解为:

$\sqrt{1-y^2} = \dfrac{1}{3x} + C$,代入初始条件 $y(1) = 0$,求得

$\sqrt{1-0^2} = \dfrac{1}{3} + C$,$C = \dfrac{2}{3}$,得到特解,即

$$\sqrt{1-y^2} = \frac{1}{3x} + \frac{2}{3}$$

需要说明的是,$y = \pm 1$ 不满足初始条件 $y(1) = 0$,不予考虑。

例 6-6 药物的固体制剂,如片剂、丸剂、胶囊等,只有先溶解才能被吸收。设 C 为 t 时刻溶液中药物的浓度,C_s 为扩散层中药物的浓度,S 为药物固体制剂的表面积。由实验可知,药物固体制剂的溶解速率与表面积 S 及浓度差 $C_s - C$ 的乘积成正比,比例系数 $k > 0$ 称为溶解速率常数。在 k,S,C_s 视为常数时,求固体药物溶解规律。

解 根据已知条件建立微分方程初值问题,即:

$\dfrac{\mathrm{d}C}{\mathrm{d}t} = kS(C_s - C)$,$C(0) = 0$,由微分方程分离变量、积分,求得

$$\int \frac{\mathrm{d}(C_s - C)}{C_s - C} = -kS \int \mathrm{d}t$$

$\ln(C_s - C) = -kSt + \ln A$,则通解为:

$C_s - C = A\mathrm{e}^{-kSt}$,初值问题的解为:

$$C = C_s(1 - e^{-kSt})$$

二、齐次方程

考察方程 $\dfrac{dy}{dx} = \dfrac{2y}{x} + 1$ 和 $\dfrac{dy}{dx} = \dfrac{x+y}{x-y}$，这两个方程本身不是可分离变量方程，但具有一个明显的特点，即变量 x 与 y 具有某种"平等性"，即若分别把 x 与 y 用 Cx 与 Cy 代入（$C \neq 0$ 为常数），那么方程不变。或者说，这种方程都可以具有如下的形式，即：

$$\frac{dy}{dx} = g\left(\frac{y}{x}\right)$$

这里 $g(u)$ 在某个区间 I 上是 u 的连续函数。在一般情况，它不是可分离变量的。这时可做变量替换

$$u = \frac{y}{x} \qquad 即 \ y = ux$$

于是

$$\frac{dy}{dx} = x\frac{du}{dx} + u$$

把上两式代入得

$$x\frac{du}{dx} + u = g(u)$$

整理后得到一个可分离变量方程

$$\frac{du}{dx} = \frac{g(u) - u}{x}$$

从而可利用分离变量法求出（隐式或显式）通解即函数 u 的表达式。然后再把其中的 u 用 $\dfrac{y}{x}$ 代入，就得到原方程的通解。

例 6-7　解方程 $\dfrac{dy}{dx} = \dfrac{x+y}{x-y}$。

解　原方程可化成

$\dfrac{dy}{dx} = \dfrac{1 + \dfrac{y}{x}}{1 - \dfrac{y}{x}}$，做变换 $u = \dfrac{y}{x}$，代入得到：

$x\dfrac{du}{dx} + u = \dfrac{1+u}{1-u}$，整理后得到 $\dfrac{1-u}{1+u^2}du = \dfrac{1}{x}dx$，再两边积分则有：

$\arctan u - \dfrac{1}{2}\ln(1+u^2) = \ln|x| + C$，最后把 u 用 $\dfrac{y}{x}$ 代入，得到原方程的通解，即

$$\arctan\frac{y}{x}-\frac{1}{2}\ln\frac{x^2+y^2}{x^2}=\ln\mid x\mid+C$$

例 6 - 8 复利模型 假定有一笔钱 s_0 存在银行,每个月可按 $r\%$ 的利率获取复利息(复利息指的是:本钱可以生利息,同时每个月获得的利息存在银行也可生利息)。

如果考虑存款的时间很长(如 10 年以上),可把资金看成时间的连续函数。假定该款存入后在时刻 t 的资本总额(连本带利)为 $s(t)$。于是,资金函数 $s(t)$ 就是如下初值问题的解

$$\begin{cases} s'(t)=\dfrac{r}{100}s(t) \\ s\mid_{t=0}=s_0 \end{cases}$$

这就是所谓**复利模型**。

例 6 - 9 Logistic 模型 设对某种传染病,某个居民区有 a 个有可能受感染的个体(人),在 $t_0=0$ 时有 x_0 个人受感染(x_0 远小于 a)。假定此后与外界隔离,用 x 表示在时刻 t ($t\geqslant0$)被感染的人数。据传染病学的研究,传染病的传染速度与该区内已感染的人数及可能受感染而尚未感染的人数的乘积成正比。求已感染的人数 x 与时间 t 的函数关系(假定不考虑免疫者)。

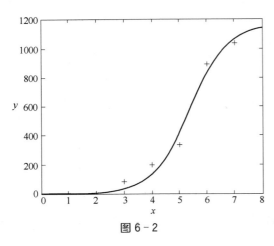

图 6 - 2

$$\begin{cases} \dfrac{\mathrm{d}x}{\mathrm{d}t}=kx(a-x) \\ x\mid_{t=0}=x_0 \end{cases}$$

这个模型可称为传染病模型,解该方程,得

特解 $x(t)=\dfrac{ax_0\mathrm{e}^{kat}}{a-x_0+x_0\mathrm{e}^{kat}}$,该函数所对应的曲线称为 Logistic 曲线(图 6 - 2),用这种曲线描述的数学模型称为 Logistic 模型。

Logistic 模型具有普遍意义,许多不同学科的实际问题的背景虽然不同,但都需要研究与传染病模型同样的问题:一个变量 $x(t)$ 单调增加,以 a 为上确界,且其变化率 $x'(t)$ 与变量本身及余量 $a-x(t)$ 之乘积成正比。于是,变量 $x(t)$ 都满足同一个方程或其变形。

三、一阶线性微分方程

下面我们来介绍一阶线性微分方程,它的标准形式为:

$$\frac{\mathrm{d}y}{\mathrm{d}x}+p(x)y=q(x)$$

这里 $p(x)$, $q(x)$ 是在某个区间 (α,β) 上连续的已知函数。如果 $q(x)\neq0$(即不恒等于 0),则称为**一阶非齐次线性微分方程**。反之,如果 $q(x)=0$(即恒等于 0),即变成:

$$\frac{\mathrm{d}y}{\mathrm{d}x}+p(x)y=0$$

则称它为**一阶齐次线性微分方程**。

根据前面学习的知识,我们知道一阶齐次线性微分方程是可分离变量方程微分,分离变量后两边积分得:

$$\int \frac{\mathrm{d}y}{y} = -\int p(x)\mathrm{d}x$$

$$\ln|y| = -\int p(x)\mathrm{d}x + \ln C$$

且通解为:

$$y = C\mathrm{e}^{-\int p(x)\mathrm{d}x}$$

其中 C 是任意常数。

我们注意到齐次方程的解中含有 e 的指数函数形式,且 $p(x)$ 的积分还可能积出 x 的非线性函数项,也就是说 y 会是一个具有乘积形式的复合函数。为不失一般性,我们把齐次线性微分方程通解中的常数 C 换为函数 $C(x)$,即:

$$y = C(x)\mathrm{e}^{-\int p(x)\mathrm{d}x}$$

它是一阶非齐次线性微分方程 $\frac{\mathrm{d}y}{\mathrm{d}x} + p(x)y = q(x)$ 的通解。下面来确定非齐次微分方程通解中的函数 $C(x)$,将通解代入微分方程得:

$$\{C'(x)\mathrm{e}^{-\int p(x)\mathrm{d}x} + C(x)\mathrm{e}^{-\int p(x)\mathrm{d}x}[-p(x)]\} + p(x)C(x)\mathrm{e}^{-\int p(x)\mathrm{d}x} = q(x)$$

化简后得:

$$C'(x)\mathrm{e}^{-\int p(x)\mathrm{d}x} = q(x)$$

两边积分后求得:

$$C(x) = \int q(x)\mathrm{e}^{\int p(x)\mathrm{d}x}\mathrm{d}x + C$$

于是就得到原方程的通解:

$$y = \mathrm{e}^{-\int p(x)\mathrm{d}x}\left[\int q(x)\mathrm{e}^{\int p(x)\mathrm{d}x}\mathrm{d}x + C\right]$$

上述把常数 C 换成一个待定函数 $C(x)$,再代入原方程来求解方程的方法称为**常数变易法**。

上面的式子还可以改写为两项之和,即:

$$y = C\mathrm{e}^{-\int p(x)\mathrm{d}x} + \mathrm{e}^{-\int p(x)\mathrm{d}x}\int q(x)\mathrm{e}^{\int p(x)\mathrm{d}x}\mathrm{d}x$$

即非齐次方程的通解是它的一个特解 y^* 与对应的齐次方程的通解之和。

例 6-10　求方程 $y' - 2xy = x$ 的通解。

解 对应的齐次线性微分方程为 $y'-2xy=0$，分离变量、积分得 $y=Ce^{x^2}$。根据常数变易法，令 $y=C(x)e^{x^2}$ 代入原微分方程得 $C'(x)=xe^{-x^2}$，两边积分得：

$C(x)=-\dfrac{1}{2}e^{-x^2}+C$，则原方程的通解为：

$$y=-\frac{1}{2}+Ce^{x^2}$$

例 6-11 求方程 $y'=\dfrac{y}{2x+y^2}$ 的通解。

解 当将 x 看作 y 的函数时，该方程可以改写为：

$\dfrac{\mathrm{d}x}{\mathrm{d}y}=\dfrac{2x}{y}+y$，对应的齐次线性微分方程为：

$\dfrac{\mathrm{d}x}{\mathrm{d}y}=\dfrac{2x}{y}$，分离变量并积分得 $x=Cy^2$，常数变易，令 $x=C(y)y^2$ 代入上式得到：

$C'(y)=\dfrac{1}{y}$，$C(y)=\ln y+C$，所以原方程的通解为：

$$x=y^2\ln y+Cy^2$$

例 6-12 求方程 $x\ln x\mathrm{d}y+(y-\ln x)\mathrm{d}x=0$，$y\mid_{x=e}=1$ 的特解。

解 将方程标准化为 $y'+\dfrac{1}{x\ln x}y=\dfrac{1}{x}$，于是

$$y=e^{-\int\frac{\mathrm{d}x}{x\ln x}}\left(\int\frac{1}{x}e^{\int\frac{\mathrm{d}x}{x\ln x}}\mathrm{d}x+C\right)=e^{-\ln(\ln x)}\left[\int\frac{1}{x}e^{\ln(\ln x)}\mathrm{d}x+C\right]$$

$$=\frac{1}{\ln x}\left(\frac{1}{2}\ln^2 x+C\right)$$

由初始条件 $y\mid_{x=e}=1$，得 $C=\dfrac{1}{2}$，故所求特解为 $y=\dfrac{1}{2}\left(\ln x+\dfrac{1}{\ln x}\right)$。

四、伯努利方程

对于形如 $y'+P(x)y=Q(x)y^n$ 的一阶微分方程，当 $n=1$ 时为可分离变量的微分方程；当 $n=0$ 时为一阶的线性微分方程；当 $n\neq0$ 和 1 时称此微分方程为**伯努利方程**，可视为一阶线性微分方程的一个特殊情形。

要解该微分方程，可令 $z=y^{1-n}$，则 $\dfrac{\mathrm{d}z}{\mathrm{d}x}=(1-n)y^{-n}\dfrac{\mathrm{d}y}{\mathrm{d}x}$，即 $y'=\dfrac{y^n}{1-n}\cdot\dfrac{\mathrm{d}z}{\mathrm{d}x}$，代入伯努利方程，得到：

$$\frac{y^n}{1-n}\cdot\frac{\mathrm{d}z}{\mathrm{d}x}+P(x)y=Q(x)y^n$$

$$\frac{\mathrm{d}z}{\mathrm{d}x}+(1-n)P(x)y^{1-n}=(1-n)Q(x)$$

伯努利方程化为一阶线性微分方程,即:

$$\frac{\mathrm{d}z}{\mathrm{d}x}+(1-n)P(x)z=(1-n)Q(x)$$

求出这方程的通解后,以 $z=y^{1-n}$ 回代,便可得伯努利方程的通解。

例 6 - 13　求 $y'+y=y^2\mathrm{e}^{-x}$ 在 $y(0)=-2$ 时的特解。

解　这是 $n=2$ 的伯努利方程,令 $z=y^{1-2}=y^{-1}$,则微分方程化为

$\frac{\mathrm{d}z}{\mathrm{d}x}-z=-\mathrm{e}^{-x}$,对应齐次线性微分方程分离变量、积分,求得:

$z=C\mathrm{e}^x$,常数变易,令 $z=C(x)\mathrm{e}^x$,代入上面的微分方程,得到:

$C'(x)\mathrm{e}^x=-\mathrm{e}^{-x}$, $C(x)=-\int\mathrm{e}^{-2x}\mathrm{d}x=\frac{1}{2}\mathrm{e}^{-2x}+C$,则微分方程通解为:

$\frac{1}{y}=\left(\frac{1}{2}\mathrm{e}^{-2x}+C\right)\mathrm{e}^x=\frac{1}{2}\mathrm{e}^{-x}+C\mathrm{e}^x$,代入初始条件 $y(0)=-2$,求得 $C=-1$,得到原微分方程特解,即

$$y(\mathrm{e}^{-x}-2\mathrm{e}^x)=2$$

第三节 ｜ 二阶微分方程

一、可降阶的微分方程

二阶和二阶以上的微分方程,称为**高阶方程**。高阶方程的求解不仅比一阶方程复杂,而且阶数越高难度越大。本节介绍的三种高阶方程都可通过变量替换来降低方程的阶数,化成前面学过的一阶方程来求解。

1. 只含未知函数的高阶导数和已知函数的方程 $y^{(n)}=f(x)$　由于 n 阶导数 $y^{(n)}$ 是在 $y^{(n-1)}$ 基础上再求一阶导数得到的,因此,只需要把 $y^{(n-1)}$ 看成未知函数 $u(x)$,原方程变成 $u'=f(x)$,那么 u 就是 $f(x)$ 的原函数。解这种方程只需逐次积分,每积一次就产生一个任意常数,共积分 n 次,就得到含有 n 个任意常数的解,即通解。

例 6 - 14　求方程 $y''=\sin 2x+x^2$ 的通解。

解　将原方程改写为 $\frac{\mathrm{d}y'}{\mathrm{d}x}=\sin 2x+x^2$,两边积分得 $y'=-\frac{1}{2}\cos 2x+\frac{1}{3}x^3+C_1$ 再两边积分,便可得通解 $y=-\frac{1}{4}\sin 2x+\frac{1}{12}x^4+C_1x+C_2$

2. 不显含未知数 y 的二阶方程 $y''=f(x,y')$　这时,可令 $u(x)=y'(x)$,那么 $y''(x)=u'(x)$。把它们代入原方程就得到:

$$u' = f(x, u)$$

这是一个一阶方程,只要能求出 u 的通解 $u = \varphi(x, C_1)$,就得到:

$$\frac{dy}{dx} = \varphi(x, C_1)$$

两边积分就得到原方程的通解。

例 6 - 15   求方程 $(x^2 + 1)y'' = 2xy'$ 的通解。

解   令 $y' = u(x)$,则原方程可化为 $(x^2 + 1)u' = 2xu$,分离变量并积分得 $u = C_1(x^2 + 1)$,所以原方程的通解为:

$$y = C_1\left(\frac{1}{3}x^3 + x\right) + C_2$$

3. **不显含自变量 x 的方程 $y'' = f(y, y')$**   这时,令 $u = y'(x)$。如果把 u 看成中间变量 y 的函数,即 $u = u(y)$,$y = y(x)$,那么 $u(x) = u(y(x))$,根据复合函数求导法则就有:

$$\frac{d^2y}{dx^2} = \frac{du}{dx} = \frac{du}{dy} \cdot \frac{dy}{dx} = u\frac{du}{dy}$$

代入原方程得到:

$$u\frac{du}{dx} = f(y, u)$$

这是一个以 y 为自变量,u 为未知函数的方程。如果能求出它的通解 $u = \varphi(y, C_1)$ 就得到:

$$\frac{dy}{dx} = \varphi(y, C_1)$$

这是一个可分离变量方程,它的通解为:

$$\int \frac{dy}{\varphi(y, C_1)} = x + C_2$$

其中 C_1,C_2 是任意常数。

例 6 - 16   求 $y'' = 2yy'$ 在 $y(0) = 1$,$y'(0) = 2$ 的特解。

解   这是不显含自变量 x 的可降阶方程,令 $y' = u(y)$,则微分方程化为

$u\frac{du}{dy} = 2yu$,分离变量并积分得:

$u = y^2 + C_1$,$y' = y^2 + C_1$,代入初始条件 $y(0) = 1$,$y'(0) = 2$,求得 $C_1 = 1$,得到

$y' = y^2 + 1$,再分离变量、积分,求得原微分方程通解为

$\arctan y = x + C_2$,代入初始条件 $y(0) = 1$,求得 $C_2 = \arctan 1 = \frac{\pi}{4}$,得到所求特解,即:

$$y = \tan\left(x + \frac{\pi}{4}\right)$$

例 6 - 17　求 $y'' + y^{-3} = 0$ 通解。

解　这是不显含自变量 x 的可降阶方程，令 $y' = u(y)$，微分方程化为：

$u \dfrac{\mathrm{d}u}{\mathrm{d}y} + \dfrac{1}{y^3} = 0$，分离变量并积分得：

$u^2 = y^{-2} + C_1$，$u = \pm \sqrt{y^{-2} + C_1}$，再分离变量、积分，计算得到：

$$\pm \frac{1}{2} \int (1 + C_1 y^2)^{-\frac{1}{2}} \mathrm{d}(1 + C_1 y^2) = C_1 \int \mathrm{d}x \text{，即：}$$

$\pm \sqrt{1 + C_1 y^2} = C_1 x + C_2$，则原微分方程通解，即：

$$1 + C_1 y^2 = (C_1 x + C_2)^2$$

二、二阶微分方程解的结构

二阶微分方程解的结构和一阶方程的情形一样，在高阶方程中线性方程是应用较广泛而且解的结构最明晰的一类方程。n 阶线性微分方程的一般形式是：

$$y^n + p_1(x) y^{(n-1)} + p_2(x) y^{(n-2)} + \cdots + p_n(x) y = f(x)$$

方程右边的函数 $f(x)$ 称为**自由项**(free term)。特别的是二阶线性方程的一般形式为：

$$y'' + p(x) y' + q(x) y = f(x)$$

当方程的自由项 $f(x) \equiv 0$ 时，该方程称为**齐次的**，并称之为**齐次方程**，否则称为**非齐次的**。为了保证方程中的解存在，均假设自由项 $f(x)$ 及其中的系数，即 $p_i(x)(i = 1, 2, \cdots, n)$，方程中的 $p(x)$ 与 $q(x)$ 在方程所讨论的区间 I 上连续。

本节主要讨论二阶线性方程的解，其主要结论可类似地推广到 n 阶线性方程的情形。

1. 二阶齐次线性方程解的结构　先研究如下二阶齐次线性方程 $y'' + p(x) y' + q(x) y = 0$ 的解的结构。容易验证，若 $y = y_1(x)$ 和 $y = y_2(x)$ 是 $y'' + p(x) y' + q(x) y = 0$ 在区间 $I = (\alpha, \beta)$ 上的解，那么对任意常数 C_1 和 C_2，函数 $y = C_1 y_1(x) + C_2 y_2(x)$　$(\alpha < x < \beta)$ 也是齐次方程 $y'' + p(x) y' + q(x) y = 0$ 在区间 (α, β) 上的解。

我们将 $C_1 y_1(x) + C_2 y_2(x)$ 称为 y_1 与 y_2 在区间 I 上的**线性组合**；如果一个函数 y 满足该式，则称 y 在 I 上可以用 y_1 与 y_2 **线性表示**。

反过来，是否 $y'' + p(x) y' + q(x) y = 0$ 的每个解 y 都可以用 y_1 与 y_2 线性表示，即表示成 y_1 与 y_2 的线性组合呢？我们要求出齐次方程的通解，那么只要求出两个解，将它们的线性组合来表示就可以了吗？如果我们观察下面的例子，就会发现答案是否定的。

例 6 - 18　对于齐次线性方程 $y'' + y = 0$。容易验证 $y_1 = \sin x$，$y_2 = \cos x$ 和 $y_3 = 2\sin x - \cos x$，$y_4 = 3\cos x$ 都是它在 $(-\infty, +\infty)$ 上的解。那么，$y_3 = 2y_1 - y_2$，即 y_3 可以用 y_1 和 y_2(或 y_1 和 y_4)线性表示。但是，y_3 就不能由 y_2 和 y_4 线性表示。

对于向量组来说，线性组合、线性表示是与线性相关的概念紧密联系的；同样，对一组函数，也有线性相关的概念。

设 $g_1, g_2, \cdots, g_n$ 是同一区间 I 上的函数，如果存在 n 个不全为 0 的常数 $\alpha_1, \alpha_2, \cdots, \alpha_n$ 使得

$$\alpha_1 g_1(x) + \alpha_2 g_2(x) + \cdots + \alpha_n g_n(x) = 0 \; (x \in I)$$

就称这 n 个函数在 I 上**线性相关**,否则,称它们在 I 上**线性无关**。注意,上式实际上是恒等的。显然,g_1,g_2,$\cdots$,g_n 在 I 上线性相关,当且仅当其中至少有一个 g_i 可用其他函数的线性组合来表示。例如,当 $\alpha_1 \neq 0$ 时,就有 $g_1(x) = \beta_2 g_2(x) + \cdots + \beta_n g_n(x)$,其中 $\beta_i = -\dfrac{\alpha_i}{a_1}$,$i = 2$,$\cdots$,$n$。

例 6-18 中,y_2 和 y_4 在 $(-\infty, +\infty)$ 上线性相关,而 y_1 和 y_2,y_1 和 y_3 均线性无关。一般地,I 上的两个函数 g_1 和 g_2 线性相关的充要条件是其中一个函数为另一个函数与常数之积。

刚才提出的问题由下面定理给出明确的回答。

定理 1 设 y_1 和 y_2 是二阶齐次线性微分方程 $y'' + p(x)y' + q(x)y = 0$ 在区间 I 上的两个线性无关的特解,则对该方程的任何解 y,都存在常数 C_1 和 C_2,使得:

$$y = C_1 y_1(x) + C_2 y_2(x) \ (x \in I)$$

换言之,如果 C_1 和 C_2 是任意常数,则该二阶齐次线性微分方程的通解就可以用 y_1 和 y_2 的线性组合来表示。

2. 二阶非齐次线性方程解的结构 设 $y'' + p(x)y' + q(x)y = f(x)$,右边的 $f(x) \neq 0$,即它是一个二阶非齐次线性方程。由本章第二节的知识可知,一阶非齐次线性微分方程的通解可分解为两部分,其中一部分是对应的一阶齐次方程的通解,另一部分是非齐次方程的一个特解。这个结论对于 n 阶线性方程也是对的。

定理 2 设 y^* 是二阶非齐次线性方程 $y'' + p(x)y' + q(x)y = f(x)$ 的一个特解,$C_1 y_1 + C_2 y_2$ 是对应的齐次方程的通解,则

$$y = y^* + (C_1 y_1 + C_2 y_2)$$

这是二阶非齐次方程 $y'' + p(x)y' + q(x)y = f(x)$ 的通解。

定理 2 提供了求二阶非齐次方程通解的一般方法:一方面求齐次方程 $y'' + p(x)y' + q(x)y = 0$ 的通解;另一方面,求出 $y'' + p(x)y' + q(x)y = f(x)$ 的一个特解,再把两者相加,就得出非齐次方程的通解。

例如,假定已知方程 $(x^2 + 1)y'' - 2xy' = 2x^2 - 2$ 的一个特解是 $y^* = -x^2$。这个非齐次方程对应的齐次方程 $(x^2 + 1)y'' - 2xy' = 0$ 的通解为 $C_1\left(\dfrac{1}{3}x^3 + x\right) + C_2$,因此,由定理 2 得到,原非齐次方程的通解为 $y = C_1\left(\dfrac{1}{3}x^3 + x\right) + C_2 - x^2$。

为了求出非齐次方程的一个特解,当自由项比较复杂但可以分解成若干个较简单的函数之和时,下面定理提供了一个化繁为简的途径。

定理 3 非齐次线性方程解的叠加原理 设 y_k^* 是方程 $y'' + p(x)y' + q(x)y = f_k(x)$ 的特解,$k = 1$,2,$\cdots$,n,则 $y^* = y_1^* + y_2^* + \cdots + y_n^*$ 是方程 $y'' + p(x)y' + q(x)y = f_1(x) + f_2(x) + \cdots + f_n(x)$ 的一个特解。

例如,为了求 $y'' + y = e^x + 3x^2 + 1 + \sin 2x$ 的通解,我们可先求它的一个特解 y^*。为此,由定理 3 得知,只要分别求出 $y'' + y = e^x$,$y'' + y = 3x^2 + 1$ 和 $y'' + y = \sin 2x$ 的一个特解,再把它们相加就可以求得特解 y^*。此外,这个方程对应的齐次方程 $y'' + y = 0$ 的通解为 $C_1 \sin x + C_2 \cos x$。于是,就可得到原方程的通解 $y = y^* + C_1 \sin x + C_2 \cos x$。

三、二阶常系数线性齐次微分方程

一般二阶线性方程的解通常不容易求出,但是,其中的常系数方程,即限制 $p(x)$ 和 $q(x)$ 都是常数的情况,却是较为容易求出,因其解法很有规律。因此,仅考虑如下二阶常系数线性方程:

$$y'' + py' + qy = f(x)$$

其中 p 和 q 都是实的常数。

首先考虑方程所对应的齐次方程 $y'' + py' + qy = 0$。根据本节的定理 1 知,为了求它的通解,只需求出两个线性无关的特解 y_1 和 y_2。下面采用欧拉指数法来求这两个解。注意到如果 y 是该齐次方程的解,那么 y'',y' 和 y 应该具有同样的形式,因此猜测:除了一个常数因子外,函数 y 应具有 e^{rx} 的形式,其中 r 是常数(实数或复数)。下面就用 e^{rx} 来做试验。

假定 $y = e^{rx}$ 是该齐次方程的解,将它代入得

$$(e^{rx})'' + p(e^{rx})' + qe^{rx} = 0$$

从而
$$(r^2 + pr + q)e^{rx} = 0$$

由于 $e^{rx} \neq 0$,要使上式成立,必须且只需待定常数 r 是如下代数方程的根。

$$r^2 + pr + q = 0$$

这说明,求形如 e^{rx} 的解可归结为求一元二次方程的根。因此,人们把代数方程 $r^2 + pr + q = 0$ 称为微分方程的**特征方程**,把特征方程的根称为**特征根**。

根据一元二次方程的判别式 $\Delta = p^2 - 4q$ 的取值,现分三种情况进行讨论。

(1)当 $\Delta > 0$ 时,有两个不等的实的特征根 r_1 和 r_2,于是得到 $y'' + py' + qy = 0$ 的两个特解:$y = e^{r_1 x}$ 和 $y = e^{r_2 x}$。因为 $r_1 \neq r_2$,所以 $e^{r_1 x}$ 和 $e^{r_2 x}$ 线性无关,从而 $y = C_1 e^{r_1 x} + C_2 e^{r_2 x}$ 为原方程的通解,其中 C_1,C_2 为任意常数。

(2)当 $\Delta = 0$ 时,有相等的两个实的特征根,即 $r = r_1 = r_2$,这时 $y_1 = e^{rx}$ 是一个解。注意到对任意常数 C,Ce^{rx} 也是方程的解,但与 $y_1 = e^{rx}$ 线性相关;如果把 C 换成一个不恒等于常数的函数 $u(x)$,那么 $y_2 = u(x)e^{rx}$ 必与 y_1 线性无关。这时,只要适当选取 $u(x)$ 使得 $y_2 = u(x)e^{rx}$ 是原方程的解,就得到与 y_1 线性无关的解。

现在,假定 $y_2 = u(x)e^{rx}$ 是 $y'' + py' + qy = 0$ 的解,求待定函数 $u(x)$。

为此,对 y_2 求导:$y_2' = (u' + ru)e^{rx}$,$y_2'' = (u'' + 2ru' + r^2 u)e^{rx}$,并把它们代入方程,得

$$e^{rx}[(u'' + 2ru' + r^2 u) + p(u' + ru) + qu] = 0$$

经化简整理得

$$u'' + (2r + p)u' + (r^2 + pr + q)u = 0$$

因为 r 是方程的二重根,所以,$r^2 + pr + q = 0$,且 $2r + p = 0$,因此方程化为 $u'' = 0$ 的形式。它的通解含有两任意常数,我们只需找出其中一个最简单的非常数的解 $u(x)$ 即可。不妨取 $u(x) = x$,这样就得到 $y_2 = xe^{rx}$,它是原方程的解且与 $y_1 = e^{rx}$ 线性无关。因此,$y = (C_1 + C_2 x)e^{rx}$ 就是方程 $y'' + py' + qy = 0$ 的通解。

(3) 当 $\Delta < 0$ 时,特征方程的根是一对共轭复数 $r_{1,2} = \alpha \pm i\beta \, (\beta \neq 0)$,由此得到 $y'' + py' + qy = 0$ 的两个复数的特解

$$y_1 = e^{(\alpha+i\beta)x}, \; y_2 = e^{(\alpha-i\beta)x}$$

容易验证它们线性无关,所以 $y = C_1 e^{(\alpha+i\beta)x} + C_2 e^{(\alpha-i\beta)x}$ 就是原方程的(复的)通解。

不过,我们通常用实的特解的线性组合来表示 $y'' + py' + qy = 0$ 的通解。为此,根据欧拉公式:

$$e^{(\alpha+i\beta)x} = e^{\alpha x}(\cos\beta x + i\sin\beta x), \; e^{(\alpha-i\beta)x} = e^{\alpha x}(\cos\beta x - i\sin\beta x)$$

令

$$y_1^* = \frac{1}{2}(y_1 + y_2) = e^{\alpha x}\cos\beta x$$

$$y_2^* = \frac{1}{2i}(y_1 - y_2) = e^{\alpha x}\sin\beta x$$

那么,y_1^* 与 y_2^* 是实的特解;且不难验证,它们是线性无关的。因此得到方程的(实的)通解:

$$y = C_1 y_1^* + C_2 y_2^* = e^{\alpha x}(C_1\cos\beta x + C_2\sin\beta x)$$

综上所述,求常系数齐次线性方程 $y'' + py' + qy = 0$ 的通解的步骤是:① 写出对应方程的特征方程 $r^2 + pr + q = 0$。② 求出特征方程的两个特征根 r_1 和 r_2。③ 根据特征方程的两个根的不同情形,按照表 6-1 写出方程 $y'' + py' + qy = 0$ 的通解。

表 6-1 二阶常系数齐次线性微分方程 $y'' + py' + qy = 0$ 的通解

特征方程 $r^2 + pr + q = 0$ 的两个根 r_1 和 r_2	方程 $y'' + py' + qy = 0$ 的通解
为实根且 $r_1 \neq r_2$	$y = C_1 e^{r_1 x} + C_2 e^{r_2 x}$
为实根且 $r_1 = r_2 = r$	$y = (C_1 + C_2 x)e^{rx}$
为共轭复根 $r_{1,2} = \alpha \pm i\beta(\beta \neq 0)$	$y = e^{\alpha x}(C_1\cos\beta x + C_2\sin\beta x)$

例 6-19 求微分方程 $y'' - 3y' + 2y = 0$ 的通解。

解 特征方程 $r^2 - 3r + 2 = 0$,特征根为 $r_1 = 1$, $r_2 = 2$,则该微分方程的通解为:

$$y = C_1 e^x + C_2 e^{2x}$$

例 6-20 求微分方程 $y'' - 6y' + 9y = 0$ 的通解。

解 特征方程为 $r^2 - 6r + 9 = 0$,特征根为 $r_1 = r_2 = 3$,则该微分方程的通解为:

$$y = (C_1 + C_2 x)e^{3x}$$

例 6-21 求微分方程 $y'' + 2y' + 2y = 0$ 的通解。

解 特征方程为 $r^2 + 2r + 2 = 0$,特征根为 $r_{1,2} = -1 \pm i$,则该微分方程的通解为:

$$y = e^{-x}(C_1\cos x + C_2\sin x)$$

四、二阶常系数线性非齐次微分方程

现在来介绍如下二阶常系数非齐次线性方程的通解的求法。对于 $y''+py'+qy=f(x)$，定理 2 中已指出，这个通解可以表示成 $y=y^*+Y$，其中 y^* 是上面方程的一个特解，Y 是对应的齐次方程 $y''+py'+qy=0$ 的通解。由于齐次方程的通解的求法已在前面做了介绍，因此，本节主要介绍求方程的特解 y^* 的方法。显然，y^* 与原方程中的自由项 $f(x)$ 有关，下面根据函数 $f(x)$ 的特点，选出较简单实用的两种类型加以介绍。

1. $f(x)=P_m(x)e^{\lambda x}$ 型的微分方程　对于形如 $f(x)=P_m(x)e^{\lambda x}$ 的微分方程，其中 $P_m(x)$ 是一个已知的 m 次（实）多项式，λ 是一个已知的（实）常数。于是方程就成为如下形式

$$y''+py'+qy=P_m(x)e^{\lambda x}$$

为了求出上述方程的一个特解 y^*，先来分析一下它可能具有什么形式。因为该方程的右边是一个多项式与 $e^{\lambda x}$ 的乘积，而这种形式的函数的导数或不定积分都是同一形式的函数，因此可以设 $y^*=Q(x)e^{\lambda x}$，这里 $Q(x)$ 是一个待定的多项式。如果能根据 y^* 满足的条件求出 $Q(x)$，就得到了所需的特解。

为此，先求出

$$y^{*\,\prime}=e^{\lambda x}(Q'(x)+\lambda Q(x)),\ y^{*\,\prime\prime}=e^{\lambda x}(Q''(x)+2\lambda Q'(x)+\lambda^2 Q(x))$$

把它们连同 $y^*=Q(x)e^{\lambda x}$ 代入方程 $y''+py'+qy=P_m(x)e^{\lambda x}$，消去 $e^{\lambda x}$ 后得到：

$$Q''(x)+(2\lambda+p)Q'(x)+(\lambda^2+p\lambda+q)Q(x)=P_m(x)$$

现在根据 λ 的取值分以下三种情形讨论。

(1) 当 λ 不是特征方程 $r^2+pr+q=0$ 的（特征）根，即 $\lambda^2+p\lambda+q\neq 0$ 时，那么 $Q(x)$ 的系数不为 0，要使等式成立，$Q(x)$ 必须是与 $P_m(x)$ 同次的多项式（因为 $Q'(x)$ 和 $Q''(x)$ 的次数都比 $Q(x)$ 的次数低），即：

$$Q(x)=Q_m(x)=b_0 x^m+b_1 x^{m-1}+\cdots+b_{m-1}x+b_m$$

把 $Q_m(x)$ 及其一阶、二阶导数代入，经过比较两边同次项的系数，可确定 b_0，b_1，$\cdots$，b_m，从而求出特解 $y^*=Q_m(x)e^{\lambda x}$。

(2) 如果 λ 是特征方程 $r^2+pr+q=0$ 的单根，那么 $r^2+pr+q=0$ 但 $2\lambda+p\neq 0$。要使等式成立，$Q'(x)$ 必须是与 $P_m(x)$ 同次的多项式，此时可令 $Q(x)=xQ_m(x)$，类似于(1)，可把 $Q(x)$ 及其一阶、二阶导数代入，经过比较两边同次项的系数，确定 $Q_m(x)$ 的系数 b_0，b_1，$\cdots$，b_m，从而得出 $Q(x)=x(b_0 x^m+b_1 x^{m-1}+\cdots+b_{m-1}x+b_m)$。

(3) 如果 λ 是特征方程 $r^2+pr+q=0$ 的重根，那么 $r^2+pr+q=0$ 且 $2\lambda+p=0$，等式变成 $Q''(x)=P_m(x)$。因此 $Q(x)$ 可通过 $P_m(x)$ 两次积分得到，它是 $m+2$ 次多项式。由于我们只求一个特解，所以只需求一个 $Q(x)$。为了简便起见，通常把 $P_m(x)$ 两次积分的任意常数都取作零，就得到这样的形式 $Q(x)=x^2 Q_m(x)$。

2. $f(x)=e^{\alpha x}[P_k(x)\cos\beta x+P_n(x)\sin\beta x]$ 型的微分方程　对于形如 $f(x)=e^{\alpha x}[P_k(x)\cos\beta x+P_n(x)\sin\beta x]$ 的微分方程，其中 α，β 为已知的（实）常数，$P_k(x)$ 和 $P_n(x)$ 分别为已知的 k 次和 n 次多项式，允许其中一个恒为零。这时 $y''+py'+qy=f(x)$ 具有如下形式。

$$y'' + py' + qy = e^{\alpha x}[P_k(x)\cos\beta x + P_n(x)\sin\beta x]$$

根据方程右边 $f(x)$ 的特点,可以假定上面方程有一个特解 y^* 具有与 $f(x)$ 相似的形式,只是 $f(x)$ 中的 $P_k(x)$ 和 $P_n(x)$ 分别换成两个待定的多项式 $Q(x)$ 和 $R(x)$ 而已,即

$$y^* = e^{\alpha x}[Q(x)\cos\beta x + R(x)\sin\beta x]$$

把 y^* 和 $y^{*'}$, $y^{*''}$ 分别代入,通过比较对应项的系数可以确定 $Q(x)$ 和 $R(x)$ 中各次项的系数,从而确定 $Q(x)$ 和 $R(x)$,求得方程的特解 y^*。

具体地,应根据 $\alpha \pm i\beta$ 是否为齐次方程的特征根之差异来确定多项式 $Q(x)$ 和 $R(x)$ 的次数,从而把 y^* 分成如下两种类型。

(1) 当 $\alpha \pm i\beta$ 不是特征方程 $r^2 + pr + q = 0$ 的根时,$Q(x) = Q_m(x)$,$R(x) = R_m(x)$,即:

$$y^* = e^{\alpha x}[Q_m(x)\cos\beta x + R_m(x)\sin\beta x]$$

其中 $m = \max\{k, n\}$,$Q_m(x)$ 和 $R_m(x)$ 都设定为 m 次多项式(注意:最后结果可能只有其中一个是 m 次多项式,而另一个低于 m 次,但由于事先未知,故必须如此设定,即使 $P_k(x)$ 和 $P_n(x)$ 中有一个恒为 0 也作此设定)。

(2) 当 $\alpha \pm i\beta$ 是特征方程 $r^2 + pr + q = 0$ 的根时,$Q(x) = xQ_m(x)$,$R(x) = xR_m(x)$,即:

$$y^* = xe^{\alpha x}[Q_m(x)\cos\beta x + R_m(x)\sin\beta x]$$

其中 m,$Q_m(x)$ 和 $R_m(x)$ 的含义和类型(1)相同。

为了便于比较和使用,下面根据自由项 $f(x)$ 的两种形式,把 $y'' + py' + qy = f(x)$ 的特解形式列表6-2于下。

表 6-2　二阶常系数非齐次微分方程 $y'' + py' + qy = f(x)$ 的特解

$f(x)$ 的形式	条　件	$y'' + py' + qy = f(x)$ 的特解形式
$f(x) = P_m(x)e^{\lambda x}$	λ 不是特征方程的根	$y^* = Q_m(x)e^{\lambda x}$
	λ 是特征方程的单根	$y^* = xQ_m(x)e^{\lambda x}$
	λ 是特征方程的重根	$y^* = x^2 Q_m(x)e^{\lambda x}$
$f(x) = e^{\alpha x}[P_k(x)\cos\beta x + P_n(x)\sin\beta x]$	$\alpha \pm i\beta$ 不是特征方程的根	$y^* = e^{\alpha x}[Q_m(x)\cos\beta x + R_m(x)\sin\beta x]$
	$\alpha \pm i\beta$ 是特征方程的根	$y^* = xe^{\alpha x}[Q_m(x)\cos\beta x + R_m(x)\sin\beta x]$

例 6-22　微分方程 $y'' - 5y' + 6y = xe^{2x}$ 的通解。

解　对应齐次微分方程的特征方程为 $r^2 - 5r + 6 = 0$,特征根为 $r_1 = 2$,$r_2 = 3$,因而齐次微分方程的通解为

$$Y(x) = (C_1 e^{2x} + C_2 e^{3x})$$,非齐次项为 $f(x) = xe^{2x}$,属于 $e^{\alpha x}Q_m(x)$ 型,$m = 1$,$\alpha = 2$ 是特征方程的单根,微分方程的特解应设为

$$y^* = xe^{2x}(b_0 x + b_1)$$,将该特解的一阶、二阶的导数代入所给方程并化简,得到:

$-2b_0 x + 2b_0 - b_1 = x$,比较两端同次幂的系数,则有:

$b_0 = -\dfrac{1}{2}$, $b_1 = -1$,因而得特解为:

$y^* = -x\left(\dfrac{1}{2}x+1\right)\mathrm{e}^{2x}$，于是所给方程的通解为：

$$y = Y(x) + y^* = (C_1\mathrm{e}^{2x} + C_2\mathrm{e}^{3x}) - x\left(\frac{1}{2}x+1\right)\mathrm{e}^{2x} = \left(C_1 - x - \frac{1}{2}x^2\right)\mathrm{e}^{2x} + C_2\mathrm{e}^{3x}$$

例 6-23　求微分方程 $y'' + 4y' + 4y = 8x^2 + 4$ 的通解。

解　该方程对应的齐次的特征方程为 $r^2 + 4r + 4 = 0$，特征根 $r_1 = r_2 = -2$，因而齐次方程的通解为

$Y(x) = \mathrm{e}^{-2x}(C_1 + C_2x)$，非齐次项 $f(x) = \mathrm{e}^0(8x^2 + 4)$，即 $\alpha = 0$，$m = 2$，α 不是特征方程的根，k 取 0。于是设微分方程的特解为

$y^* = b_0 x^2 + b_1 x + b_2$，将它代入微分方程，得到：

$2b_0 + 4(2b_0 x + b_1) + 4(b_0 x^2 + b_1 x + b_2) = 8x^2 + 4$，比较两端同次幂系数，解出 $b_0 = 2$，$b_1 = -4$，$b_2 = 4$，代回原方程得特解 $y^* = 2x^2 - 4x + 4$，于是所给方程的通解为

$$y = Y(x) + y^* = \mathrm{e}^{-2x}(C_1 + C_2x) + 2x^2 - 4x + 4$$

例 6-24　求微分方程 $y'' - 2y' + 5y = 10\sin x$ 得通解。

解　其对应的齐次微分方程的特征方程为 $r^2 - 2r + 5 = 0$ 特征根 $r_{1,2} = 1 \pm 2i$，得齐次方程的通解为

$Y(x) = \mathrm{e}^x(C_1\cos 2x + C_2\sin 2x)$，非齐次项 $f(x) = 10\sin x$，属于 $f(x) = \mathrm{e}^{\alpha x}[P_k(x)\cos\beta x + P_n(x)\sin\beta x]$，$\alpha = 0$，$\beta = 1$，$m = 0$，$\alpha + \beta i = 0 + i = i$ 不是特征方程的根，因而所给方程的特解可设为：

$y^* = b_1\cos x + b_2\sin x$，将上式和它的一阶、二阶导数代入所给微分方程，得到：

$(4b_1 - 2b_2)\cos x + (2b_1 + 4b_2)\sin x = 10\sin x$，比较两端系数，求得 $b_1 = 1$，$b_2 = 2$，从而所给微分方程的特解，即：

$y^* = \cos x + 2\sin x$，所以原微分方程的通解为

$$y = Y(x) + y^* = \mathrm{e}^x(C_1\cos 2x + C_2\sin 2x) + \cos x + 2\sin x$$

第四节　拉普拉斯变换求解微分方程

一、拉普拉斯变换的概念与性质

拉普拉斯(Laplace)变换是一种积分变换，它能将微积分运算转化成代数运算，因此，将拉普拉斯变换应用于微分方程，可简化求解过程，拉普拉斯变换在工程技术和医药科学研究中有着广泛的应用。

定义　若函数 $f(t)$ 在 $[0, +\infty]$ 有定义，下面积分

$$F(s) = \int_0^{+\infty} \mathrm{e}^{-st} f(t) \mathrm{d}t$$

在 s 的某区间上存在,则称函数 $F(s)$ 为函数 $f(t)$ 的拉普拉斯变换或象函数,简称拉氏变换,记为 $F(s) = L\{f(t)\}$;称式中"L"为拉氏变换算子,称函数 $f(t)$ 为函数 $F(s)$ 的拉氏逆变换或象原函数,记为 $f(t) = L^{-1}\{F(s)\}$。

在拉氏变换的一般理论中,参变量 s 假定为复值。我们在这里只限于 s 为实值的情形,因为它对许多实际应用问题已经够用了。

例 6 - 25　求函数 $f(t) = \mathrm{e}^{at}$ 的拉氏变换(a 为实数)。

解　$L\{f(t)\} = L\{\mathrm{e}^{at}\} = \int_0^{+\infty} \mathrm{e}^{-st} \cdot \mathrm{e}^{at} \mathrm{d}t = \int_0^{+\infty} \mathrm{e}^{-(s-a)t} \mathrm{d}t = \dfrac{1}{s-a}$　$(s > a)$

在实际应用中,拉氏变换或拉氏逆运算通常查表 6 - 3 所示的变换表进行。

表 6 - 3　拉普拉斯变换表

序号	象原函数 $f(t)$	象函数 $F(s)$	序号	象原函数 $f(t)$	象函数 $F(s)$
1	1	$\dfrac{1}{s}$ $(s > 0)$	11	$t\,\mathrm{e}^{at}\sin bt$	$\dfrac{2b(s-a)}{[(s-a)^2+b^2]^2}$ $(s > a)$
2	$t^n (n \in N)$	$\dfrac{n!}{s^{n+1}}$ $(s > 0)$	12	$t\,\mathrm{e}^{at}\cos bt$	$\dfrac{(s-a)^2-b^2}{[(s-a)^2+b^2]}$ $(s > a)$
3	e^{at}	$\dfrac{1}{s-a}$ $(s > a)$	13	$\sin^2 t$	$\dfrac{1}{2}\left(\dfrac{1}{s} - \dfrac{s}{s^2+4}\right)$ $(s > 0)$
4	$t^n \mathrm{e}^{at} (n \in N)$	$\dfrac{n!}{(s-a)^{n+1}}$ $(s > a)$	14	$\cos^2 t$	$\dfrac{1}{2}\left(\dfrac{1}{s} + \dfrac{s}{s^2+4}\right)$ $(s > 0)$
5	$\sin at$	$\dfrac{a}{s^2+a^2}$ $(s > 0)$	15	$\sin at \sin bt$	$\dfrac{2abs}{[s^2+(a+b)^2][s^2+(a-b)^2]}$ $(s > 0)$
6	$\cos at$	$\dfrac{s}{s^2+a^2}$ $(s > 0)$	16	$\mathrm{e}^{at} - \mathrm{e}^{bt}$	$\dfrac{a-b}{(s-a)(s-b)}$ $(s > a, b)$
7	$t\sin at$	$\dfrac{2as}{(s^2+a^2)^2}$ $(s > 0)$	17	$\dfrac{1-\mathrm{e}^{-at}}{a}$	$\dfrac{1}{s(s+a)}$ $(s > -a)$
8	$t\cos at$	$\dfrac{s^2-a^2}{(s^2+a^2)^2}$ $(s > 0)$	18	$(1-at)\mathrm{e}^{-at}$	$\dfrac{s}{s+a}$ $(s > -a)$
9	$\mathrm{e}^{at}\sin bt$	$\dfrac{b}{(s-a)^2+b^2}$ $(s > a)$	19	$\dfrac{1-\cos at}{a^2}$	$\dfrac{1}{s(s^2+a^2)}$ $(s > 0)$
10	$\mathrm{e}^{at}\cos bt$	$\dfrac{s-a}{(s-a)^2+b^2}$ $(s > a)$	20	$\dfrac{at-\sin at}{a^2}$	$\dfrac{1}{s^2(s^2+a^2)}$ $(s > 0)$

例 6 - 26　$f(t) = t^4$,求 $L\{f(t)\}$。

解　在表 6 - 3,由 $f(t)$ 查 $F(s)$ 及 s 的范围为:

$$L\{f(t)\} = L\{t^4\} = \frac{4!}{s^5} \quad (s > 0)$$

例 6 - 27　$F(s) = \dfrac{s}{s^2+1}(s > 0)$,求 $L^{-1}\{F(s)\}$。

解　在表 6-3,由 $F(s)$ 查 $f(t)$ 得:

$$L^{-1}\{F(s)\}=L^{-1}\left\{\frac{s}{s^2+1}\right\}=\cos t$$

二、拉普拉斯变换及逆变换性质

性质 1　线性性质　若 $L\{f_1(t)\}=F_1(s)$, $L\{f_2(t)\}=F_2(s)$,则对任意常数 C_1 和 C_2 有

$$L\{C_1f_1(t)+C_2f_2(t)\}=C_1L\{f_1(t)\}+C_2L\{f_2(t)\}$$
$$L^{-1}\{C_1F_1(s)+C_2F_2(s)\}=C_1L^{-1}\{F_1(s)\}+C_2L^{-1}\{F_2(s)\}$$

性质 2　微分性质　$f(t)$ 和 $f'(t)$ 在 $[0,+\infty]$ 上连续,若存在常数 $A>0$ 和 k,对一切充分大的 t 有 $|f(t)\leqslant Ae^{kt}|$,则 $s>k$ 时,$f(t)$ 的拉氏变换 $L\{f(t)\}$ 存在,且

$$L\{f'(t)\}=sL\{f(t)\}-f(0)$$

证　存在常数 $A>0$ 和 k,对一切充分大的 t 有 $|f(t)|\leqslant Ae^{kt}$,则

$$|e^{-kt}f(t)|\leqslant Ae^{-st}e^{kt}=Ae^{-(s-k)t}$$

$s>k$ 时,$Ae^{-(s-k)t}$ 在 $[0,+\infty]$ 上广义积分收敛,从而,$e^{-st}f(t)$ 在 $[0,+\infty]$ 上广义积分收敛,$f(t)$ 的拉氏变换 $L\{f(t)\}$ 存在。

$$L\{f'(t)\}=\int_0^{+\infty}e^{-st}f'(t)dt=\lim_{u\to+\infty}\int_0^u e^{-st}d[f(t)]=\lim_{u\to+\infty}[e^{-st}f(t)]_0^u+s\int_0^{+\infty}e^{-st}f(t)dt$$
$$=[0-e^0f(0)]+sL\{f(t)\}=sF(s)-f(0)$$

由性质 2,可得到

$$L\{f''(t)\}=sL\{f'(t)-f'(0)=s[sF(s)-f(0)]-f'(0)=s^2F(s)-sf(0)-f'(0)$$

由归纳法,可得一般公式为

$$L\{f^{(n)}(t)\}=s^nF(s)-s^{n-1}f(0)-s^{n-2}f'(0)-L-sf^{(n-2)}(0)-f^{(n-1)}(0)$$

例 6-28　$f(t)=e^{3t}+\sin 2t+1$,求 $L\{f(t)\}$。

解　由拉氏变换线性性质得

$$L\{f(t)\}=L\{e^{3t}\}+L\{\sin 2t\}+L\{1\}=\frac{1}{s-3}+\frac{2}{s^2+4}+\frac{1}{s}\quad(s>3)$$

例 6-29　设 $F(s)=\dfrac{1}{s^2(s+1)}$,求象原函数 $f(t)$。

解　表 6-3 中未列出这个 $F(s)$,这时应将 $F(s)$ 分解为部分分式

$F(s)=\dfrac{1}{s^2(s+1)}=\dfrac{-1}{s}+\dfrac{1}{s^2}+\dfrac{1}{s+1}$,应用线性性质和表 6-3,即有

$$f(t)=L^{-1}\{F(s)\}=-L^{-1}\left\{\frac{1}{s}\right\}+L^{-1}\left\{\frac{1}{s^2}\right\}+L^{-1}\left\{\frac{1}{s+1}\right\}=-1+t+e^{-t}$$

三、拉普拉斯变换求解微分方程

在实际工作中,常用拉氏变换解线性微分方程或线性微分方程组的初值问题,其基本求解步骤如下:① 对线性微分方程或方程组做拉氏变换,得到含未知函数的代数方程。② 解代数方程,求出未知函数的象函数。③ 对未知函数的象函数进行拉氏逆变换,求出未知函数。

例 6 - 30　求微分方程 $y'' - 4y' + 3y = \sin t$ 满足 $y(0) = 0$, $y'(0) = 0$ 的特解。

解　对方程做拉氏变换,记 $F(s) = L\{y\}$,则有

$L\{y'' - 4y' + 3y\} = L\{\sin t\}$,由拉氏变换的先行性质,并由表 6 - 3 查出 $L\{\sin t\}$,得到

$L\{y''\} - 4L\{y'\} + 3L\{y\} = \dfrac{1}{s^2 + 1}$,再应用拉氏变换的微分性质,得到

$[s^2 F(s) - 0 - 0] - 4[s F(s) - 0] + 3F(s) = \dfrac{1}{s^2 + 1}$,由此可以解出

$F(s) = \dfrac{1}{(s^2 - 4s + 3)(s^2 + 1)}$,用待定系数法把象函数分解为部分分式,令

$\dfrac{1}{(s - 1)(s - 3)(s^2 + 1)} = \dfrac{A}{s - 3} + \dfrac{B}{s - 1} + \dfrac{Cs + D}{s^2 + 1}$,得到:

$A = \dfrac{1}{20}$, $B = -\dfrac{1}{4}$, $C = \dfrac{1}{5}$, $D = \dfrac{1}{10}$,则有:

$F(s) = \dfrac{1}{(s^2 - 4s + 3)(s^2 + 1)} = \dfrac{\frac{1}{20}}{s - 3} - \dfrac{\frac{1}{4}}{s - 1} + \dfrac{\frac{1}{5}s + \frac{1}{10}}{s^2 + 1}$,最后,做拉氏逆变换,得出特解,即:

$$y = L^{-1}\{F(s)\} = \frac{1}{20}L^{-1}\left\{\frac{1}{s - 3}\right\} - \frac{1}{4}L^{-1}\left\{\frac{1}{s - 1}\right\} + \frac{1}{5}L^{-1}\left\{\frac{s}{s^2 + 1}\right\} + \frac{1}{10}L^{-1}\left\{\frac{1}{s^2 + 1}\right\}$$

$$= \frac{1}{20}e^{3t} - \frac{1}{4}e^{t} + \frac{1}{5}\cos t + \frac{1}{10}\sin t$$

例 6 - 31　求微分方程组 $\begin{cases} \dfrac{dx}{dt} = 3x - 2y \\ \dfrac{dy}{dt} = 2x - y \end{cases}$,满足 $x(0) = 1$, $y(0) = 0$ 的特解。

解　对线性微分方程组做拉氏变换,记 $F(s) = L\{x\}$, $G(s) = L\{y\}$,则有

$\begin{cases} sF(s) - 1 = 3F(s) - 2G(s) \\ sG(s) - 0 = 2F(s) - G(s) \end{cases}$,由此求得:

$F(s) = \dfrac{s + 1}{(s - 1)^2} = \dfrac{1}{s - 1} - \dfrac{2}{(s - 1)^2}$, $G(s) = \dfrac{2}{(s - 1)^2}$,再做拉氏逆变换,得微分方程组的特解为

$$x = L^{-1}\{F(s)\} = e^t + 2t\,e^t,\ y = L^{-1}\{G(s)\} = 2t\,e^t$$

第五节 | 微分方程的简单应用

一、肿瘤生长模型

这里介绍肿瘤生长的几个模型,这种模型是描述肿瘤的大小与时间关系的数学表达式。假设一个肿瘤的体积变化率与当时肿瘤的体积成正比,若在时间 t 肿瘤的体积为 $V(t)$,生长速率为 k,则有:

$$\frac{\mathrm{d}V}{\mathrm{d}t} = kV$$

设 t_0 为开始观察的时间,此时的体积为 $V_0 = V(t_0)$

分离变量,解为:

$$V(t) = V_0 e^{k(t-t_0)}$$

通常把这种按指数函数的生长称为指数生长,其模型为指数生长模型。

对肿瘤的早期生长,用指数模型是适合的,但按此模型,肿瘤的体积将随时间的增加而迅速增大,这不符合肿瘤后期生长的实际规律。研究表明,随着肿瘤体积的增大,k 不再是常数,可设 k 的变化率随 t 的增大而减小,即 $\frac{\mathrm{d}k(t)}{\mathrm{d}t} = -ak(t)$,其中 a 为正的常数,假设初始条件为:$k\mid_{t=0} = k_0$,$V\mid_{t=0} = V_0$,于是,肿瘤生长的模型为:

$$\begin{cases} \dfrac{\mathrm{d}V}{\mathrm{d}t} = kV \\ \dfrac{\mathrm{d}k}{\mathrm{d}t} = -ak \end{cases}$$

这是一个简单的非线性方程组,尽管我们没有研究非线性方程组的解法,但这不影响对它的求解,因 $\frac{\mathrm{d}k}{\mathrm{d}t} = -ak$ 为一个可分离变量的方程,解之得 $k = k_0 e^{-kt}$,代入上式,得:

$$\frac{\mathrm{d}V}{\mathrm{d}t} = k_0 e^{-kt} V$$

它是一个可分离变量的方程,利用初始条件,可得其解为:

$$V = V_0 e^{\frac{k_0}{a}(1-e^{-at})}$$

早在 1825 年就由德国数学家 Gompertz 应用于实际研究中,故称此式为 Gompertz 函数,这个模型也称为肿瘤生长的 Gompertz 模型。

二、药学模型

一般来说,一种药物要发挥其治疗作用,必须进入血液,随着血流到达作用部位。药物动力学就是研究药物、毒物及其代谢物在机体内的吸收、分布、代谢及排除过程的定量规律的科学,它是介于数学与药理学之间的一门新兴的边缘学科。自 20 世纪 30 年代药物动力学奠定基础以来,由于药物分析技术的进步和电子计算机的使用,药物动力学在理论和应用两方面都获得迅速的发展。下面仅就房室分析做一简单介绍。

1. 一室模型 最简单的房室模型是一室模型。采用一室模型是近似地把机体看成一个动力学单元,它适用于给药后,药物瞬即分布到血液、其他体液及各器官、组织中,并达到动态平衡的情况。

例 6-32 快速静脉注射模型。一次快速静脉注射后,药物随体液循环迅速分布到全身并达到动态平衡。这样,可以视体内为一个室,称为药物动力学的一室模型,并称室的理论容积 V 为表观分布容积。如图 6-3 所示的快速静脉注射一室模型中,假定药物消除是一级速率。若一次快速静脉注射药物剂量为 D_0,求血药浓度的变化规律。

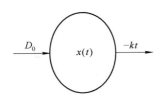

图 6-3 快速静脉注射模型

解 设 t 时刻体内药量为 x,建立快速静脉注射的一室模型,如图 6-3 所示。

$$\frac{\mathrm{d}x}{\mathrm{d}t} = -kx , \ x\mid_{t=0} = D_0$$

将微分方程分离变量、积分得:

$$\int \frac{\mathrm{d}x}{\mathrm{d}t} = -k \int \mathrm{d}t$$

$$\ln x = -kt + \ln C$$

微分方程的通解为: $x = C\mathrm{e}^{-kt}$

代入初始条件, $D_0 = C\mathrm{e}^0$, $C = D_0$, 得特解为 $x = D_0 \mathrm{e}^{-kt}$ 。

两边同除以表观分布容积 V,记血药浓度 $C(t) = \dfrac{x}{V}$, $C_0 = C(0) = \dfrac{D_0}{V}$,故体内血药浓度消除规律为:

$$C(t) = C_0 \mathrm{e}^{-kt}$$

例 6-33 恒速静脉滴注一室模型。假定药物以恒定速率 k_0 进行静脉滴注,按一级速率过程消除,一级消除速率常数 $k > 0$, 如图 6-4 所示。

解 设 t 时刻体内药量为 x,体内药量变化的速率是输入药量的速率与消除药量的速率之差,建立模型:

$$\frac{\mathrm{d}x}{\mathrm{d}t} = k_0 - kx , \ x\mid_{t=0} = 0$$

将对应齐次线性微分方程分离变量,积分得 $x = C\mathrm{e}^{-kt}$

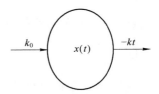

图 6-4 恒速静脉滴注模型

常数变易，令 $x = C(t)e^{-kt}$，代入原微分方程得 $C'(t)e^{-kt} = k_0$

$$C(t) = \frac{k_0}{k}e^{kt} + c$$

原微分方程通解为：

$$x = \frac{k_0}{k} + Ce^{kt}$$

代入初始条件 $x\mid_{t=0} = 0$，解得 $C = -\dfrac{k_0}{k}$，原微分方程特解为：

$$x = \frac{k_0}{k}(1 - e^{-kt})$$

体内血药浓度在静脉滴注开始后随时间上升，并趋于一个稳定水平：

$$C_{ss} = \lim_{t \to \infty} C(t) = \frac{k_0}{kV}$$

这个稳态血药水平 C_{ss}，与滴注速率 k_0 成正比，称为坪水平或坪浓度。

若剂量 D_0 的药物在时间 T 内以恒速 $k_0 = \dfrac{D_0}{T}$ 滴注，则体内血药浓度变化规律可表示为：

$$C(t) = \frac{D_0}{kVT}(1 - e^{-kt})$$

2. 二室模型　二室模型是从动力学角度把机体设想为两部分，分别称为中央室和周边室。中央室一般包括血液及血液丰富的组织(如心、肝、肾等)，周边室一般指血液供应少、药物不易进入的组织(如肌肉、皮肤、某些脂肪组织等)。

例 6-34　在快速静脉的情况下常见的二室模型如图 6-5 所示。图中 V_1 代表中央室的容积，k_{10} 代表药物从中央室消除的一级速率常数，k_{12} 和 k_{21} 分别代表药物从中央室到周边室以及反方向的一级转运速率常数。在快速静脉注射剂量为 D 的药物后，设在时间 t，中央室和周边室中的药物分别为 $x_1(t)$ 和 $x_2(t)$，则可建立如下数学模型：

$$\begin{cases} \dfrac{dx_1}{dt} = k_{21}x_2 - (k_{12} + k_{10})x_1 \\[2mm] \dfrac{dx_2}{dt} = k_{12}x_1 - k_{21}x_2 \end{cases}$$

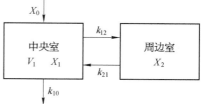

图 6-5　二室模型

其中，初始条件 $t = 0$，$x_1 = x_0$，$x_2 = 0$。

解　设 $F(s) = L\{x_1\}$，$G(s) = L\{x_2\}$，做拉氏变换得：

$$\begin{cases} sF(s) - x_0 = -k_{12}F(s) - k_{10}F(s) + k_{21}G(s) \\ sG(s) = k_{12}F(s) - k_{21}G(s) \end{cases}$$

解此方程组，可得象函数

$$F(s)=\frac{x_0(s+k_{21})}{s^2+(k_{10}+k_{12}+k_{21})+k_{10}k_{21}}=\frac{x_0(s+k_{21})}{(s+\alpha)(s+\beta)}$$

$$G(s)=\frac{k_{12}x_0}{s^2+(k_{10}+k_{12}+k_{21})+k_{10}k_{21}}=\frac{k_{12}x_0}{(s+\alpha)(s+\beta)}$$

式中，$-\alpha$ 和 $-\beta$ 是方程 $s^2+(k_{10}+k_{12}+k_{21})+k_{10}k_{21}=0$ 的两根，并设 $\alpha>\beta$，对象函数做拉氏变换，得中央室和周边室在时刻 t 的药量

$$x_1=\frac{x_0(\alpha-k_{21})}{\alpha-\beta}e^{-\alpha t}+\frac{x_0(k_{21}-\beta)}{\alpha-\beta}e^{-\beta t}$$

$$x_2=-\frac{k_{12}x_0}{\alpha-\beta}(e^{-\alpha t}-e^{-\beta t})$$

3. HIV 病毒动力学模型 1997 年科学家建立了关于 HIV 和 CD4$^+$T 细胞的简单数学模型，该模型把 CD4$^+$T 细胞分为两类：健康的 CD4$^+$T 细胞和被感染的 CD4$^+$T 细胞，并提出了下面的病毒动力学模型。

$$\begin{cases}\dfrac{dT}{dt}=\lambda-dT-\beta TV\\[2mm]\dfrac{dT^*}{dt}=\beta TV-\delta T^*\\[2mm]\dfrac{dV}{dt}=N\delta T^*-cV\end{cases}$$

其中 $T(t)$，$T^*(t)$，$V(t)$ 分别表示 t 时刻健康的 CD4$^+$T 细胞、感染的 CD4$^+$T 细胞和自由病毒的浓度。λ，d，β，$N\delta$，c 均是正常数，λ 是人体内产生 CD4$^+$T 的速率，d 是健康 CD4$^+$T 的死亡率，δ 是感染细胞的死亡率，N 是每个感染细胞死亡后裂解成病毒粒子的裂解量，c 是自由病毒的死亡率，β 是病毒感染健康 CD4$^+$T 细胞的感染率。

患者在感染 HIV 病毒前，我们有 $T^*=0$，$V=0$，健康细胞的数量当 $t\to\infty$ 时趋向于 $T_0=\dfrac{\lambda}{d}$。假设初始感染时间 $t=0$，初始自由病毒粒子的数量为 V_0，这样可以借助阈值理论来分析病毒在人体内能否存在。为此定义基本再生数 R_0，它表示当几乎所有细胞都是健康细胞时一个感染细胞所能感染的新细胞个数。一个感染细胞所产生新的感染细胞率为 $\dfrac{\beta N\delta T}{c}$，如果所有的细胞都是健康细胞，则 $T=\dfrac{\lambda}{d}$，且一个感染细胞的平均寿命是 $\dfrac{1}{\delta}$，这样基本再生数 $R_0=\dfrac{\beta\lambda N\delta}{\delta dc}$。如果 $R_0<1$，则病毒不可能传播，这是因为一个感染细胞在其生命周期内感染新的细胞的数量小于 1；当 $R_0>1$ 时，模型存在病毒持久平衡态

$$\overline{T}=\frac{\delta c}{\beta N\delta},\quad \overline{T}^*=(R_0-1)\frac{dc}{\beta N\delta},\quad \overline{V}=(R_0-1)\frac{d}{\beta}$$

则病毒可能传播。

拓 展 阅 读

微分方程简介

微分方程是数学的重要分支之一。牛顿和莱布尼茨在创造微分和积分运算时,就指出了它们的互逆性,事实上这是解决了最简单的微分方程 $y'=f(x)$ 的求解问题。当人们用微积分学去研究几何学、力学、物理学所提出的问题时,微分方程就大量地涌现出来。17 世纪,微分方程就提出了弹性问题,这类问题导致悬链线方程、振动弦方程等的出现。牛顿研究天体力学和机械力学时,利用了微分方程这个工具,从理论上得到了行星的运动规律。后来,法国天文学家勒维烈(Le Verriver)和英国天文学家亚当斯(Adamas)使用微分方程各自计算出那时尚未发现的海王星的位置。

常微分方程的形成和发展是与力学、天文学、物理学,以及其他科学技术的发展密切相关的。目前,除物理学、天文学外,在生物学、医学、化学、经济学等领域甚至许多社会科学也大量利用微分方程来精确地表述事物变化所遵循的基本规律,如传染病研究中微分方程、血糖调节系统的微分方程、磷脂酶水解肌醇磷脂的微分方程、炎症在动脉粥样硬化发生机制中的微分方程、寒热证阴阳变化的微分方程、人口发展模型、交通流模型等,微分方程已成为最有生命力的数学分支之一。此外,数学的其他分支的新发展,如复变函数、李群、组合拓扑学等,都对常微分方程的发展产生了深刻的影响,当前计算机的发展更是为常微分方程的应用及理论研究提供了有力的工具。

习　　题

6-1 判断下列各题中的函数是否为所给微分方程的解。

(1) $xy'=2y$, $y=5x^2$;

(2) $y''+y=0$, $y=3\sin x-4\cos x$;

(3) $y''-2y'+y=0$, $y=x^2\mathrm{e}^{2x}$;

(4) $y''-(a_1+a_2)y'+a_1a_2y=0$, $y=C_1\mathrm{e}^{a_1x}+C_2\mathrm{e}^{a_2x}$。

6-2 写出由下列条件确定的曲线所满足的微分方程。

(1) 曲线在 (x,y) 处切线斜率等于该点横坐标的平方;

(2) 曲线上点 $P(x,y)$ 处的法线与 x 轴的交点为 Q,且线段 PQ 被 y 轴平分。

6-3 求下列微分方程的通解。

(1) $y\ln y\,\mathrm{d}x+x\ln x\,\mathrm{d}y=0$;　　　　(2) $2\mathrm{d}y+y\tan x\,\mathrm{d}x=0$;

(3) $y'=\mathrm{e}^{2x-y}$;　　　　(4) $y'-y\sin x=0$;

(5) $\mathrm{e}^x\,\mathrm{d}x=\mathrm{d}x+\sin 2y\,\mathrm{d}y$;　　　　(6) $\sin x\cos y\,\mathrm{d}x-\cos x\,\mathrm{d}y=0$;

(7) $\dfrac{\mathrm{d}y}{\mathrm{d}x}+\dfrac{\mathrm{e}^{y^2+3x}}{y}=0$;　　　　(8) $\dfrac{\mathrm{d}y}{\mathrm{d}x}-\dfrac{\sqrt{1-y^2}}{\sqrt{1-x^2}}=0$。

6-4 求下列初值问题的解。

(1) $\dfrac{\mathrm{d}y}{\mathrm{d}x}=2xy$, $y(0)=1$;

(2) $\cos^2 x\,\dfrac{\mathrm{d}y}{\mathrm{d}x}+y=0$, $y(0)=1$;

(3) $2xy\,\mathrm{d}x+(1+x^2)\,\mathrm{d}y=0$, $y(1)=3$;

(4) $xy'+1=4\mathrm{e}^{-y}$, $y(-2)=0$。

6-5 求下列齐次方程的通解。

(1) $x\,\dfrac{\mathrm{d}y}{\mathrm{d}x}=y\ln\dfrac{y}{x}$;

(2) $\left(x+y\cos\dfrac{y}{x}\right)\mathrm{d}x-x\cos\dfrac{y}{x}\,\mathrm{d}y=0$;

(3) $(x^2+y^2)\,\mathrm{d}x-xy\,\mathrm{d}y=0$;

(4) $\dfrac{\mathrm{d}x}{x^2-xy+y^2}=\dfrac{\mathrm{d}y}{2y^2-xy}$。

6-6 求下列齐次方程满足所给初始条件的特解。

(1) $y'=\dfrac{x}{y}+\dfrac{y}{x}$, $y(1)=2$;

(2) $\dfrac{\mathrm{d}y}{\mathrm{d}x}=\dfrac{y}{x}+\tan\dfrac{y}{x}$, $y(1)=\dfrac{\pi}{6}$。

6-7 某放射性物质的放射速率与所存的量 $R(t)$ 成正比,比例系数 $k>0$,且在 t_0 时刻所存的量为 R_0,求 t 时刻所存放射物质的量。

6-8 某细菌在适当条件下增长率与当时的量 $P(t)$ 成正比,第三日一天内增加了 2 455 个,第五日一天内增加了 4 314 个,求该细菌的增长速率常数。

6-9 配制每 1 ml 含 400 U 的某药物,2 个月后含量为 380 U,若分解为一级速率过程,则配制 3 个月后含量为多少? 若药物含量低于 300 U 无效,则失效期为多少?

6-10 求下列微分方程的通解。

(1) $y'+y=\mathrm{e}^{-x}$;

(2) $y'+y\cos x=\mathrm{e}^{-\sin x}$;

(3) $xy'-y=x^2+1$;

(4) $xy'+y=x^2+3x+2$;

(5) $y'\sin x+y\cos x=\sin 2x$;

(6) $-x\ln y\,\mathrm{d}y+y\ln y\,\mathrm{d}x+y\,\mathrm{d}y=0$;

(7) $\dfrac{\mathrm{d}y}{\mathrm{d}x}+2xy=x\mathrm{e}^{-x^2}$;

(8) $\dfrac{\mathrm{d}y}{\mathrm{d}x}+\dfrac{2xy}{1+x^2}=x^2-1$。

6-11 求下列初值问题的解。

(1) $y'+3xy=x$, $y(0)=-0.5$;

(2) $xy'+y-\mathrm{e}^x=0$, $y(1)=3\mathrm{e}$;

(3) $y'\cos x+y\sin x=1$, $y(0)=0$;

(4) $xy'+y=\sin x$, $y(\pi/2)=2$。

6-12 纯利润 L 随广告费用 x 变化的关系为 $\dfrac{\mathrm{d}L}{\mathrm{d}x}=k-a(L+x)$ (k, a 为常数,$L(0)=L_0$),求纯利润 L 变化规律。

6-13 质量为 m 的物体从静止开始做直线运动,受到与时间 t 成正比的外力,比例系数 $k_1>0$,运动阻力与速度成正比,比例系数 $k_2>0$,求物体运动的速度变化规律。

6-14 求下列微分方程的通解。

(1) $y''=\dfrac{1}{1+x^2}$;

(2) $y''=1+(y')^2$;

(3) $xy''+y'=0$;

(4) $yy''=(y')^2$;

(5) $y''=y'+x$;

(6) $x^2y''+xy'=1$。

6-15 求下列初值问题的解。

(1) $y^3y''+1=0$, $y(1)=1$, $y'(1)=1$;

(2) $y''=\mathrm{e}^{2x}$, $y(0)=0$, $y'(0)=0$;

(3) $y'' + (y')^2 = 1$, $y(0) = 0$, $y'(0) = 0$;　　　(4) $y'' = 3\sqrt{y}$, $y(0) = 1$, $y'(0) = 2$。

6-16　子弹以速度 $v_0 = 200$ m/s 与板垂直的方向打入厚度为 10 cm 的板,穿过板时,速度为 $v_1 = 80$ m/s。设板对子弹的阻力与速度的平方成正比(比例系数 $k > 0$),求子弹在板中 5 cm 时的速度。

6-17　质量为 m 的物体受重力作用从静止开始下落,运动阻力与速度的平方成正比(比例系数 $k > 0$),求物体运动的规律。

6-18　求下列微分方程的通解。

(1) $y'' + y' - 2y = 0$;　　　　　　　　(2) $y'' - y = 0$;

(3) $y'' - 2y' - y = 0$;　　　　　　　　(4) $y'' + y' = 0$;

(5) $y'' - 4y' + 4y = 0$;　　　　　　　(6) $y'' + 6y' + 13y = 0$;

(7) $y'' - 2y' - 3y = e^{2x}$;　　　　　　(8) $y'' - y' - 2y = e^{2x}$;

(9) $y'' + 4y = \sin 2x$;　　　　　　　(10) $y'' - 2y' + 5y = 10\sin x$。

6-19　求下列初值问题的解。

(1) $y'' - 4y' + 3y = 0$, $y(0) = 6$, $y'(0) = 10$;

(2) $y'' + 4y' + 29y = 0$, $y(0) = 0$, $y'(0) = 15$;

(3) $4y'' + 4y' + y = 0$, $y(0) = 2$, $y'(0) = 0$;

(4) $y'' + 2y' + 5y = 0$, $y(0) = 5$, $y'(0) = -5$;

(5) $y'' - 6y' + 13y = 39$, $y(0) = 4$, $y'(0) = 3$;

(6) $y'' + y = 2\cos x$, $y(0) = 2$, $y'(0) = 0$。

6-20　设圆柱形浮筒,直径为 0.5 m,垂直放在水中,当稍向下压后突然放开,浮筒在水中上下振动的周期为 2 s,求浮筒的质量。

6-21　质量为 m 的潜水艇从水面由静止状态开始下潜,所受阻力与下潜速度成正比(比例系数 $k > 0$)。求潜水艇下潜深度 x 与时间 t 的函数关系。

6-22　对下列函数做拉氏变换。

(1) $f(t) = (e^{3t} - 2e^{-3t})^2$;　　　　　　(2) $f(t) = \sin t \cos t$。

6-23　对下列函数做拉氏逆变换。

(1) $F(s) = \dfrac{s+1}{s(s+2)}$;　　　　　　(2) $F(s) = \dfrac{1}{(s+1)(s-2)(s+3)}$。

6-24　用拉氏变换解下列初值问题。

(1) $y'' - 2y' + y = 30t\, e^t$, $y(0) = y'(0) = 0$;

(2) $y'' + y = 4\sin t + 5\cos t$, $y(0) = -1$, $y'(0) = -2$;

(3) $\begin{cases} \dfrac{dx}{dt} + \dfrac{dy}{dt} = 0 \\ \dfrac{dx}{dt} - \dfrac{dy}{dt} = 1 \end{cases}$, $x(0) = 1$, $y(0) = 0$;

(4) $\begin{cases} \dfrac{dx}{dt} = x + y \\ \dfrac{dy}{dt} = 4x + y \end{cases}$, $x(0) = 2$, $y(0) = 3$。

6-25   在害虫(或癌细胞)与天敌(或正常细胞)的斗争中,形成被食者 x 与食者 y 的关系。x 增长速度正比于 x(比例系数 λ),同时减少速度正比于 x 与 y 的乘积(比例系数 α)。y 增长速度正比于 x 与 y 的乘积(比例系数 β),同时减少速度正比于 y(比例系数 μ)。建立被食者与食者模型,讨论杀虫剂(或化疗)停用后,哪种恢复更快。

第七章　多元函数的微分学

导学

　　本章介绍空间解析几何基础知识和多元函数的定义、极限、偏导数、全微分和极值的计算,主要解决多元函数的微分问题。

　　(1)掌握偏导数与全微分的计算,高阶偏导数、多元复合函数的求导法则;多元函数求极值、隐函数的偏导数。

　　(2)熟悉偏导数与全微分的概念。

　　(3)了解空间直角坐标系与空间曲面的意义、特殊的二次曲面标准方程与图形、多元函数的基本概念。

　　如果函数只有一个自变量,这种函数称为一元函数。但是,在很多实际问题中往往涉及多方面的因素,反映到数学上,就是一个变量依赖于多个变量的情形。这就提出了多元函数以及多元函数的微分和积分问题。本章将在一元函数微分学的基础上,讨论多元函数的微分法及其应用。讨论中我们以二元函数为主,因为从二元函数到二元以上的多元函数可以类推。

第一节　空间解析几何基础知识

一、空间直角坐标系

　　对空间图形与数的研究,需要建立空间的点与有序数组之间的联系,为此需要通过引进空间直角坐标系来实现。

　　在空间取定点 O,过 O 点作三条互相垂直的直线 Ox,Oy,Oz,它们的正方向要符合右手规则,即以右手握住 z 轴,当右手的四指从 Ox 正向 90°转向 Oy 正向时,拇指的指向就是 z 轴的正向,这样的三条坐标轴 Ox,Oy,Oz 就组成了一个**空间直角坐标系**,如图 7-1 所示。点 O 称为坐标原点,三条坐标轴 Ox,Oy,Oz 分别称为 x 轴(横轴)、y 轴(纵轴)、z 轴(竖轴),统称为**坐标轴**。

　　由 x 轴和 y 轴、y 轴和 z 轴、z 轴和 x 轴确定的平面分别称为 xOy 平面、yOz 平面、zOx 平面。坐标面分空间为八个部分,称为八个卦限。

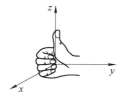

图 7-1

xOy 面一、二、三、四象限的上方空间按逆时针方向分别称为 Ⅰ、Ⅱ、Ⅲ、Ⅳ 卦限,下方空间分别为 Ⅴ、Ⅵ、Ⅶ、Ⅷ 卦限,如图 7-2 所示。

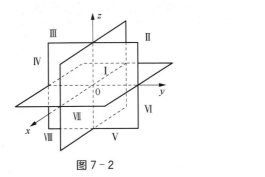
图 7-2

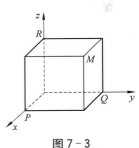
图 7-3

建立了空间直角坐标系后,就可以建立空间的点与有序数组之间的对应关系。设点 M 为空间一已知点,过点 M 作三个平面分别垂直于 x 轴、y 轴、z 轴,它们与 x 轴、y 轴、z 轴的交点依次为 P,Q,R,如图 7-3 所示。这三点在 x 轴、y 轴、z 轴的坐标依次为 x,y,z。于是空间的一点 M 就唯一地确定了一个有序数组 x,y,z。这组数 x,y,z 就称为点 M 的坐标,并依次称 x,y,z 为**点 M 的横坐标、纵坐标和竖坐标**。坐标为 x,y,z 的点 M 通常记为 $M(x,y,z)$。这样,通过空间直角坐标系,就建立了空间的点 M 和有序数组 x,y,z 之间的一一对应关系。

需要注意的是:坐标面上和坐标轴上的点,其坐标各有一定的特征。例如,如果点 M 在 yOz 平面上,则 $x=0$;同样,zOx 面上的点,$y=0$;如果点 M 在 x 轴上,则 $y=z=0$;如果 M 是原点,则 $x=y=z=0$ 等。

设 $M_1(x_1,y_1,z_1)$,$M_2(x_2,y_2,z_2)$ 为空间两点,用两点的坐标来表达它们间的距离 d 的公式为 $d=|M_1M_2|=\sqrt{(x_2-x_1)^2+(y_2-y_1)^2+(z_2-z_1)^2}$,这就是空间直角坐标系下**两点间的距离公式**。

例 7-1 求证以 $P_1(0,0,2)$,$P_2(3,0,2)$,$P_3(2,-2,3)$ 三点为顶点的三角形是一个等腰三角形。

证 因为

$|P_1P_2|^2=(3-0)^2+(0-0)^2+(2-2)^2=9$,$|P_1P_3|^2=(2-0)^2+(-2-0)^2+(3-2)^2=9$

所以,$|P_1P_2|=|P_1P_3|$,即三角形 $P_1P_2P_3$ 是等腰三角形。

二、平面与二次曲面

在空间解析几何中,任何曲面都可以看成点的几何轨迹,由此,如果曲面 S 与方程 $F(x,y,z)=0$ 有下述关系:① 曲面 S 上任一点的坐标都满足方程。② 不在曲面上的点的坐标都不满足方程。此方程称为曲面 S 的方程,而曲面 S 就称为该方程的图形。

一般地,空间中任一平面的方程为三元一次方程,即 $Ax+By+Cz+D=0$。

例 7-2 已知一平面与三坐标轴相交,交点坐标分别为 $P(a,0,0)$,$Q(0,b,0)$,$R(0,0,c)$,求此平面方程(a,b,c 均不为 0)。

解 分别将交点坐标 $(a,0,0)$,$(0,b,0)$,$(0,0,c)$ 代入上面方程,得到:

$$\begin{cases} Aa+D=0 \\ Bb+D=0, \text{即:} \\ Cc+D=0 \end{cases}$$

$A=-\dfrac{D}{a}$，$B=-\dfrac{D}{b}$，$C=-\dfrac{D}{c}$，代入上式整理，则有：

$$\frac{x}{a}+\frac{y}{b}+\frac{z}{c}=1$$

此方程称为平面的**截距式方程**，a，b，c 分别称为平面在 x，y，z 轴上的**截距**，如图 7-4 所示。从图 7-4 中容易看出，三坐标平面 xOy 平面、yOz 平面、xOz 平面的方程分别为 $z=0$，$x=0$，$y=0$。

三元二次方程 $Ax^2+By^2+Cz^2+Dxy+Eyz+Fzx+Gx+Hy+Iz+K=0$ 表示的曲面，称为**二次曲面**，常用的二次曲面有球面、圆柱面、椭球面、抛物面、双曲面等。可作坐标面或平行于坐标面的平面与曲面的相截，通过截痕来描绘制二次曲面的图形。

（1）球面 $(x-x_0)^2+(y-y_0)^2+(z-z_0)^2=R^2$，球面如图 7-5 所示，在 $z=h$ $(h>0)$ 面截痕为半径不一样的圆。

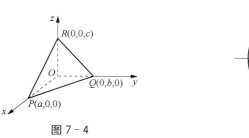

图 7-4

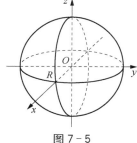

图 7-5

（2）圆柱面 $x^2+y^2=R^2$，圆柱面如图 7-6 所示，在 $z=h$ $(h>0)$ 面截痕为半径一样的圆。

（3）椭球面 $\dfrac{x^2}{a^2}+\dfrac{y^2}{b^2}+\dfrac{z^2}{c^2}=1$ $(a$，b，$c>0)$，椭球面如图 7-7 所示，在三个坐标面上的截痕都是椭圆，即

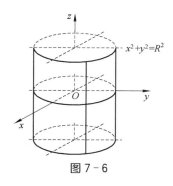

图 7-6

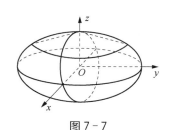

图 7-7

$$\begin{cases} \dfrac{x^2}{a^2} + \dfrac{y^2}{b^2} = 1 \\ z = 0 \end{cases}, \quad \begin{cases} \dfrac{x^2}{a^2} + \dfrac{z^2}{c^2} = 1 \\ y = 0 \end{cases}, \quad \begin{cases} \dfrac{y^2}{b^2} + \dfrac{z^2}{c^2} = 1 \\ x = 0 \end{cases}$$

(4) 椭圆抛物面 $\dfrac{x^2}{a^2} + \dfrac{y^2}{b^2} = z\ (a, b > 0)$，椭圆抛物面如图 7-8 所示，在 xOz 和 yOz 面截痕为

抛物线，在 $z = h\ (h > 0)$ 面截痕为椭圆，即 $\begin{cases} z = h \\ \dfrac{x^2}{a^2} + \dfrac{y^2}{b^2} = h \end{cases}$。

(5) 双曲抛物面 $\dfrac{x^2}{a^2} - \dfrac{y^2}{b^2} = z\ (a, b > 0)$，双曲抛物面如图 7-9 所示，在 xOz 和 yOz 面截痕为

抛物线，在 $z = \pm h\ (h > 0)$ 平面截痕为双曲线，即 $\begin{cases} z = \pm h \\ \dfrac{x^2}{a^2} - \dfrac{y^2}{b^2} = \pm h \end{cases}$。图形如马鞍形，也称马鞍面。

把 xy 平面旋转 $45°$，则方程化为 $z = xy$。

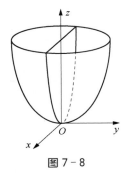

图 7-8

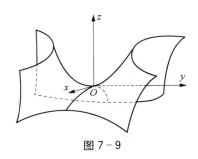

图 7-9

(6) 单叶双曲面图 $\dfrac{x^2}{a^2} + \dfrac{y^2}{b^2} - \dfrac{z^2}{c^2} = 1\ (a, b, c > 0)$：单叶双曲面如图 7-10 所示，在 xOz 和 yOz 面截痕为双曲线，$z = \pm h\ (h > 0)$ 面截痕为椭圆。

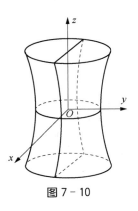

图 7-10

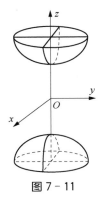

图 7-11

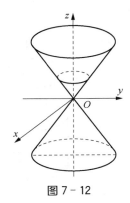

图 7-12

(7) 双叶双曲面 $\dfrac{x^2}{a^2}+\dfrac{y^2}{b^2}-\dfrac{z^2}{c^2}=-1$ $(a,b,c>0)$：双叶双曲面如图 7-11 所示，在 xOz 和 yOz 面截痕为双曲线，面截痕为椭圆。

(8) 椭圆锥面 $\dfrac{x^2}{a^2}+\dfrac{y^2}{b^2}-\dfrac{z^2}{c^2}=0$ $(a,b,c>0)$：椭圆锥面如图 7-12 所示，在 xOz 和 yOz 面截痕为直线，在 $z=\pm h$ $(h>0)$ 面截痕为椭圆。

第二节 多元函数与极限

一、多元函数的定义

例7-3 圆柱体的体积 V 和它的底半径 r、高 h 之间满足体积公式 $V=\pi r^2 h$。这里，当 r,h 在集合 $\{(r,h)\mid r>0,h>0\}$ 内取定一对值 (r,h) 时，V 对应的值就随之确定。

例7-4 一定量的理想气体的压强 p、体积 V 和绝对温度 T 之间符合气体状态方程 $p=\dfrac{RT}{V}$。其中 R 为常数。这里，当 V,T 在集合 $\{(V,T)\mid V>0,T>0\}$ 内取定一对值 (V,T) 时，p 的对应值就随之确定。

例7-5 设 R 是电阻 R_1 和 R_2 并联后的总电阻，由电学知道，它们之间具有关系 $R=\dfrac{R_1 R_2}{R_1+R_2}$。这里，当 R_1 和 R_2 在集合 $\{(R_1,R_2)\mid R_1>0,R_2>0\}$ 内取定一对值 (R_1,R_2) 时，R 的对应值就随之确定。

定义1 设 D 是 xOy 平面上的非空点集，若存在一个对应法则 f，使得对于 D 中的每一个点 $P(x,y)$，都能由 f 唯一地确定一个实数 z，则称 f 是定义在 D 上的二元函数，记为

$$z=f(x,y)$$

x,y 称为**自变量**，D 称为**定义域**，z 称为**因变量**。(x,y) 的对应值记为 $f(x,y)$，称为**函数值**，函数值的集合称为**值域**。

可类似定义三元函数 $u=f(x,y,z)$ 及 n 元函数 $y=f(x_1,x_2,\cdots,x_n)$。二元及二元以上的函数统称为**多元函数**。

空间直角坐标系中，于 xOy 坐标面画出二元函数 $z=f(x,y)$ 的定义域 D，对 $(x,y)\in D$，按对应值 $z=f(x,y)$ 画出点 $M(x,y,z)$。这样的 M 点的全体就是二元函数 $z=f(x,y)$ 的图形。一般说来，二元函数 $z=f(x,y)$ 的图形是空间的一张曲面，定义域 D 是这张曲面在 xOy 坐标面上的投影。

定义域 D 及对应法则 f，称为多元函数的两要素。两个函数只有在其定义域及对应法则都相同时，它们才是相同的。

二元函数 $z=f(x,y)$ 的定义域 D 是一个平面点集，通常是由一条或几条曲线围成的区域。

围成区域的曲线称为边界,包括全部边界的区域称闭区域,不包括任何边界的区域称开区域。

例 7 - 6 矩形面积 $A = xy$,求定义域。

解 $D = \{(x, y) \mid x > 0, y > 0\}$,这是不含坐标轴的第一象限开区域。

例 7 - 7 函数 $z = \sqrt{x^2 + y^2 - 1} + \sqrt{4 - x^2 - y^2}$,求定义域。

解 定义域 $1 \leqslant x^2 + y^2 \leqslant 4$,这是半径为 1 和 2 的圆围成的环形闭区域,如图 7 - 13 所示。

例 7 - 8 函数 $f(x, y) = \sqrt{4 - x^2 - y^2} + \arcsin y + (x^2 + y^2)^{-1}$,求定义域。

解 定义域 $0 < x^2 + y^2 \leqslant 4$ 且 $-1 \leqslant y \leqslant 1$,这是半径为 2 的无心圆去掉两个弓形的区域,如图 7 - 14 所示。

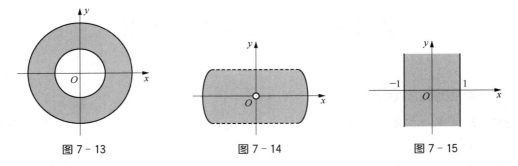

图 7 - 13   图 7 - 14   图 7 - 15

例 7 - 9 函数 $f(x, y) = \ln(1 - x^2)$,求定义域。

解 定义域 $D = \{(x, y) \mid -1 < x < 1, -\infty < y < +\infty\}$,是平行线 $x = \pm 1$ 围成的带状开区域。

二、多元函数的极限

这里先讨论二元函数 $z = f(x, y)$,当 $x \to x_0$,$y \to y_0$,即 $P(x, y) \to P_0(x_0, y_0)$ 时的极限。$P \to P_0$ 表示点 P 以任何方式趋于点 P_0,也就是点 P 与点 P_0 间的距离趋于零,即:

$$|PP_0| = \sqrt{(x - x_0)^2 + (y - y_0)^2} \to 0$$

类似于一元函数的极限概念,如果在 $P(x, y) \to P_0(x_0, y_0)$ 的过程中,对应的函数值 $f(x, y)$ 无限接近于一个确定的常数 A,这里就说 A 是函数 $f(x, y)$ 当 $x \to x_0$,$y \to y_0$ 时的极限。下面用"$\varepsilon - \delta$"语言描述这个极限概念。

定义 2 设函数 $f(x, y)$ 在开区域(或闭区域)D 内有定义,$P_0(x_0, y_0)$ 是 D 的内点或边界点。如果对于任意给定的正数 ε,总存在正数 δ,使得对于适合不等式 $0 < |PP_0| = \sqrt{(x - x_0)^2 + (y - y_0)^2} < \delta$ 的一切点 $P(x, y) \in D$,都有 $|f(x, y) - A| < \varepsilon$ 成立,则称常数 A 为函数 $f(x, y)$ 当 $x \to x_0$,$y \to y_0$ 时的极限,记作:

$$\lim_{\substack{x \to x_0 \\ y \to y_0}} f(x, y) = A \text{ 或 } f(x, y) \to A \ (\rho \to 0), \rho = |PP_0|$$

不等式 $0 < |PP_0| < \delta$ 表示在 P_0 的 δ 邻域内但不取 P_0 点,这说明在 $P \to P_0$ 时 $f(x, y)$ 的极限与函数在 P_0 处有无定义没有关系。$|f(x, y) - A| < \varepsilon$ 表示,$0 < |PP_0| < \delta$ 时曲面 $z = f(x, y)$ 位于平面 $z = A - \varepsilon$ 与 $z = A + \varepsilon$ 之间。

为了区别于一元函数的极限,这里把二元函数的极限称为**二重极限**。

例 7 - 10　设 $f(x,y)=(x^2+y^2)\sin\dfrac{1}{x^2+y^2}$ $(x^2+y^2\neq0)$,求证 $\lim\limits_{\substack{x\to0\\y\to0}}f(x,y)=0$。

证　因为

$$\left|(x^2+y^2)\sin\frac{1}{x^2+y^2}-0\right|=|x^2+y^2|\cdot\left|\sin\frac{1}{x^2+y^2}\right|\leqslant x^2+y^2,\text{可见,对于任意给定的正}$$

数 ε,取 $\delta=\sqrt{\varepsilon}$,则当 $0<\sqrt{(x-0)^2+(y-0)^2}<\varepsilon$ 时,总有

$$\left|(x^2+y^2)\sin\frac{1}{x^2+y^2}-0\right|<\varepsilon\text{ 成立,所以}$$

$$\lim_{\substack{x\to0\\y\to0}}f(x,y)=0$$

例 7 - 11　证明: $\lim\limits_{\substack{x\to0\\y\to0}}\dfrac{x^2y}{x^2+y^2}=0$。

证　用放大法,由 $x^2\leqslant x^2+y^2$, $|y|\leqslant\sqrt{x^2+y^2}$,得到:

$$\left|\frac{x^2y}{x^2+y^2}\right|=\frac{x^2|y|}{x^2+y^2}\leqslant\frac{(x^2+y^2)^{3/2}}{x^2+y^2}=\sqrt{x^2+y^2},\text{ 对 }\forall\varepsilon>0,\text{取 }\delta=\varepsilon,\rho=\sqrt{x^2+y^2},\text{只要}$$

$0<\rho<\delta$,就一定有 $\left|\dfrac{x^2y}{x^2+y^2}\right|<\varepsilon$,即:

$$\lim_{(x,y)\to(0,0)}\frac{x^2y}{x^2+y^2}=0$$

这里必须注意,所谓二重极限积分存在是指 $P(x,y)$ 以任何方式、任何路径趋于点 $P_0(x_0,y_0)$ 时,函数 $f(x,y)$ 都无限地接近于 A。因此,当 $P(x,y)$ 以某一特殊方式,如沿着一条定直线或定曲线趋于 $P_0(x_0,y_0)$ 时,即使函数无限接近于某一确定值,这里也不能由此判断函数的极限存在。反过来说,如果当 $P(x,y)$ 以不同的方式趋于 $P_0(x_0,y_0)$ 时,函数趋于不同的值,那么就可以判定这个函数的极限不存在。

例 7 - 12　证明: $\lim\limits_{(x,y)\to(0,0)}\dfrac{xy}{x^2+y^2}$ 不存在。

证　当点 $P(x,y)$ 沿 x 轴趋于点 $(0,0)$ 时,则有:
$\lim\limits_{x\to0}f(x,0)=\lim\limits_{x\to0}0=0$,又当点 $P(x,y)$ 沿 y 轴趋于点 $(0,0)$ 时,则有:

$$\lim_{y\to0}f(0,y)=\lim_{y\to0}0=0$$

这里,虽然点 $P(x,y)$ 沿 x 轴或沿 y 轴趋于点 $(0,0)$ 时函数的极限都存在且相等,但不能以偏概全。例如,当点 $P(x,y)$ 沿直线 $y=kx$ 趋于点 $(0,0)$ 时,有 $\lim\limits_{x\to0}\dfrac{xy}{x^2+y^2}=\lim\limits_{x\to0}\dfrac{kx^2}{x^2+k^2x^2}=\dfrac{k}{1+k^2}$。很明显,这个结果会随着 k 的变化而变化。也就是说,当 $P(x,y)$ 以不同的方式趋于 $P_0(x_0,y_0)$ 时,函数趋于不同的值,所以就判定这个函数的极限不存在。

以上关于二元函数的极限概念,可相应地推广到 n 元函数 $u=f(P)$,即 $u=f(x_1, x_2, \cdots, x_n)$ 上去。关于多元函数的极限运算,有与一元函数类似的运算法则。

例 7-13 求 $\lim\limits_{\substack{x\to 0 \\ y\to 2}} \dfrac{\sin(xy)}{x}$ 的值。

解 $\lim\limits_{\substack{x\to 0 \\ y\to 2}} \dfrac{\sin(xy)}{x} = \lim\limits_{xy\to 0} \dfrac{\sin(xy)}{xy} \cdot \lim\limits_{y\to 2} y = 1 \cdot 2 = 2$

三、多元函数的连续性

定义 3 设函数 $z=f(x, y)$ 在区域 D 内有定义,点 $P_0(x_0, y_0)$ 是 D 的内点或边界点且 $P_0\in D$。 如果 $\lim\limits_{\substack{x\to x_0 \\ y\to y_0}} f(x, y) = f(x_0, y_0)$,则称函数 $z=f(x, y)$ 在点 $P_0(x_0, y_0)$ 处**连续**。

若函数 $z=f(x, y)$ 在区域 D 内的每一点连续,则称函数 $z=f(x, y)$ 在区域 D 内连续,或者称 $f(x, y)$ 是 D 内的连续函数。

关于二元函数的连续性概念,可以推广到 n 元函数上去。

二元函数的不连续点,称为**间断点**。此外,如果在区间 D 内某些孤立点,或者沿 D 内某些曲线,函数 $f(x, y)$ 没有定义,但在 D 内其余部分,$f(x, y)$ 都有定义,那么这些孤立点或这些曲线上的点,都是函数 $f(x, y)$ 的不连续点,即间断点。

类似于一元函数,可以得出多元函数极限的和、差、积、商法则,可以证明多元连续函数的和、差、积、商及多元连续函数的复合函数为连续函数,也可以证明多元初等函数在定义区间内是连续的,所谓定义区间是指包含在定义域内的区域。

由于多元函数的连续性,如果要求它在点 P_0 处的极限,而该点又在此函数的定义区间内,则该极限值就是函数在该点的函数值,即 $\lim\limits_{P\to P_0} f(P) = f(P_0)$。

若 $z=f(x, y)$ 为二元初等函数,则 $z=f(x, y)$ 在区域 D 上连续,图形为 D 上无孔无洞无缝的曲面。这种情况下,二元函数极限可以转化为求函数值。特殊情况下,可以做变量替换化为一元极限。

例 7-14 求二元初等函数 $z=\dfrac{x+y}{x^2-y}$ 的间断点。

解 函数定义域为 $y\ne x^2$,故函数间断点为 $y=x^2$,形成 xOy 平面的一条曲线。

例 7-15 求二元分段函数 $f(x, y)=\begin{cases} \dfrac{xy}{x^2+y^2}, & x^2+y^2\ne 0 \\ 0, & x^2+y^2=0 \end{cases}$ 的间断点。

解 由例 7-12 可知,函数 $f(x, y)$ 在点 $(0, 0)$ 处极限不存在,故 $(0, 0)$ 点为函数 $f(x, y)$ 的间断点。

例 7-16 求极限 $\lim\limits_{(x, y)\to(1, 0)} \dfrac{\ln(x+e^y)}{\sqrt{x^2+y^2}}$。

解 由二元初等函数的连续性,则有:

$$\lim\limits_{(x, y)\to(1, 0)} \dfrac{\ln(x+e^y)}{\sqrt{x^2+y^2}} = \dfrac{\ln(1+e^0)}{\sqrt{1^2+0^2}} = \ln 2$$

例 7 - 17　求极限 $\lim\limits_{(x,\,y)\to(0,\,0)}\dfrac{\sin(xy)}{xy}$。

解　做变量替换化为一元极限,得到:

$$\lim_{(x,\,y)\to(0,\,0)}\frac{\sin(xy)}{xy}\xlongequal{t=xy}\lim_{t\to0}\frac{\sin t}{t}=1$$

第三节 | 多元函数的偏导数与全微分

一、偏导数

对于一元函数导数的研究,我们是从研究变化率引入了导数概念,对于多元函数同样需要讨论它的变化率。但多元函数的自变量不止一个,因变量与自变量的关系要比一元函数复杂。在这里,首先考虑多元函数关于其中一个自变量的变化率。以二元函数 $z=f(x,\,y)$ 为例,如果只有自变量 x 变化,而自变量 y 固定(即看作常量),这时它就是一元函数,这个函数对 x 的导数,就称为二元函数 z 对于 x 的**偏导数**。

定义 1　设函数 $z=f(x,\,y)$ 在点 $(x_0,\,y_0)$ 的某一邻域内有定义,当固定 $y=y_0$ 而 x 在 x_0 处有增量 Δx 时,相应地函数有增量 $f(x_0+\Delta x,\,y_0)-f(x_0,\,y_0)$。如果极限 $\lim\limits_{\Delta x\to0}\dfrac{f(x_0+\Delta x,\,y_0)-f(x_0,\,y_0)}{\Delta x}$ 存在,则称此极限为函数 $z=f(x,\,y)$ 在点 $(x_0,\,y_0)$ 处对 x 的偏导数,记作 $\dfrac{\partial z}{\partial x}\Big|_{\substack{x=x_0\\y=y_0}}$, $\dfrac{\partial f}{\partial x}\Big|_{\substack{x=x_0\\y=y_0}}$, $z_x\Big|_{\substack{x=x_0\\y=y_0}}$, 或 $f'_x(x_0,\,y_0)$。

类似地,函数 $z=f(x,\,y)$ 在点 $(x_0,\,y_0)$ 处对 y 的偏导数定义为 $\lim\limits_{\Delta y\to0}\dfrac{f(x_0,\,y_0+\Delta y)-f(x_0,\,y_0)}{\Delta y}$, 记作 $\dfrac{\partial z}{\partial y}\Big|_{\substack{x=x_0\\y=y_0}}$, $\dfrac{\partial f}{\partial y}\Big|_{\substack{x=x_0\\y=y_0}}$, $z'_y\Big|_{\substack{x=x_0\\y=y_0}}$, 或 $f'_y(x_0,\,y_0)$。

如果函数 $z=f(x,\,y)$ 在区域 D 内每一点 $(x,\,y)$ 处对 x 的偏导数都存在,那么这个偏导数就是 $x,\,y$ 的函数,它就称为函数 $z=f(x,\,y)$ 对自变量 x 的偏导函数,记作 $\dfrac{\partial z}{\partial x}$, $\dfrac{\partial f}{\partial x}$, z'_x, 或 $f'_x(x,\,y)$,即函数 $z=f(x,\,y)$ 在任意点 $(x,\,y)$ 处对 x 的偏导数定义为 $f'_x(x,\,y)=\lim\limits_{\Delta x\to0}\dfrac{f(x+\Delta x,\,y)-f(x,\,y)}{\Delta x}$。

类似地,可定义函数 $z=f(x,\,y)$ 对 y 的偏导函数,记为 $\dfrac{\partial z}{\partial y}$, $\dfrac{\partial f}{\partial y}$, z'_y, 或 $f'_y(x,\,y)$ 即函数 $z=f(x,\,y)$ 在任意点 $(x,\,y)$ 处对 y 的偏导数定义为 $f'_y(x,\,y)=\lim\limits_{\Delta y\to0}\dfrac{f(x,\,y+\Delta y)-f(x,\,y)}{\Delta y}$。

至于实际求 $z=f(x,\,y)$ 的偏导数,并不需要用新的方法,因为这里只有一个自变量在变动,另一个自变量是看作固定的,可以用一元函数的求导公式和法则进行计算。所以,仍旧是一元函数的微分法问题。求 $\dfrac{\partial f}{\partial x}$ 时,只要把 y 暂时看作常量而对 x 求导数;求 $\dfrac{\partial f}{\partial y}$ 时,只要把 x 暂时看作常量而对 y 求导数。

偏导数的概念还可推广到二元以上的函数,如三元函数 $u = f(x, y, z)$ 在点 (x, y, z) 处对 x 的偏导数定义为 $f'_x(x, y, z) = \lim\limits_{\Delta x \to 0} \dfrac{f(x + \Delta x, y, z) - f(x, y, z)}{\Delta x}$,其中 (x, y, z) 是函数 $u = f(x, y, z)$ 的定义域的内点,它们的求法也仍旧是一元函数的微分法问题。

例 7 - 18 求 $z = \sqrt{\ln(xy)}$ 的偏导数。

解 求 $\dfrac{\partial z}{\partial x}$ 时,把 y 看作常量;求 $\dfrac{\partial z}{\partial y}$ 时,把 x 看作常量,因此

$$\frac{\partial z}{\partial x} = \frac{1}{2\sqrt{\ln(xy)}} \cdot \frac{1}{xy} \cdot y = \frac{1}{2x\sqrt{\ln(xy)}}, \quad \frac{\partial z}{\partial y} = \frac{1}{2\sqrt{\ln(xy)}} \cdot \frac{1}{xy} \cdot x = \frac{1}{2y\sqrt{\ln(xy)}}$$

例 7 - 19 求 $z = x^2 + y^2 - xy$ 在点 $(1, 3)$ 处的偏导数。

解 先求偏导函数,则有:

$\dfrac{\partial z}{\partial x} = 2x - y$,$\dfrac{\partial z}{\partial y} = 2y - x$,再代入点的坐标,得到:

$$\frac{\partial z}{\partial x}\bigg|_{\substack{x=1 \\ y=2}} = 2 \cdot 1 - 3 = -1, \quad \frac{\partial z}{\partial y}\bigg|_{\substack{x=1 \\ y=2}} = 2 \cdot 3 - 1 = 5$$

例 7 - 20 设 $z = x^y (x > 0, x \neq 1)$,求证 $\dfrac{x}{y}\dfrac{\partial z}{\partial x} + \dfrac{1}{\ln x}\dfrac{\partial z}{\partial y} = 2z$。

证 先求偏导函数,则有:

$\dfrac{\partial z}{\partial x} = yx^{y-1}$,$\dfrac{\partial z}{\partial y} = x^y \ln x$,即有:

$$\frac{x}{y}\frac{\partial z}{\partial x} + \frac{1}{\ln x}\frac{\partial z}{\partial y} = \frac{x}{y}yx^{y-1} + \frac{1}{\ln x}x^y \ln x = x^y + x^y = 2z$$

例 7 - 21 已知理想气体的状态方程为 $pV = RT$ (R 为常数),求证:$\dfrac{\partial p}{\partial V} \cdot \dfrac{\partial V}{\partial T} \cdot \dfrac{\partial T}{\partial p} = -1$。

证 因为

$$p = \frac{RT}{V}, \frac{\partial p}{\partial V} = -\frac{RT}{V^2}; V = \frac{RT}{p}, \frac{\partial V}{\partial T} = \frac{R}{p}; T = \frac{pV}{R}, \frac{\partial T}{\partial p} = \frac{V}{R}, \text{所以}$$

$$\frac{\partial p}{\partial V} \cdot \frac{\partial V}{\partial T} \cdot \frac{\partial T}{\partial p} = -\frac{RT}{V^2} \cdot \frac{R}{p} \cdot \frac{V}{R} = -\frac{RT}{pV} = -1$$

说明:偏导数的记号是一个整体记号,不能看作分子分母之商。

例 7 - 22　二元函数 $f(x, y) = \begin{cases} \dfrac{xy}{x^2 + y^2} & x^2 + y^2 \neq 0 \\ 0 & x^2 + y^2 = 0 \end{cases}$ 在 $(0, 0)$ 可导,因为

$\lim\limits_{\substack{\Delta x \to 0 \\ y=0}} \dfrac{f(0+\Delta x, 0) - f(0, 0)}{\Delta x} = 0$, $\lim\limits_{\substack{\Delta y \to 0 \\ x=0}} \dfrac{f(0, 0+\Delta y) - f(0, 0)}{\Delta y} = 0$,所以 $f_x(0, 0) = 0$,$f_y(0, 0) = 0$,但是,函数 $f(x, y)$ 在点 $(0, 0)$ 并不连续。

由例 7 - 22 可知,对于多元函数来说,即使各偏导数在某点都存在,也不能保证函数在该点连续。

二元函数 $z = f(x, y)$ 在点 (x_0, y_0) 的偏导数的几何意义:$f'_x(x_0, y_0)$ 是过曲面 $z = f(x, y)$ 上点 $M_0(x_0, y_0, f(x_0, y_0))$ 的曲线 $\begin{cases} z = f(x, y) \\ y = y_0 \end{cases}$ 在点 M_0 处的切线 T_x 对 x 轴的斜率。

同样,$f'_y(x_0, y_0)$ 过曲面 $z = f(x, y)$ 上点 $M_0(x_0, y_0, f(x_0, y_0))$ 的曲线 $\begin{cases} z = f(x, y) \\ x = x_0 \end{cases}$ 在点 M_0 处的切线 T_y 对 y 轴的斜率,如图 7 - 16 所示。

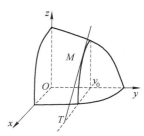

图 7 - 16　偏导数几何意义

二、高阶偏导数

回顾一元函数的高阶导数的概念,设函数 $z = f(x, y)$ 在区域 D 内具有偏导数 $\dfrac{\partial z}{\partial x} = f'_x(x, y)$ 和 $\dfrac{\partial z}{\partial y} = f'_y(x, y)$。那么,在 D 内 $f'_x(x, y)$,$f'_y(x, y)$ 都是 x,y 的函数。

如果这两个函数的偏导数也存在,则称它们是函数 $z = f(x, y)$ 的**二阶偏导数**。按照对变量求导次序的不同有下列四个二阶偏导数。

$$\frac{\partial}{\partial x}\left(\frac{\partial z}{\partial x}\right) = \frac{\partial^2 z}{\partial x^2} = f''_{xx}(x, y) \qquad \frac{\partial}{\partial y}\left(\frac{\partial z}{\partial x}\right) = \frac{\partial^2 z}{\partial x \partial y} = f''_{xy}(x, y)$$

$$\frac{\partial}{\partial x}\left(\frac{\partial z}{\partial y}\right) = \frac{\partial^2 z}{\partial y \partial x} = f''_{yx}(x, y) \qquad \frac{\partial}{\partial y}\left(\frac{\partial z}{\partial y}\right) = \frac{\partial^2 z}{\partial y^2} = f''_{yy}(x, y)$$

其中,$\dfrac{\partial}{\partial x}\left(\dfrac{\partial z}{\partial x}\right) = \dfrac{\partial^2 z}{\partial x^2} = f''_{xx}(x, y)$ 和 $\dfrac{\partial}{\partial y}\left(\dfrac{\partial z}{\partial y}\right) = \dfrac{\partial^2 z}{\partial y^2} = f''_{yy}(x, y)$ 称为**二阶纯偏导数**;$\dfrac{\partial}{\partial y}\left(\dfrac{\partial z}{\partial x}\right) = \dfrac{\partial^2 z}{\partial x \partial y} = f''_{xy}(x, y)$ 和 $\dfrac{\partial}{\partial x}\left(\dfrac{\partial z}{\partial y}\right) = \dfrac{\partial^2 z}{\partial y \partial x} = f''_{yx}(x, y)$ 称为**二阶混合偏导数**。

同样可得三阶、四阶和 n 阶偏导数。二阶及二阶以上的偏导数统称为**高阶偏导数**。

例 7 - 23　求 $z = x^3 y - 3x^2 y^3$ 的二阶偏导数。

解　$\dfrac{\partial z}{\partial x} = 3x^2 y - 6xy^3$,$\dfrac{\partial z}{\partial y} = x^3 - 9x^2 y^2$

$\dfrac{\partial^2 z}{\partial x^2} = 6xy - 6y^3$,$\dfrac{\partial^2 z}{\partial y^2} = -18x^2 y$

$$\frac{\partial^2 z}{\partial x \partial y}=3x^2-18xy^2,\ \frac{\partial^2 z}{\partial y \partial x}=3x^2-18xy^2$$

我们看到例 7-23 中两个二阶混合偏导数相等,即 $\frac{\partial^2 z}{\partial x \partial y}=\frac{\partial^2 z}{\partial y \partial x}$。 这个结论并非对所有二元函数都成立,我们有下述定理表述。

定理 1   如果函数 $z=f(x,y)$ 的两个二阶混合偏导数 $\frac{\partial^2 z}{\partial y \partial x}$ 及 $\frac{\partial^2 z}{\partial x \partial y}$ 在区域 D 内连续,那么在该区域内这两个二阶混合偏导数必相等,即二阶混合偏导数在连续的条件下与求导的次序无关。

例 7-24   验证函数 $z=\ln\sqrt{x^2+y^2}$ 满足方程 $\frac{\partial^2 z}{\partial x^2}+\frac{\partial^2 z}{\partial y^2}=0$。

证   因为 $z=\ln\sqrt{x^2+y^2}=\frac{1}{2}\ln(x^2+y^2)$,所以

$\frac{\partial z}{\partial x}=\frac{x}{x^2+y^2},\ \frac{\partial z}{\partial y}=\frac{y}{x^2+y^2}$,则有:

$\frac{\partial^2 z}{\partial x^2}=\frac{(x^2+y^2)-x\cdot 2x}{(x^2+y^2)^2}=\frac{y^2-x^2}{(x^2+y^2)^2},\ \frac{\partial^2 z}{\partial y^2}=\frac{(x^2+y^2)-y\cdot 2y}{(x^2+y^2)^2}=\frac{x^2-y^2}{(x^2+y^2)^2}$,即有

$$\frac{\partial^2 z}{\partial x^2}+\frac{\partial^2 z}{\partial y^2}=\frac{x^2-y^2}{(x^2+y^2)^2}+\frac{y^2-x^2}{(x^2+y^2)^2}=0$$

例 7-25   证明函数 $u=\frac{1}{r}$ 满足方程 $\frac{\partial^2 u}{\partial x^2}+\frac{\partial^2 u}{\partial y^2}+\frac{\partial^2 u}{\partial z^2}=0$,其中 $r=\sqrt{x^2+y^2+z^2}$。

证 $\frac{\partial u}{\partial x}=-\frac{1}{r^2}\cdot\frac{\partial r}{\partial x}=-\frac{1}{r^2}\cdot\frac{x}{r}=-\frac{x}{r^3},\ \frac{\partial^2 u}{\partial x^2}=-\frac{1}{r^3}+\frac{3x}{r^4}\cdot\frac{\partial r}{\partial x}=-\frac{1}{r^3}+\frac{3x^2}{r^5}$,同理得到:

$\frac{\partial^2 u}{\partial y^2}=-\frac{1}{r^3}+\frac{3y^2}{r^5},\ \frac{\partial^2 u}{\partial z^2}=-\frac{1}{r^3}+\frac{3z^2}{r^5}$,则有:

$$\frac{\partial^2 u}{\partial x^2}+\frac{\partial^2 u}{\partial y^2}+\frac{\partial^2 u}{\partial z^2}=\left(-\frac{1}{r^3}+\frac{3x^2}{r^5}\right)+\left(-\frac{1}{r^3}+\frac{3y^2}{r^5}\right)+\left(-\frac{1}{r^3}+\frac{3z^2}{r^5}\right)$$

$$=-\frac{3}{r^3}+\frac{3(x^2+y^2+z^2)}{r^5}=-\frac{3}{r^3}+\frac{3r^2}{r^5}=0$$

例 7-24 和例 7-25 中的两个方程都称为**拉普拉斯(Laplace)方程**,它是数学物理方程中的重要方程。

三、全微分

我们已经知道,二元函数对某个自变量的偏导数表示当另一个自变量固定时,因变量相对于该自变量的变化率,根据一元函数微分学中增量与微分的关系,可得偏增量与偏微分 $f(x+\Delta x,y)-f(x,y)\approx f_x(x,y)\Delta x$,其中 $f(x+\Delta x,y)-f(x,y)$ 称为函数对 x 的偏增量,$f_x(x,y)\Delta x$ 称为函数对 x 的偏微分;$f(x,y+\Delta y)-f(x,y)\approx f_y(x,y)\Delta y$,其中 $f(x,y+\Delta y)-f(x,y)$ 称为函数对 y 的偏增量,$f'_y(x,y)\Delta y$ 称为函数对 y 的偏微分。

设函数 $z=f(x,y)$ 在点 $P(x,y)$ 的某邻域内有定义,并设 $P'(x+\Delta x,y+\Delta y)$ 为这邻域内

的任意一点,则称这两点的函数值之差 $f(x+\Delta x,y+\Delta y)-f(x,y)$ 为函数在点 P 对应于自变量增量 Δx 和 Δy 的全增量,记作 Δz,即 $\Delta z=f(x+\Delta x,y+\Delta y)-f(x,y)$。

定义 2　如果函数 $z=f(x,y)$ 在点 $f(x,y)$ 的全增量,即:

$$\Delta z=f(x+\Delta x,y+\Delta y)-f(x,y)$$

可表示为:

$$\Delta z=A\Delta x+B\Delta y+o(\rho)\quad(\rho=\sqrt{(\Delta x)^2+(\Delta y)^2})$$

其中,A,B 不依赖于 $\Delta x,\Delta y$ 而仅与 x,y 有关,则称函数 $z=f(x,y)$ 在点 $f(x,y)$ 可微分,而称 $A\Delta x+B\Delta y$ 为函数 $z=f(x,y)$ 在点 (x,y) 的**全微分**,记作 dz,即

$$dz=A\Delta x+B\Delta y$$

如果函数在区域 D 内各点处都可微,那么称这函数在区域 D 内可微。

可微与连续的关系:可微必连续。这是因为,如果 $z=f(x,y)$ 在点 (x,y) 可微,则 $\Delta z=f(x+\Delta x,y+\Delta y)-f(x,y)=A\Delta x+B\Delta y+o(\rho)$,于是 $\lim_{\rho\to0}\Delta z=0$,从而 $\lim_{(\Delta x,\Delta y)\to(0,0)}f(x+\Delta x,y+\Delta y)=\lim_{\rho\to0}[f(x,y)+\Delta z]=f(x,y)$。因此,函数 $z=f(x,y)$ 在点 (x,y) 处连续。

函数 $z=f(x,y)$ 在点 (x,y) 可微分的条件如下。

定理 2　必要条件　如果函数 $z=f(x,y)$ 在点 (x,y) 可微分,则函数在该点的偏导数 $\dfrac{\partial z}{\partial x}$ 和 $\dfrac{\partial z}{\partial y}$ 必定存在,且函数 $z=f(x,y)$ 在点 (x,y) 的全微分为:

$$dz=\frac{\partial z}{\partial x}\Delta x+\frac{\partial z}{\partial y}\Delta y$$

证　设函数 $z=f(x,y)$ 在点 $P(x,y)$ 可微分,于是,对于点 P 的某个邻域内的任意一点 $P'(x+\Delta x,y+\Delta y)$,有 $\Delta z=A\Delta x+B\Delta y+o(\rho)$。特别当 $\Delta y=0$ 时有:

$$f(x+\Delta x,y)-f(x,y)=A\Delta x+o(|\Delta x|)$$

上式两边各除以 Δx,再令 $\Delta x\to0$ 而取极限,就得:

$$\lim_{\Delta x\to0}\frac{f(x+\Delta x,y)-f(x,y)}{\Delta x}=\lim_{\Delta x\to0}\left[A+\frac{o(|\Delta x|)}{\Delta x}\right]=A$$

从而偏导数 $\dfrac{\partial z}{\partial x}$ 存在,且 $\dfrac{\partial z}{\partial x}=A$。

同理可证偏导数 $\dfrac{\partial z}{\partial y}$ 存在,且 $\dfrac{\partial z}{\partial y}=B$,所以

$$dz=\frac{\partial z}{\partial x}\Delta x+\frac{\partial z}{\partial y}\Delta y$$

偏导数 $\dfrac{\partial z}{\partial x},\dfrac{\partial z}{\partial y}$ 存在是可微分的必要条件,但不是充分条件。

例如, 函数

$$f(x, y) = \begin{cases} \dfrac{xy}{\sqrt{x^2 + y^2}} & x^2 + y^2 \neq 0 \\ 0 & x^2 + y^2 = 0 \end{cases}$$

在点 $(0,0)$ 处有 $f_x'(0,0)=0$ 及 $f_y'(0,0)=0$, 所以 $\Delta z - [f_x(0,0) \cdot \Delta x + f_y(0,0) \cdot \Delta y] = $

$\dfrac{\Delta x \cdot \Delta y}{\sqrt{(\Delta x)^2 + (\Delta y)^2}}$, 这是因为当点 $P'(\Delta x, \Delta y)$ 沿直线 $y = x$ 趋于 $(0,0)$ 时,

$\dfrac{\Delta z - [f_x(0,0) \cdot \Delta x + f_y(0,0) \cdot \Delta y]}{\rho} = \dfrac{\Delta x \cdot \Delta y}{(\Delta x)^2 + (\Delta y)^2} = \dfrac{\Delta x \cdot \Delta x}{(\Delta x)^2 + (\Delta x)^2} = \dfrac{1}{2} \neq 0$。

即 $\Delta z - [f_x(0,0) \cdot \Delta x + f_y(0,0) \cdot \Delta y]$ 不是较 ρ 高阶的无穷小。所以,函数在点 $(0,0)$ 处全微分不存在。

定理 3　充分条件　如果函数 $z = f(x, y)$ 的偏导数 $\dfrac{\partial z}{\partial x}$ 和 $\dfrac{\partial z}{\partial y}$ 在点 (x, y) 连续,则函数在该点可微分。

定理 2 和定理 3 的结论可推广到三元及三元以上函数。

自变量的增量 Δx 和 Δy 分别记作 $\mathrm{d}x$ 和 $\mathrm{d}y$,并分别称为自变量的微分,则函数 $z = f(x, y)$ 的全微分可写作:

$$\mathrm{d}z = \frac{\partial z}{\partial x}\mathrm{d}x + \frac{\partial z}{\partial y}\mathrm{d}y$$

二元函数的全微分等于它的两个偏微分之和,也称为二元函数的微分符合叠加原理。

叠加原理也适用于二元以上的函数,如函数 $u = f(x, y, z)$ 的全微分为:

$$\mathrm{d}u = \frac{\partial u}{\partial x}\mathrm{d}x + \frac{\partial u}{\partial y}\mathrm{d}y + \frac{\partial u}{\partial z}\mathrm{d}z$$

多元函数各概念间的关系如图 7-17 所示。

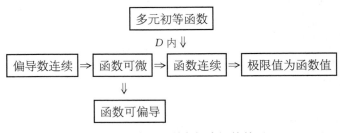

图 7-17　多元函数各概念间的关系

例 7-26　计算函数 $z = x\mathrm{e}^{\frac{x}{y}}$ 的全微分。

解　因为

$\dfrac{\partial z}{\partial x} = \mathrm{e}^{\frac{x}{y}} + \dfrac{x}{y}\mathrm{e}^{\frac{x}{y}}$, $\dfrac{\partial z}{\partial y} = -\dfrac{x^2}{y^2}\mathrm{e}^{\frac{x}{y}}$, 则有:

$$\mathrm{d}z = \left(1 + \frac{x}{y}\right)\mathrm{e}^{\frac{x}{y}}\,\mathrm{d}x - \frac{x^2}{y^2}\mathrm{e}^{\frac{x}{y}}\,\mathrm{d}y$$

例 7-27 计算函数 $z = \ln(1 + x^2 + y^2)$ 在点 $(1,2)$ 处,当 $\Delta x = 0.1$,$\Delta y = -0.2$ 的全微分。

解 因为

$$\frac{\partial z}{\partial x} = \frac{2x}{1 + x^2 + y^2},\ \frac{\partial z}{\partial y} = \frac{2y}{1 + x^2 + y^2},\ 则有:$$

$\dfrac{\partial z}{\partial x}\Big|_{\substack{x=1\\y=2}} = \dfrac{1}{3}$,$\dfrac{\partial z}{\partial y}\Big|_{\substack{x=1\\y=2}} = \dfrac{2}{3}$,所以在点 $(1,2)$ 处,当 $\Delta x = 0.1$,$\Delta y = -0.2$ 的全微分为

$$\mathrm{d}z = \frac{1}{3} \times 0.1 + \frac{2}{3} \times (-0.2) = -\frac{0.3}{3} = -0.1$$

例 7-28 计算函数 $u = x^{yz}$ 的全微分。

解 因为

$$\frac{\partial u}{\partial x} = yzx^{yz-1},\ \frac{\partial u}{\partial y} = zx^{yz} \cdot \ln x,\ \frac{\partial u}{\partial z} = yx^{yz} \cdot \ln x,\ 则有:$$

$$\mathrm{d}u = yzx^{yz-1}\,\mathrm{d}x + zx^{yz}\ln x\,\mathrm{d}y + yx^{yz}\ln x\,\mathrm{d}z$$

四、全微分的应用

若 $z = f(x,y)$ 在点 (x_0, y_0) 可微,且 $|\Delta x|$ 和 $|\Delta y|$ 很小,则可用全微分近似代替函数的改变量,即:

$$\Delta z \approx \mathrm{d}z = z'_x(x_0, y_0)\Delta x + z'_y(x_0, y_0)\Delta y$$

也可用全微分近似计算函数的近似值,即:

$$f(x_0 + \Delta x, y_0 + \Delta y) \approx f(x_0, y_0) + z'_x(x_0, y_0)\Delta x + z'_y(x_0, y_0)\Delta y$$

还可用全微分估计函数的绝对误差,即:

$$|\Delta z| \approx |z'_x(x_0, y_0)\Delta x + z'_y(x_0, y_0)\Delta y| \leqslant |z'_x(x_0, y_0)||\Delta x| + |z'_y(x_0, y_0)||\Delta y|$$

估计函数的绝对误差,即:

$$\left|\frac{\Delta z}{z}\right| \approx \left|\frac{z'_x(x_0, y_0)\Delta x + z'_y(x_0, y_0)\Delta y}{z(x_0, y_0)}\right| \leqslant \left|\frac{z'_x(x_0, y_0)}{z(x_0, y_0)}\right||\Delta x| + \left|\frac{z'_y(x_0, y_0)}{z(x_0, y_0)}\right||\Delta y|$$

例 7-29 求 $1.04^{2.02}$ 近似值。

解 设 $f(x,y) = x^y$,取 $x_0 = 1$,$y_0 = 2$,$\Delta x = 0.04$,$\Delta y = 0.02$,有 $f(1,2) = 1^2 = 1$。
由 $z'_x = yx^{y-1}$,有 $z'_x(1,2) = 2 \times 1^{2-1} = 2$
由 $z'_y = x^y \ln x$,有 $z'_y(1,2) = 1^2 \times \ln 1 = 0$,则有:

$$1.04^{2.02} = f(1 + 0.04, 2 + 0.02) \approx f(1,2) + z'_x(1,2)\Delta x + z'_y(1,2)\Delta y$$
$$= 1 + 2 \times 0.04 + 0 \times 0.02 = 1.08$$

例 7-30 测得三角形的两边为 $a = 12.50$ m,$b = 8.30$ m,误差为 ± 0.01 m,夹角 $C = 30°$,误差为 $\pm 0.1°$。估计用三角形面积公式计算三角形面积的绝对误差和相对误差。

解 由三角形面积公式,得到:

$$S = \frac{1}{2}ab\sin C, \quad \frac{\partial S}{\partial a} = \frac{1}{2}b\sin C, \quad \frac{\partial S}{\partial b} = \frac{1}{2}a\sin C, \quad \frac{\partial S}{\partial C} = \frac{1}{2}ab\cos C$$

$$|\Delta a| \leqslant 0.01, \ |\Delta b| \leqslant 0.01, \ |\Delta C| \leqslant 0.1\frac{\pi}{180}$$

三角形面积的绝对误差为:

$$|\Delta S| \leqslant |S'_a(a,b,C)||\Delta a| + |S'_b(a,b,C)||\Delta b| + |S'_c(a,b,C)||\Delta C|$$

$$= \left|\frac{8.30}{2}\times\sin\frac{\pi}{6}\right|\cdot 0.01 + \left|\frac{12.50}{2}\times\sin\frac{\pi}{6}\right|\cdot 0.01 + \left|\frac{12.50\times8.30}{2}\times\cos\frac{\pi}{6}\right|\cdot\frac{\pi}{1\,800}$$

$$\approx 0.130\ 4\ \text{m}^2$$

三角形面积的相对误差为:

$$\left|\frac{\Delta S}{S}\right| \approx \left|\frac{2\times 0.130\ 4}{ab\sin C}\right| = \frac{2\times 0.130\ 4}{12.50\times 8.30\times 0.5} \approx 0.005$$

例 7-31 测得单摆的摆长 $l=100\pm0.1$ cm,振动周期 $T=2\pm0.004$ s,估计重力加速度 g 的最大误差。

解 由 $l=100$,$|\Delta l|<0.1$,$T=2$,$|\Delta T|<0.004$,及所给公式 $T=2\pi\sqrt{\dfrac{l}{g}}$ 的全微分

$\mathrm{d}g = \dfrac{4\pi^2}{T^2}\mathrm{d}l - \dfrac{8\pi^2 l}{T^3}\mathrm{d}T$,计算重力加速度 g 的最大误差,得到:

$$|\Delta g| \leqslant \frac{4\pi^2}{T^2}|\Delta l| + \frac{8\pi^2 l}{T^3}|\Delta T| < \frac{4\pi^2}{2^2}\times 0.1 + \frac{8\pi^2\times 100}{2^3}\times 0.004 = 0.5\pi^2\ \text{cm/s}^2$$

五、复合函数的微分法

1. 复合函数的中间变量均为一元函数的情形

定理 4 如果函数 $u=\varphi(t)$ 及 $v=\psi(t)$ 都在点 t 可导,函数 $z=f(u,v)$ 在对应点 (u,v) 具有连续偏导数,则复合函数 $z=f(\varphi(t),\psi(t))$ 在点 t 可导,且有:

$$\frac{\mathrm{d}z}{\mathrm{d}t} = \frac{\partial z}{\partial u}\cdot\frac{\mathrm{d}u}{\mathrm{d}t} + \frac{\partial z}{\partial v}\cdot\frac{\mathrm{d}v}{\mathrm{d}t}$$

证 设 t 获得有增量 Δt,则 $u=\varphi(t)$ 和 $v=\psi(t)$ 获得对应的增量 Δu 和 Δv,由此函数 $z=f(u,v)$ 相应地获得增量 Δz。因为 $z=f(u,v)$ 具有连续的偏导数,所以它点 (u,v) 处可微,于是

$$\Delta z = \frac{\partial z}{\partial u}\Delta u + \frac{\partial z}{\partial v}\Delta v + o(\rho) = \frac{\partial z}{\partial u}\left[\frac{\mathrm{d}u}{\mathrm{d}t}\Delta t + o(\Delta t)\right] + \frac{\partial z}{\partial v}\left[\frac{\mathrm{d}v}{\mathrm{d}t}\Delta t + o(\Delta t)\right] + o(\rho)$$

$$= \left(\frac{\partial z}{\partial u}\cdot\frac{\mathrm{d}u}{\mathrm{d}t} + \frac{\partial z}{\partial v}\cdot\frac{\mathrm{d}v}{\mathrm{d}t}\right)\Delta t + \left(\frac{\partial z}{\partial u} + \frac{\partial z}{\partial v}\right)o(\Delta t) + o(\rho),\ \text{则有:}$$

$$\frac{\Delta z}{\Delta t} = \frac{\partial z}{\partial u} \cdot \frac{\mathrm{d}u}{\mathrm{d}t} + \frac{\partial z}{\partial v} \cdot \frac{\mathrm{d}v}{\mathrm{d}t} + \left(\frac{\partial z}{\partial u} + \frac{\partial z}{\partial v}\right) \frac{o(\Delta t)}{\Delta t} + \frac{o(\rho)}{\Delta t}, \quad 即:$$

$$\frac{\mathrm{d}z}{\mathrm{d}t} = \lim_{\Delta \to 0} \frac{\Delta z}{\Delta t} = \frac{\partial z}{\partial u} \frac{\mathrm{d}u}{\mathrm{d}t} + \frac{\partial z}{\partial v} \frac{\mathrm{d}u}{\mathrm{d}t}$$

注：$\lim\limits_{\Delta \to 0} \dfrac{o(\rho)}{\Delta t} = \lim\limits_{\Delta \to 0} \dfrac{o(\rho)}{\rho} \cdot \dfrac{\sqrt{(\Delta u)^2 + (\Delta v)^2}}{\Delta t} = 0 \cdot \sqrt{\left(\dfrac{\mathrm{d}u}{\mathrm{d}t}\right)^2 + \left(\dfrac{\mathrm{d}v}{\mathrm{d}t}\right)^2} = 0$

推广：设 $z = f(u, v, w)$, $u = \varphi(t)$, $v = \psi(t)$, $w = \omega(t)$, 则 $z = f(\varphi(t), \psi(t), \omega(t))$ 对 t 的导数为

$$\frac{\mathrm{d}z}{\mathrm{d}t} = \frac{\partial z}{\partial u} \frac{\mathrm{d}u}{\mathrm{d}t} + \frac{\partial z}{\partial v} \frac{\mathrm{d}v}{\mathrm{d}t} + \frac{\partial z}{\partial w} \frac{\mathrm{d}w}{\mathrm{d}t}$$

上述 $\dfrac{\mathrm{d}z}{\mathrm{d}t}$ 称为**全导数**。

例 7 - 32 设 $z = \arctan(x - y^2)$, $x = 3t$, $y = 4t^2$, 求全导数 $\dfrac{\mathrm{d}z}{\mathrm{d}t}$。

解 $\dfrac{\mathrm{d}z}{\mathrm{d}t} = \dfrac{\partial z}{\partial x} \cdot \dfrac{\mathrm{d}x}{\mathrm{d}t} + \dfrac{\partial z}{\partial y} \cdot \dfrac{\mathrm{d}y}{\mathrm{d}t} = \dfrac{1}{1 + (x - y^2)^2} (1 \times 3 - 2y \times 8t) = \dfrac{3 - 64t^3}{1 + (3t - 16t^4)^2}$

例 7 - 33 设 $z = x^2 + \sqrt{y}$, $y = \sin x$, 求全导数 $\dfrac{\mathrm{d}z}{\mathrm{d}x}$。

解 $\dfrac{\mathrm{d}z}{\mathrm{d}x} = \dfrac{\partial z}{\partial x} \cdot \dfrac{\mathrm{d}x}{\mathrm{d}x} + \dfrac{\partial z}{\partial y} \cdot \dfrac{\mathrm{d}y}{\mathrm{d}x} = \dfrac{\partial z}{\partial x} + \dfrac{\partial z}{\partial y} \cdot \dfrac{\mathrm{d}y}{\mathrm{d}x} = 2x + \dfrac{1}{2\sqrt{y}} \cos x = 2x + \dfrac{\cos x}{2\sqrt{\sin x}}$

2. 复合函数的中间变量均为多元函数的情形

定理 5 如果函数 $u = \varphi(x, y)$, $v = \psi(x, y)$ 都在点 (x, y) 具有对 x 及 y 的偏导数,函数 $z = f(u, v)$ 在对应点 (u, v) 具有连续偏导数,则复合函数 $z = f[\varphi(x, y), \psi(x, y)]$ 在点 (x, y) 的两个偏导数存在, 且有:

$$\frac{\partial z}{\partial x} = \frac{\partial z}{\partial u} \cdot \frac{\partial u}{\partial x} + \frac{\partial z}{\partial v} \cdot \frac{\partial v}{\partial x}, \quad \frac{\partial z}{\partial y} = \frac{\partial z}{\partial u} \cdot \frac{\partial u}{\partial y} + \frac{\partial z}{\partial v} \cdot \frac{\partial v}{\partial y}$$

例 7 - 34 设 $z = u^2 \ln v$, $u = \dfrac{x}{y}$, $v = 3x - y$, 求 $\dfrac{\partial z}{\partial x}$ 和 $\dfrac{\partial z}{\partial y}$。

解 $\dfrac{\partial z}{\partial x} = \dfrac{\partial z}{\partial u} \cdot \dfrac{\partial u}{\partial x} + \dfrac{\partial z}{\partial v} \cdot \dfrac{\partial v}{\partial x} = 2u \ln v \cdot \dfrac{1}{y} + u^2 \cdot \dfrac{1}{v} \cdot 3 = \dfrac{2x}{y^2} \ln(3x - y) + \dfrac{3x^2}{y^2(3x - y)}$

$\dfrac{\partial z}{\partial y} = \dfrac{\partial z}{\partial u} \cdot \dfrac{\partial u}{\partial y} + \dfrac{\partial z}{\partial v} \cdot \dfrac{\partial v}{\partial y} = 2u \ln v \left(-\dfrac{x}{y^2}\right) + u^2 \cdot \dfrac{1}{v}(-1) = -\dfrac{2x^2}{y^3} \ln(3x - y) - \dfrac{x^2}{y^2(3x - y)}$

推广到三个函数的情形：设 $z = f(u, v, w)$, $u = u(x, y)$, $v = v(x, y)$, $w = w(x, y)$, 则有:

$$\frac{\partial z}{\partial x} = \frac{\partial z}{\partial u} \cdot \frac{\partial u}{\partial x} + \frac{\partial z}{\partial v} \cdot \frac{\partial v}{\partial x} + \frac{\partial z}{\partial w} \cdot \frac{\partial w}{\partial x}, \quad \frac{\partial z}{\partial y} = \frac{\partial z}{\partial u} \cdot \frac{\partial u}{\partial y} + \frac{\partial z}{\partial v} \cdot \frac{\partial v}{\partial y} + \frac{\partial z}{\partial w} \cdot \frac{\partial w}{\partial y}$$

六、全微分形式不变性

设 $z=f(u,v)$ 具有连续偏导数，则有全微分 $\mathrm{d}z=\dfrac{\partial z}{\partial u}\mathrm{d}u+\dfrac{\partial z}{\partial v}\mathrm{d}v$。如果 $z=f(u,v)$ 具有连续偏导数，而 $u=u(x,y)$，$v=v(x,y)$ 也具有连续偏导数，则有：

$$\mathrm{d}z=\frac{\partial z}{\partial x}\mathrm{d}x+\frac{\partial z}{\partial y}\mathrm{d}y=\left(\frac{\partial z}{\partial u}\frac{\partial u}{\partial x}+\frac{\partial z}{\partial v}\frac{\partial v}{\partial x}\right)\mathrm{d}x+\left(\frac{\partial z}{\partial u}\frac{\partial u}{\partial y}+\frac{\partial z}{\partial v}\frac{\partial v}{\partial y}\right)\mathrm{d}y$$

$$=\frac{\partial z}{\partial u}\left(\frac{\partial u}{\partial x}\mathrm{d}x+\frac{\partial u}{\partial y}\mathrm{d}y\right)+\frac{\partial z}{\partial v}\left(\frac{\partial v}{\partial x}\mathrm{d}x+\frac{\partial v}{\partial y}\mathrm{d}y\right)=\frac{\partial z}{\partial u}\mathrm{d}u+\frac{\partial z}{\partial v}\mathrm{d}v$$

由此可见，无论 z 是自变量 u，v 的函数或中间变量 u，v 的函数，它的全微分形式是一样的，这个性质称为**全微分形式不变性**。

例 7-35 设 $z=\mathrm{e}^u\sin v$，$u=xy$，$v=x+y$，利用全微分形式不变性求全微分。

解 $\mathrm{d}z=\dfrac{\partial z}{\partial u}\mathrm{d}u+\dfrac{\partial z}{\partial v}\mathrm{d}v=\mathrm{e}^u\sin v\,\mathrm{d}u+\mathrm{e}^u\cos v\,\mathrm{d}v$

$\qquad=\mathrm{e}^u\sin v(y\,\mathrm{d}x+x\,\mathrm{d}y)+\mathrm{e}^u\cos v(\mathrm{d}x+\mathrm{d}y)$

$\qquad=(y\mathrm{e}^u\sin v+\mathrm{e}^u\cos v)\mathrm{d}x+(x\mathrm{e}^u\sin v+\mathrm{e}^u\cos v)\mathrm{d}y$

$\qquad=\mathrm{e}^{xy}[y\sin(x+y)+\cos(x+y)]\mathrm{d}x+\mathrm{e}^{xy}[x\sin(x+y)+\cos(x+y)]\mathrm{d}y$

七、隐函数微分法

定理 6 在点 (x_0,y_0) 的某邻域内，若函数 $F(x,y)$ 有连续的偏导数 F'_x，F'_y 且 $F(x_0,y_0)=0$，则在 $F'_y(x_0,y_0)\neq 0$ 时，方程 $F(x,y)=0$ 确定唯一的、有连续导数的函数 $y=f(x)$，满足 $y_0=f(x_0)$ 及 $F(x,f(x))=0$。

这个定理称为隐函数存在定理，其证明比较复杂。隐函数存在定理给出了隐函数求导的方法，即：由 $F(x,y)=0$，两边全微分得 $F'_x\mathrm{d}x+F'_y\mathrm{d}y=0$，由 $F'_y\neq 0$，得到隐函数的导数为 $\dfrac{\mathrm{d}y}{\mathrm{d}x}=-\dfrac{F'_x}{F'_y}$。

隐函数存在定理可以推广到多元隐函数情形。在点 (x_0,y_0,z_0) 的某邻域内，若三元函数 $F(x,y,z)$ 有连续的偏导数 F'_x，F'_y，F'_z，且有 $F(x_0,y_0,z_0)=0$，则在 $F'_z(x_0,y_0,z_0)\neq 0$ 时，方程 $F(x,y,z)=0$ 确定唯一的、有连续偏导数的函数 $z=f(x,y)$，满足 $z_0=f(x_0,y_0)$ 及 $F(x,y,f(x_0,y_0))=0$。由 $F(x,y,z)=0$，两边全微分得 $F'_x\mathrm{d}x+F'_y\mathrm{d}y+F'_z\mathrm{d}z=0$，由 $F'_z\neq 0$，得到隐函数的全微分为 $\mathrm{d}z=-\dfrac{F'_x}{F'_z}\mathrm{d}x-\dfrac{F'_y}{F'_z}\mathrm{d}y$。

例 7-36 由 $\mathrm{e}^{xy}=3xy^2$，求 y'_x。

解 两边全微分，计算得到

$y\mathrm{e}^{xy}\mathrm{d}x+x\mathrm{e}^{xy}\mathrm{d}y=3y^2\mathrm{d}x+6xy\,\mathrm{d}y$，从而

$(x\mathrm{e}^{xy}-6xy)\mathrm{d}y=(3y^2-y\mathrm{e}^{xy})\mathrm{d}x$，则有：

$$\frac{\mathrm{d}y}{\mathrm{d}x} = \frac{3y^2 - y\mathrm{e}^{xy}}{x\mathrm{e}^{xy} - 6xy}$$

例 7 - 37　由 $\sin x \sin y = \sin(x + y + z)$，求 z'_x 和 z'_y。

解　两边全微分，计算得到

$$\cos x \sin y \, \mathrm{d}x + \sin x \cos y \, \mathrm{d}y = \cos(x + y + z)\mathrm{d}x + \cos(x + y + z)\mathrm{d}y + \cos(x + y + z)\mathrm{d}z$$

$$\cos(x + y + z)\mathrm{d}z = [\cos x \sin y - \cos(x + y + z)]\mathrm{d}x + [\sin x \cos y - \cos(x + y + z)]\mathrm{d}y$$

从而　　$\dfrac{\partial z}{\partial x} = \dfrac{\cos x \sin y - \cos(x + y + z)}{\cos(x + y + z)}, \dfrac{\partial z}{\partial y} = \dfrac{\sin x \cos y - \cos(x + y + z)}{\cos(x + y + z)}$

第四节　多元函数的极值

一、二元函数的极值

1. 极大值和极小值

定义　设函数 $z = f(x, y)$ 在点 (x_0, y_0) 的某个邻域内有定义，如果对于该邻域内任何异于 (x_0, y_0) 的点 (x, y)，都有

$$f(x, y) < f(x_0, y_0) \,(\text{或}\, f(x, y) > f(x_0, y_0))$$

则称函数在点 (x_0, y_0) 有**极大值**（或**极小值**）$f(x_0, y_0)$。

极大值、极小值统称为极值，而使函数取得极值的点称为**极值点**。

例 7 - 38　函数 $z = f(x, y) = (x-1)^2 + (y-2)^2 - 1$ 在点 $(1, 2)$ 处有极小值 -1。因为当 $(x-1)^2 + (y-2)^2 \neq 0$ 时，$z = f(x, y) \, (x-1)^2 + (y-2)^2 - 1 > -1 = f(1, 2)$；当 $(x, y) = (1, 2)$ 时，$z = -1$；而当 $(x, y) \neq (1, 2)$ 时，$z > -1$。因此 $z = -1$ 是函数的极小值。

例 7 - 39　函数在定义域 $0 < x^2 + y^2 \leqslant \dfrac{\pi}{2}$ 内，$z = f(x, y) = \dfrac{1}{2} - \sin(x^2 + y^2)$ 在点 $(0, 0)$ 处有极大值 $\dfrac{1}{2}$，因为我们对于在 $(0, 0)$ 的去心领域 $0 < x^2 + y^2 < \dfrac{\pi}{2}$ 中的任一点 (x, y) 有 $\sin(x^2 + y^2) > 0$，所以

$$z = f(x, y) = \frac{1}{2} - \sin(x^2 + y^2) < \frac{1}{2} = f(0, 0)$$

以上关于二元函数的极值概念，可推广到 n 元函数。设 n 元函数 $u = f(P)$ 在点 P_0 的某一邻域内有定义，如果对于该邻域内任何异于 P_0 的点 P，都有 $f(P) < f(P_0)$ 或（$f(P) > f(P_0)$），则称函数 $f(P)$ 在点 P_0 有极大值（或极小值）$f(P_0)$。

与一元函数一样，关于二元函数极值的判定，我们有以下定理。

定理 1　必要条件　设函数 $z = f(x, y)$ 在点 (x_0, y_0) 具有偏导数，且在点 (x_0, y_0) 处有极

值,则有 $f'_x(x_0, y_0)=0$, $f'_y(x_0, y_0)=0$。

证 不妨设 $z=f(x, y)$ 在点 (x_0, y_0) 处有极大值,依有极大值的定义,对于点 (x_0, y_0) 的某邻域内异于 (x_0, y_0) 的点 (x, y),都有不等式 $f(x, y)<f(x_0, y_0)$。特殊地,在该邻域内取 $y=y_0$ 的点,也应有不等式 $f(x, y_0)<f(x_0, y_0)$。这表明一元函数 $f(x, y_0)$ 在 $x=x_0$ 处取得极大值,因而必有 $f'_x(x_0, y_0)=0$。类似地可证 $f'_y(x_0, y_0)=0$。

从几何上看,这时如果曲面 $z=f(x, y)$ 在点 (x_0, y_0, z_0) 处有切平面,则切平面

$$z-z_0=f'_x(x_0, y_0)(x-x_0)+f'_y(x_0, y_0)(y-y_0)$$

成为平行于 xOy 坐标面的平面 $z=z_0$。

类似地可推得,如果三元函数 $u=f(x, y, z)$ 在点 (x_0, y_0, z_0) 具有偏导数,则它在点 (x_0, y_0, z_0) 具有极值的必要条件为:

$$f'_x(x_0, y_0, z_0)=0, \quad f'_y(x_0, y_0, z_0)=0, \quad f'_z(x_0, y_0, z_0)=0$$

使 $f'_x(x_0, y_0)=0$, $f'_y(x_0, y_0)=0$,同时成立的点 (x_0, y_0) 称为函数 $z=f(x, y)$ 的驻点。这里的极值点与驻点的定义以及极值的必要条件都不难推广到二元以上的多元函数。

与一元函数类似,从定理 1 可知,具有偏导数的函数的极值点必定是驻点,但函数的驻点不一定是极值点。

例 7-40 函数 $z=f(x, y)=x^2-y^2$ 有偏导数 $\dfrac{\partial z}{\partial x}=2x$, $\dfrac{\partial z}{\partial y}=-2y$,点 $(0, 0)$ 是函数的驻点,但函数在点 $(0, 0)$ 处既不取得极大值也不取得极小值,因为 $f(0, 0)=0$,而在 $(0, 0)$ 的任意邻域内 $f(x, y)$ 既能取到正值也能取到负值。

因为在点 $(0, 0)$ 处的函数值为零,而在点 $(0, 0)$ 的任一邻域内,总既有使函数值为正的点,也有使函数值为负的点。

定理 2 充分条件 设函数 $z=f(x, y)$ 在点 (x_0, y_0) 的某邻域内连续且有一阶及二阶连续偏导数,又 $f'_x(x_0, y_0)=0$, $f'_y(x_0, y_0)=0$,令

$$f''_{xx}(x_0, y_0)=A, \quad f''_{xy}(x_0, y_0)=B, \quad f''_{yy}(x_0, y_0)=C$$

则在点 (x_0, y_0) 处是否取得极值的条件如下。

(1) 当 $AC-B^2>0$ 时具有极值,且当 $A<0$ 时有极大值,当 $A>0$ 时有极小值。

(2) 当 $AC-B^2<0$ 时没有极值。

(3) 当 $AC-B^2=0$ 时可能有极值,也可能没有极值。

求二元函数极值的步骤:

第一步:解方程组 $f'_x(x, y)=0$, $f'_y(x, y)=0$,求得实数解,即可得所有驻点。

第二步:对于每一个驻点 (x_0, y_0),求出二阶偏导数的值 A,B 和 C。

第三步:定出 $AC-B^2$ 的符号,按定理 2 的结论进行判断定。$f(x_0, y_0)$ 是否是极值、是极大值还是极小值。

例 7-41 求函数 $f(x, y)=x^3+y^3-3xy$ 的极值。

解 解方程组 $\begin{cases} f'_x(x, y)=3x^2-3y=0 \\ f'_y(x, y)=3y^2-3x=0 \end{cases}$,求得 $x=1$ 和 0,$y=1$ 和 0,于是得驻点为 $(1, 1)$,

$(0，0)$，再求出二阶偏导数 $f''_{xx}(x，y)=6x$，$f''_{xy}(x，y)=-3$，$f''_{yy}(x，y)=6y$，在点 $(1，1)$ 处，$AC-B^2=6\cdot6-(-3)^2=27>0$，又 $A>0$，所以函数在 $(1，1)$ 处有极小值 $f(1，1)=-1$，在点 $(0，0)$ 处 $AC-B^2=-9<0$，故 $f(0，0)$ 不是极值。

注：与一元函数类似，不是驻点的点也可能是极值点。

例如，函数 $z=-\sqrt{x^2+y^2}$ 在点 $(0，0)$ 处有极大值，但 $(0，0)$ 不是函数的驻点。因此，在考虑函数的极值问题时，除了考虑函数的驻点外，如果有偏导数不存在的点，那么对这些点也应当考虑。

2. 多元函数的最大值、最小值　如果 $f(x，y)$ 在有界闭区域 D 上连续，则 $f(x，y)$ 在 D 上必定能取得最大值和最小值。这种使函数取得最大值或最小值的点既可能在 D 的内部，也可能在 D 的边界上。我们假定，函数在 D 上连续、在 D 内可微分且只有有限个驻点，这时如果函数在 D 的内部取得最大值（最小值），那么这个最大值（最小值）也是函数的极大值（极小值）。因此，求最大值和最小值的一般方法是：将函数 $f(x，y)$ 在 D 内的所有驻点处的函数值及在 D 的边界上的最大值和最小值相互比较，其中最大的就是最大值，最小的就是最小值。

例 7-42　求函数 $f(x，y)=xy-x^2$ 在闭区域 $D=\{(x，y)|0\leqslant x\leqslant1;0\leqslant y\leqslant1\}$ 的最大值、最小值。

解　$f_x(x，y)=y-2x$，$f_y(x，y)=x$，令，得驻点 $(0，0)$，它恰好在闭区域 D 的边界上，所以函数的最大值、最小值只能在 D 的边界上取得。边界由四条直线段 L_1，L_2，L_3，L_4 组成。在 L_1：$x=0$，$0\leqslant y\leqslant1$ 上，由于 $f(0，y)=0$，因此 $f(x，y)$ 在 L_1 上的值都是 0；在 L_2：$y=0$，$0\leqslant x\leqslant1$ 上，$f(x，0)=-x^2$，因此，$f(x，y)$ 在 L_2 的最大值为 0，最小值为 -1；在 L_3：$x=1$，$0\leqslant y\leqslant1$ 上，$f(1，y)=y-1$，因此 $f(x，y)$ 在 L_3 上的最大值为 0，最小值为 -1；在 L_4：$y=1$，$0\leqslant x\leqslant1$ 上，$f(x，1)=x-x^2$，$f(x，y)$ 在 L_4 上的最大值为 $\dfrac{1}{4}$，最小值为 0。

综上所述，函数 $f(x，y)$ 在闭区域 D 上的最大值为 $f\left(\dfrac{1}{2}，1\right)=\dfrac{1}{4}$，最小值为 $f(1，0)=-1$。

在通常遇到的实际问题中，如果根据问题的性质，知道函数 $f(x，y)$ 的最大值（最小值）一定在 D 的内部取得，而函数在 D 内只有一个驻点，那么可以肯定该驻点处的函数值就是函数 $f(x，y)$ 在 D 上的最大值（最小值）。

例 7-43　有一宽为 24 cm 的长方形铁板，把它两边折起来做成一断面为等腰梯形的水槽。问怎样折法才能使断面的面积最大？

解　设折起来的边长为 x cm，倾角为 α，那么梯形断面的下底长为 $24-2x$，上底长为 $24-2x\cos\alpha$，高为 $x\sin\alpha$，所以断面面积

$$A(x，\alpha)=\frac{1}{2}(24-2x+2x\cos\alpha+24-2x)\cdot x\sin\alpha，即：$$

$$A(x，\alpha)=24x\sin\alpha-2x^2\sin\alpha+x^2\sin\alpha\cos\alpha \quad (0<x<12，0<\alpha\leqslant90°)$$

这就是目标函数，要求使这函数取得最大值的点 $(x，\alpha)$，令

$$A'(x，\alpha)_x=24\sin\alpha-4x\sin\alpha+2x\sin\alpha\cos\alpha=0$$

$A'(x，\alpha)_\alpha=24x\cos\alpha-2x^2\cos\alpha+x^2(\cos^2\alpha-\sin^2\alpha)=0$，由于 $\sin\alpha\neq0$，$x\neq0$，上述方程

组可化为：

$$\begin{cases} 12-2x+x\cos\alpha =0 \\ 24\cos\alpha -2x\cos\alpha +x(\cos^2\alpha -\sin^2\alpha)=0 \end{cases}$$，解这方程组，可得 $\alpha =60°$，$x=8$ cm

根据题意可知断面面积的最大值一定存在，并且在 $D=\{(x,y)\,|\,0<x<12,\ 0<\alpha\leqslant 90°\}$ 内取得，通过计算得知 $\alpha =90°$ 时的函数值比 $\alpha =60°$，$x=8$ (cm) 时的函数值小。又函数在 D 内只有一个驻点，因此可以断定，当 $x=8$ cm，$\alpha =60°$ 时，就能使断面的面积最大。

例 7-44 机体对某种药物的效应 E 是给药量 x、给药时间 t 的函数为 $E=x^2(a-x)t^2\mathrm{e}^{-t}$，其中，$a$ 为常量，表示允许的最大药量，求取得最大效应的药量与时间。

解 这是无条件极值，令偏导数为零组成方程组，即：

$$\begin{cases} E'_x=0 \\ E'_t=0 \end{cases} \begin{cases} [2x(a-x)-x^2]t^2\mathrm{e}^{-t}=0 \\ x^2(a-x)(2t\mathrm{e}^{-t}-t^2\mathrm{e}^{-t})=0 \end{cases}$$，在开区域 $0<x<+\infty$，$0<t<+\infty$ 内，化简为

$$\begin{cases} 2a-3x=0 \\ (a-x)(2-t)=0 \end{cases}$$，只有唯一驻点，即最大值点为：

$$x=\frac{2}{3}a,\ t=2$$

二、条件极值、拉格朗日乘数法

对自变量有附加条件的极值称为**条件极值**。一般地，考虑函数 $z=f(x,y)$ 在限制条件 $g(x,y)=0$ 下的极值问题，称为条件极值问题。考虑极值的函数 $z=f(x,y)$ 称为目标函数，考虑的限制条件 $g(x,y)=0$ 称为约束条件。没有约束条件的极值问题，称为无条件极值问题。若能从约束条件 $g(x,y)=0$ 解出 $y=y(x)$，则条件极值问题可以转化为函数 $z=f[x,y(x)]$ 的无条件极值问题。类似地，可以考虑二元以上函数的条件极值问题。

例 7-45 某药厂生产两种药的联合成本函数为 $C(x,y)=5x^2+2xy+3y^2+800$ 元。由于设备和原料限制，每年的产品限额为 $x+y=39$，求在产品限额下的最小成本。

解 从约束条件 $x+y=39$ 解出 y，得到：

$y=39-x$，将条件极值问题转化为无条件极值问题，即

$C(x,y(x))=5x^2+2x(39-x)+3(39-x)^2+800$，令导数为零，解得开区域 $x>0$ 内唯一驻点 $x=13$，故 $x=13$，$y=26$ 时，取得最小成本，即：

$$C(13,26)=5\times 13^2+2\times 13\times 26+3\times 26^2+800=4\ 349\ \text{元}$$

例如，求表面积为 a^2 而体积为最大的长方体的体积问题。设长方体的三棱的长为 x，y，z，则体积 $V=xyz$。又因假定表面积为 a^2，所以自变量 x，y，z 还必须满足附加 $2(xy+yz+xz)=a^2$。这个问题就是求函数 $V=xyz$ 在条件 $2(xy+yz+xz)=a^2$ 下的最大值问题，这是一个条件极值问题。

对于有些实际问题，可以把条件极值问题化为无条件极值问题。例如，上述问题，由条件 $2(xy+yz+xz)=a^2$，解得 $z=\dfrac{a^2-2xy}{2(x+y)}$，于是得 $V=\dfrac{xy}{2}\left(\dfrac{a^2-2xy}{x+y}\right)$，只需求 V 的无条件极值问题。

在很多情形下,将条件极值化为无条件极值并不容易。需要另一种求条件极值的专用方法,这就是拉格朗日乘数法。

现在我们来寻求函数 $z=f(x,y)$ 在条件 $\varphi(x,y)=0$ 下取得极值的必要条件。

如果函数 $z=f(x,y)$ 在 (x_0,y_0) 取得所求的极值,那么有 $\varphi(x_0,y_0)=0$。假定在 (x_0,y_0) 的某一邻域内 $f(x,y)$ 与 $\varphi(x,y)$ 均有连续的一阶偏导数,而 $\varphi_y(x_0,y_0)\neq0$。由隐函数存在定理和方程 $\varphi(x,y)=0$ 确定一个连续且具有连续导数的函数 $y=\psi(x)$,将其代入目标函数 $z=f(x,y)$,得到一元函数 $z=f(x,\psi(x))$。于是,$x=x_0$ 是一元函数 $z=f(x,y(x))$ 的极值点,由取得极值的必要条件,则有:

$$\frac{\mathrm{d}z}{\mathrm{d}x}\Big|_{x=x_0}=f'_x(x_0,y_0)+f'_y(x_0,y_0)\frac{\mathrm{d}y}{\mathrm{d}x}\Big|_{x=x_0}=0, \text{即}:$$

$f'_x(x_0,y_0)-f'_y(x_0,y_0)\dfrac{\phi_x(x_0,y_0)}{\phi_y(x_0,y_0)}=0$,从而,函数 $z=f(x,y)$ 在条件 $\varphi(x,y)=0$ 下在 (x_0,y_0) 取得极值的必要条件是:

$f'_x(x_0,y_0)-f'_y(x_0,y_0)\dfrac{\phi_x(x_0,y_0)}{\phi_y(x_0,y_0)}=0$ 与 $\varphi(x_0,y_0)=0$ 同时成立。

设 $\dfrac{f'_y(x_0,y_0)}{\phi'_y(x_0,y_0)}=-\lambda$,则上述必要条件变为 $\begin{cases} f'_x(x_0,y_0)+\lambda\phi'_x(x_0,y_0)=0 \\ f'_y(x_0,y_0)+\lambda\phi'_y(x_0,y_0)=0。 \\ \phi(x_0,y_0)=0 \end{cases}$

拉格朗日乘数法,即要找函数 $z=f(x,y)$ 在条件 $\varphi(x,y)=0$ 下的可能极值点,可以先构成辅助函数

$$F(x,y)=f(x,y)+\lambda\varphi(x,y)$$

其中,λ 为某一常数;然后,解方程组

$$\begin{cases} F'_x(x,y)=f'_x(x,y)+\lambda\phi'_x(x,y)=0 \\ F'_y(x,y)=f'_y(x,y)+\lambda\phi'_y(x,y)=0 \\ \phi(x,y)=0 \end{cases}$$

由这方程组解出 x,y 及 λ,则其中 (x,y) 就是所要求的可能的极值点。

这种方法可以推广到自变量多于两个而条件多于一个的情形。至于如何确定所求的点是否是极值点,在实际问题中往往可根据问题本身的性质来判定。

例 7-46 求表面积为 a^2 而体积为最大的长方体的体积。

解 设长方体的三棱的长为 x,y,z,则问题就是在条件 $2(xy+yz+xz)=a^2$ 下求函数 $V=xyz$ 的最大值。构成辅助函数,则有:

$F(x,y,z)=xyz+\lambda(2xy+2yz+2xz-a^2)$,再解方程组,得到

$$\begin{cases} F'_x(x,y,z)=yz+2\lambda(y+z)=0 \\ F'_y(x,y,z)=xz+2\lambda(x+z)=0 \\ F'_z(x,y,z)=xy+2\lambda(y+x)=0 \\ 2xy+2yz+2xz=a^2 \end{cases}, \text{即有}:$$

$x = y = z = \dfrac{\sqrt{6}}{6} a$，这是唯一可能的极值点。因为由问题本身可知最大值一定存在，所以最大值就在这个可能的值点处取得，此时，$V = \dfrac{\sqrt{6}}{36} a^3$。

拓 展 阅 读

拉普拉斯与拉格朗日

拉普拉斯(Laplace)方程又名调和方程、位势方程，是一种偏微分方程，因为由法国数学家拉普拉斯首先提出而得名。求解拉普拉斯方程是电磁学、天文学和流体力学等领域经常遇到的一类重要的数学问题，因为这种方程以势函数的形式描写了电场、引力场和流场等物理对象(一般统称为"保守场"或"有势场")的性质。

约瑟夫·路易斯·拉格朗日(Joseph-Louis Lagrange)是法国数学家、物理学家。他在数学、力学和天文学三个学科领域中都有历史性的贡献，其中尤以数学方面的成就最为突出。拉格朗日是18世纪的伟大科学家，拿破仑曾称赞他是"一座高耸在数学界的金字塔"，他最突出的贡献是在把数学分析的基础脱离几何与力学，使数学的独立性更为清楚，而不仅是其他学科的工具。同时在使天文学力学化、力学分析化上也起了历史性作用，促使力学和天文学(天体力学)更深入的发展。拉格朗日的著作非常多，在他去世后，法兰西研究院集中了他留在学院内的全部著作，编辑出版了十四卷《拉格朗日文集》。第一卷收集他在都灵时期的工作，发表在《论丛》第一卷到第四卷中的论文；第二卷收集他发表在《论丛》第四、第五卷及《都灵科学院文献》第一、第二卷中的论文；第三、第四、第五卷有他在《柏林科学院文献》中发表的论文；第六卷载有他未在巴黎科学院或法兰西研究院的刊物上发表过的文章；第七卷主要刊登他在师范学校的报告；第八卷为1808年完成的《各阶数值方程的解法论述及代数方程式的几点说明》一书；第九卷是1813年再版的《解析函数论》；第十卷是1806年出版的《函数计算教程》一书；第十一卷是1811年出版的《分析力学》第一卷；第十二卷为《分析力学》的第二卷；第十三卷刊载他同达朗贝尔的学术通讯；第十四卷是他同孔多塞、拉普拉斯、欧拉等人的学术通讯。还计划出第十五卷，包含1892年以后找到的通讯，但未出版。

习　　题

7-1 确定下列函数的定义域，并画出定义域图像。

(1) $z = \sqrt{1 - x^2 - y^2}$；

(2) $f(x, y) = \sqrt{1 - x^2} + \sqrt{y^2 - 1}$；

(3) $z = \arcsin \dfrac{y}{x}$；

(4) $z = \dfrac{1}{x + y} + \dfrac{1}{x - y}$。

7-2 计算下列函数的偏导数。

(1) $z = x^2 \sin y$；

(2) $z = x^y$；

(3) $z = xy + \dfrac{x}{y}$;

(4) $z = \arctan(x - y^2)$;

(5) $z = x^4 - 3x^2 y^2 + y^4$;

(6) $z = x^2 \ln(x + y)$;

(7) $z = \tan \dfrac{x^2}{y}$;

(8) $z = y^{\ln x}$;

(9) 设 $f(x, y) = \mathrm{e}^{\arctan \frac{y}{x}} \cdot \ln(x^2 + y^2)$, 求 $f'_x(1, 0)$;

(10) 设 $f(x, y) = x + (y - 1) \arcsin \sqrt{\dfrac{x}{y}}$, 求 $f'_x(x, 1)$。

7 - 3　设 $z = x^y$, 验证 $\dfrac{\partial^2 z}{\partial x \partial y} = \dfrac{\partial^2 z}{\partial y \partial x}$。

7 - 4　求下列函数的二阶偏导数。

(1) $z = x \ln(xy)$;

(2) $z = x^4 - 3x^2 y^2 + y^4$;

(3) $z = \arctan \dfrac{y}{x}$;

(4) $z = (1 + xy)^y$。

7 - 5　设 $f(x, y) = \mathrm{e}^x \sin y$, 求 $f''_{xx}(0, \pi)$, $f''_{xy}(0, \pi)$, $f''_{yy}(0, \pi)$。

7 - 6　证明:

(1) 设 $z = \ln(\sqrt{x} + \sqrt{y})$, 证明 $x \dfrac{\partial z}{\partial x} + y \dfrac{\partial z}{\partial y} = \dfrac{1}{2}$;

(2) 设 $z = \dfrac{y}{x} \arcsin \dfrac{x}{y}$, 证明 $x \dfrac{\partial z}{\partial x} + y \dfrac{\partial z}{\partial y} = 0$。

7 - 7　计算全增量或全微分。

(1) 求函数 $z = x^2 y^2$ 在点 $(2, -1)$ 处, 当 $\Delta x = 0.02$, $\Delta y = -0.01$ 时的全增量与全微分;

(2) 求当 $x = 2$, $y = 1$, $\Delta x = 0.01$, $\Delta y = 0.03$ 时, 函数 $z = \dfrac{xy}{x^2 - y^2}$ 的全增量与全微分;

(3) 求 $z = x + y^2$ 在点 $(0, 1)$ 当 $\Delta x = 0.1$, $\Delta y = -0.3$ 时的全微分;

(4) 求 $z = \ln(xy)$ 在点 $(2, 1)$ 的全微分。

7 - 8　计算全微分。

(1) $z = \mathrm{e}^x \sin(x + y)$;

(2) $z = \sqrt{x^2 + y^2}$;

(3) $z = xy + \dfrac{x}{y}$;

(4) $u = \ln \sqrt{1 + x^2 + y^2}$。

7 - 9　求下列多元复合函数的偏导数。

(1) $z = \ln[\mathrm{e}^{2(x + y^2)} + (x^2 + y)]$, 求 $\dfrac{\partial z}{\partial x}$ 和 $\dfrac{\partial z}{\partial y}$;

(2) 设 $u = (x - y)^z$, $z = x^2 + y^2 (x - y > 0)$, 求 $\dfrac{\partial u}{\partial x}$ 和 $\dfrac{\partial u}{\partial y}$;

(3) 设 $u = \varphi(x^2 + y^2)$, 求证 $x \dfrac{\partial u}{\partial y} - y \dfrac{\partial u}{\partial x} = 0$;

(4) 设 $z = f(x^2 - y^2, xy)$, 求 $\dfrac{\partial z}{\partial x}$ 和 $\dfrac{\partial z}{\partial y}$;

(5) 设 $z = u^2 v$，$u = \cos x$，$v = \sin x$，求 $\dfrac{\mathrm{d}z}{\mathrm{d}x}$；

(6) $u = x + 4\sqrt{xy} - 3y$，$x = t^2$，$y = \dfrac{1}{t}$，求 $\dfrac{\mathrm{d}u}{\mathrm{d}t}$；

(7) $z = u^2 v - uv^2$，$u = x\cos y$，$v = x\sin y$，求 $\dfrac{\partial z}{\partial x}$ 和 $\dfrac{\partial z}{\partial y}$；

(8) $z = x^2 \ln y$，$x = \dfrac{v}{u}$，$y = 3v - 2u$，求 $\dfrac{\partial z}{\partial u}$ 和 $\dfrac{\partial z}{\partial v}$；

(9) $u = \arctan(xy)$，$y = \mathrm{e}^x$，求 $\dfrac{\mathrm{d}u}{\mathrm{d}x}$。

7 - 10　对下列隐函数求 y'_x。

(1) $xy = \ln y$；

(2) $\sin y + \mathrm{e}^x - xy^2 = 0$；

(3) $xy + \ln x + \ln y = 0$；

(4) $x^4 + 3y^6 = 1$。

7 - 11　对下列函数求 z'_x，z'_y。

(1) $\mathrm{e}^z = xyz$；

(2) $x^3 + y^3 + z^3 - 3xyz = 0$；

(3) $xy = z\ln z$；

(4) $z^2 y - xz^3 = 1$。

7 - 12　容积为 V 的开顶长方水池，求表面积的最小值。

7 - 13　容积为 V 的开顶圆柱水池，单位面积造价底部为侧部的 3 倍，求总造价最小值。

7 - 14　求抛物线 $y = x^2$ 上的点与直线 $x - y = 2$ 上的点之间的最短距离。

7 - 15　求 $z = 4 - x^3 - y^2$ 在圆 $x^2 + y^2 \leqslant 1$ 上的最大值。

7 - 16　生产某产品的数量 Q 与所用 A 和 B 两种原料的数量 x 和 y 有函数关系 $Q(x, y) = 5x^2 y$，原料 A 和 B 的单价分别为 100 元和 200 元，用 15 000 元购买原料，求产品产量的最大值。

7 - 17　甲、乙两种产品在销量为 x 和 y 时的销售价格分别为 $P_1 = 16 - x$，$P_2 = 22 - y$，两种产品的联合成本为 $C(x, y) = 2x^2 + 2xy + y^2 + 13$，求取得最大利润时的两种产品的价格和销量。

第八章 多元函数的积分

导学

本章主要介绍多元函数的积分问题,多元函数的积分与一元函数的定积分相似,由实际问题而引出。通过对二重积分和曲线积分概念、性质、计算以及应用的学习,使学生具备一定的计算能力,且能够独立地解决简单的实际问题。

(1) 掌握直角坐标系下二重积分的计算、极坐标系下二重积分的计算。

(2) 熟悉二重积分的概念与性质,曲线积分的计算、格林公式及应用。

(3) 了解二重积分在几何、物理上的简单应用。

第一节 二重积分的概念与性质

一、二重积分的引入

首先,考虑曲顶柱体的体积和平面薄片的质量这两个实际问题。

1. 曲顶柱体的体积

曲顶柱体的顶是二元函数 $z=f(x,y)$($f(x,y) \geqslant 0$ 且在 D 上连续)所表示的连续曲面,底是 xOy 平面上的闭区域 D,侧面是以 D 的边界为准线且母线平行于 z 轴的柱面所构成的立体,如图 8-1 所示。

曲顶柱体的顶部是曲面,当点 (x,y) 在区域 D 上变动时,它的高 $f(x,y)$ 是变量。我们可以仿照在定积分中求曲边梯形面积的方法,使用"**分割**、**近似**、**求和**、**极限**"的方法来计算曲顶柱体的体积。

(1) 分割:将闭区域 D 任意分成 n 个小区域,即:

$$\Delta\sigma_1, \Delta\sigma_2, \cdots, \Delta\sigma_i, \cdots, \Delta\sigma_n$$

并用它们表示各个小区域的面积。以各小区域的边界线为准线,作母线平行于 z 轴的柱面,这样将原曲顶柱体分成 n 个小曲顶柱体。用 $\Delta V_i(i=1,2,\cdots,n)$ 表示第 i 个小曲顶柱体的体

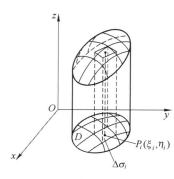

图 8-1

积,即:

$$V = \sum_{i=1}^{n} \Delta V_i$$

(2) 近似:在每个小区域 $\Delta\sigma_i$ 上任意取一点 $P_i(\xi_i, \eta_i)$,以函数值 $f(\xi_i, \eta_i)$ 为高,$\Delta\sigma_i$ 为底的小平顶柱体的体积 $f(\xi_i, \eta_i) \cdot \Delta\sigma_i$ 来近似代替小曲顶柱体的体积 ΔV_i,即:

$$\Delta V_i \approx f(\xi_i, \eta_i) \cdot \Delta\sigma_i$$

(3) 求和:将 n 个小平顶柱体的体积相加,就得到曲顶柱体体积的近似值,即:

$$V = \sum_{i=1}^{n} \Delta V_i \approx \sum_{i=1}^{n} f(\xi_i, \eta_i) \cdot \Delta\sigma_i$$

(4) 取极限:区域 D 上分成的小区域 $\Delta\sigma_i$ 越细密,上式的近似程度就越高。用 d_i 表示 $\Delta\sigma_i$ 内任意两点间距离的最大值,称该**区域的直径**,令 $\lambda = \max\{d_i \mid i=1, 2, \cdots, n\}$,当 λ 趋于零时,上述和式的极限就是曲顶柱体的体积 V,即:

$$V = \lim_{\lambda \to 0} \sum_{i=1}^{n} f(\xi_i, \eta_i) \cdot \Delta\sigma_i$$

2. 平面薄片的质量　设有一平面薄片在 xOy 平面上占有的区域为 D,在点 (x, y) 处面密度为 $\rho(x, y)$ ($\rho(x, y) \geqslant 0$ 且在 D 上连续),求该薄片的质量 M。

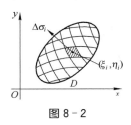

图 8 - 2

我们将薄片分成 n 个小区域如图 8 - 2 所示,在每个小区域 $\Delta\sigma_i (i = 1, 2, \cdots, n)$ 上任取一点 (ξ_i, η_i),则有小区域 $\Delta\sigma_i$ 的质量为 $\Delta m_i \approx \rho(\xi_i, \eta_i) \cdot \Delta\sigma_i$。只要小区域 $\Delta\sigma_i$ 的直径足够小,通过求和、取极限就可得到所求平面薄片的质量,即:

$$M = \lim_{\lambda \to 0} \sum_{i=1}^{n} \rho(\xi_i, \eta_i) \cdot \Delta\sigma_i$$

式中 λ 为平面薄片上小区域 $\Delta\sigma_i$ 中直径最大值。

曲顶柱体的体积和平面薄片的质量两个问题的实际意义虽然不同,但我们分析问题的思路都与定积分是完全相同的,只是把被积函数换作了二元函数,相应的积分范围变成了一个区域,并最终都归结为同类形式和式的极限。在物理、化学、生命科学、工程技术等领域都有类似的形式出现,可以抽象成一般概念,得出二重积分的定义。

二、二重积分的概念

定义　设函数 $f(x, y)$ 在有界闭区域 D 上有定义且连续,将区域 D 任意分成 n 个小区域 $\Delta\sigma_i$ ($i=1, 2, \cdots, n$),并以 $\Delta\sigma_i$ 表示第 i 个小区域的面积。在每个小区域上任取一点 (ξ_i, η_i),做乘积 $f(\xi_i, \eta_i) \cdot \Delta\sigma_i$ 并求其和式 $\sum_{i=1}^{n} f(\xi_i, \eta_i) \cdot \Delta\sigma_i$。若各个小区域的直径最大值,即 $\lambda = \max\{d_i \mid i=1, 2, \cdots, n\}$ 趋于零时该和式的极限存在,则称此极限为函数 $f(x, y)$ 在区域 D 上的**二重积分**,记作 $\iint\limits_{D} f(x, y)\mathrm{d}\sigma$,即:

$$\iint\limits_D f(x, y)\mathrm{d}\sigma = \lim_{\lambda \to 0}\sum_{i=1}^{n} f(\xi_i, \eta_i) \cdot \Delta\sigma_i$$

其中, $f(x, y)$ 称为**被积函数**, $f(x, y)\mathrm{d}\sigma$ 称为**被积表达式**, $\mathrm{d}\sigma$ 称为**面积元素**, x 和 y 称为**积分变量**, D 称为**积分区域**, "$\iint$" 称为**二重积分符号**。

由二重积分的定义可知, 曲顶柱体的体积就是曲顶函数 $z = f(x, y)$ 在区域 D 上的二重积分, 即:

$$V = \iint\limits_D f(x, y)\mathrm{d}\sigma$$

平面薄片的质量就是它的面密度 $\rho(x, y)$ 在薄片所占区域 D 上的二重积分, 即:

$$M = \iint\limits_D \rho(x, y)\mathrm{d}\sigma$$

二重积分定义中对区域 D 的划分是任意的, 而和式的极限与 D 的分法和点 (ξ_i, η_i) 的取法无关。因此, 为方便起见, 可考虑在直角坐标系中分别用平行于 x 轴和 y 轴的直线来分割区域 D, 这可使得除了靠边界线的一些小区域外的其他小区域都是矩形。设这些矩形 $\Delta\sigma_i$ 的边长为 Δx_j 和 Δy_k, 则 $\Delta\sigma_i = \Delta x_j \cdot \Delta y_k$。由于 $\iint\limits_D f(x, y)\mathrm{d}\sigma$ 中的 $\mathrm{d}\sigma$ 对应的是和式中的 $\Delta\sigma_i$, 这时面积元素 $\mathrm{d}\sigma = \mathrm{d}x \cdot \mathrm{d}y$, 于是二重积分可记作 $\iint\limits_D f(x, y)\mathrm{d}x\,\mathrm{d}y$。

二重积分存在的必要条件是: 若函数 $f(x, y)$ 在闭区域 D 上可积, 则 $f(x, y)$ 在闭区域 D 上有界。

二重积分存在的充分条件是: 若函数 $f(x, y)$ 在闭区域 D 上连续, 则 $f(x, y)$ 在闭区域 D 上可积。

二重积分的几何意义: 当 $f(x, y) \geqslant 0$ 时, $\iint\limits_D f(x, y)\mathrm{d}x\,\mathrm{d}y$ 就是曲顶柱体的体积。当 $f(x, y) < 0$ 时, 曲顶柱体在 xOy 平面的下方, 此时二重积分的值为负, 于是 $\left|\iint\limits_D f(x, y)\mathrm{d}x\,\mathrm{d}y\right|$ 仍是曲顶柱体的体积。当 $f(x, y)$ 在区域 D 上有正有负时, 则二重积分的值等于位于 xOy 平面上方曲顶柱体的体积减去下方曲顶柱体的体积。

三、二重积分的性质

二重积分与定积分有类似的性质。设函数 $f(x, y)$, $g(x, y)$ 在闭区域 D 上连续, 则可利用其定义证明二重积分有如下性质。

性质 1　被积函数的常数因子可由积分号内提出来, 即:

$$\iint\limits_D k f(x, y)\mathrm{d}\sigma = k\iint\limits_D f(x, y)\mathrm{d}\sigma$$

性质 2　函数代数和的积分等于积分的代数和, 即:

$$\iint\limits_{D}[f(x,y)\pm g(x,y)]\mathrm{d}\sigma=\iint\limits_{D}f(x,y)\mathrm{d}\sigma\pm\iint\limits_{D}g(x,y)\mathrm{d}\sigma$$

性质 3 若区域 D 被分成两个互不重叠的子区域 D_1 与 D_2,则函数 $f(x,y)$ 在 D 上的积分等于 D_1 与 D_2 上积分的和,即:

$$\iint\limits_{D}f(x,y)\mathrm{d}\sigma=\iint\limits_{D_1}f(x,y)\mathrm{d}\sigma+\iint\limits_{D_2}f(x,y)\mathrm{d}\sigma$$

性质 4 若在区域 D 上 $f(x,y)\equiv1$,则函数 $f(x,y)$ 在 D 上的积分等于 D 的面积 σ,即:

$$\sigma=\iint\limits_{D}f(x,y)\mathrm{d}\sigma=\iint\limits_{D}\mathrm{d}\sigma$$

性质 5 若在区域 D 上 $f(x,y)\leqslant g(x,y)$,则有不等式

$$\iint\limits_{D}f(x,y)\mathrm{d}\sigma\leqslant\iint\limits_{D}g(x,y)\mathrm{d}\sigma$$

特别地,由于 $-|f(x,y)|\leqslant f(x,y)\leqslant|f(x,y)|$,则:

$$\left|\iint\limits_{D}f(x,y)\mathrm{d}\sigma\right|\leqslant\iint\limits_{D}|f(x,y)|\mathrm{d}\sigma$$

性质 6 设 M 和 m 分别是 $f(x,y)$ 在区域 D 上的最大值和最小值,σ 是 D 的面积,则:

$$m\sigma\leqslant\iint\limits_{D}f(x,y)\mathrm{d}\sigma\leqslant M\sigma$$

性质 7 二重积分的中值定理 若函数 $f(x,y)$ 在区域 D 上连续,σ 是 D 的面积,则在 D 上至少有一点 (ξ,η),使下式成立

$$\iint\limits_{D}f(x,y)\mathrm{d}\sigma=f(\xi,\eta)\sigma$$

证 在性质 6 中,用 σ 除不等式中的各项,得:

$m\leqslant\dfrac{1}{\sigma}\iint\limits_{D}f(x,y)\mathrm{d}\sigma\leqslant M$,根据闭区间上连续函数的介值定理,在 D 上至少有一点 (ξ,η),使得:

$$\frac{1}{\sigma}\iint\limits_{D}f(x,y)\mathrm{d}\sigma=f(\xi,\eta)$$

上式两边同乘以 σ,得到性质 7。

中值定理的几何意义:在区域 D 上曲顶柱体的体积,等于以区域 D 上某一点的函数值为高的平顶柱体的体积。

第二节 ｜ 二重积分的计算

一、直角坐标系下二重积分的计算

通过讨论曲顶柱体的体积,从而导出二重积分的计算公式,关键是将二重积分化为二次定积分。

设曲顶柱体的曲顶函数 $z=f(x,y)$(不妨设 $z\geqslant 0$),底面区域 D 为 x 型区域:由直线 $x=a$,$x=b$ 与 $y=\varphi_1(x)$,$y=\varphi_2(x)$ 所围成如图 8-3 所示。

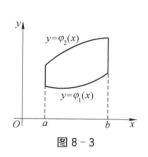

图 8-3

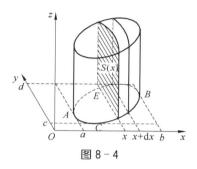

图 8-4

用平行于 yOz 坐标面的平面将曲顶柱体截成若干块小薄片,只要小薄片的厚度无限微小,将小薄片的体积累加就可得到曲顶柱体的体积。

在区间 $[a,b]$ 上任取一微段 $[x,x+\mathrm{d}x]$,分别过 x 和 $x+\mathrm{d}x$ 作平行于 yOz 坐标面的平面,得到曲顶柱体位于 x 和 $x+\mathrm{d}x$ 之间的薄片,记其体积为 ΔV。由于过点 x 平行于 yOz 坐标面的平面,截曲顶柱体所得的截面是一个以区间 $[\varphi_1(x),\varphi_2(x)]$ 为底、以曲线 $z=f(x,y)$ 为曲边的曲边梯形,如图 8-4 所示。设截面面积为 $S(x)$,则可用定积分表示为:

$$S(x)=\int_{\varphi_1(x)}^{\varphi_2(x)}f(x,y)\mathrm{d}y$$

由微元法可知,小薄片的体积微元为 $\mathrm{d}V=S(x)\mathrm{d}x$,则曲顶柱体的体积为:

$$V=\int_a^b S(x)\mathrm{d}x=\int_a^b\left[\int_{\varphi_1(x)}^{\varphi_2(x)}f(x,y)\mathrm{d}y\right]\mathrm{d}x$$

由二重积分的几何意义,$z=f(x,y)$ 在区域 D 上的二重积分等于曲顶柱体体积,故有:

$$\iint\limits_D f(x,y)\mathrm{d}\sigma=\int_a^b\left[\int_{\varphi_1(x)}^{\varphi_2(x)}f(x,y)\mathrm{d}y\right]\mathrm{d}x$$

此式右端这样先对 y 后对 x 的积分,即依次进行的两次定积分,称为**二次积分**。先对 y 积分时可将函数 $f(x,y)$ 中的 x 看作常数,则 $f(x,y)$ 是关于变量 y 的一元函数,对 y 计算从 $\varphi_1(x)$ 到 $\varphi_2(x)$ 的定积分,其结果显然是 x 的函数,再对 x 计算从 a 到 b 的定积分,通常也可简

写成

$$\int_a^b \left[\int_{\varphi_1(x)}^{\varphi_2(x)} f(x,y)\mathrm{d}y \right]\mathrm{d}x = \int_a^b \mathrm{d}x \int_{\varphi_1(x)}^{\varphi_2(x)} f(x,y)\mathrm{d}y$$

于是,当用 $\mathrm{d}x\,\mathrm{d}y$ 代替 $\mathrm{d}\sigma$ 时,得到 x 型区域上二重积分的计算公式

$$\iint\limits_D f(x,y)\mathrm{d}x\,\mathrm{d}y = \int_a^b \mathrm{d}x \int_{\varphi_1(x)}^{\varphi_2(x)} f(x,y)\mathrm{d}y$$

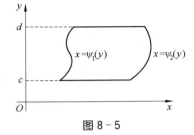

图 8-5

同理,若区域 D 为 y 型区域:

$$c \leqslant y \leqslant d,\ \psi_1(y) \leqslant x \leqslant \psi_2(y)$$

其中, $\psi_1(y)$ 和 $\psi_2(y)$ 在区间 $[c,d]$ 上连续,如图 8-5 所示,可得到 y 型区域上二重积分计算公式

$$\iint\limits_D f(x,y)\mathrm{d}x\,\mathrm{d}y = \int_c^d \mathrm{d}y \int_{\psi_1(y)}^{\psi_2(y)} f(x,y)\mathrm{d}x$$

它是先对 x 积分,再对 y 积分。计算二重积分时,积分次序将视具体情况而定。

当区域 D 为任意区域时,若平行于坐标轴的直线与其边界线的交点多于两点,如图 8-6 所示,可将区域 D 分成若干个互不重叠的 x 型或 y 型子区域,根据积分区域的可加性,把整个区域 D 上的二重积分化为各个子区域上二重积分的和。

特别地,若积分区域 D 是矩形区域: $a \leqslant x \leqslant b$, $c \leqslant y \leqslant d$,如图 8-7 所示,它既是 x 型又是 y 型区域,则其二次积分可以任意交换积分顺序,即:

$$\iint\limits_D f(x,y)\mathrm{d}x\,\mathrm{d}y = \int_a^b \mathrm{d}x \int_c^d f(x,y)\mathrm{d}y = \int_c^d \mathrm{d}y \int_a^b f(x,y)\mathrm{d}x$$

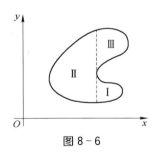

图 8-6

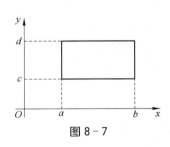

图 8-7

若被积函数 $f(x,y)$ 此时是两个一元函数 $g(x)$ 和 $h(y)$ 的乘积,则先对 y 积分时, $g(x)$ 可视为常数,将它提到积分号外,而再对 x 积分时, $\int_c^d h(y)\mathrm{d}y$ 也可视为常数提到积分号外,从而可得:

$$\iint\limits_D f(x,y)\mathrm{d}x\,\mathrm{d}y = \iint\limits_D g(x)h(y)\mathrm{d}x\,\mathrm{d}y = \int_a^b \mathrm{d}x \int_c^d g(x)h(y)\mathrm{d}y = \int_a^b g(x)\mathrm{d}x \cdot \int_c^d h(y)\mathrm{d}y$$

此时函数 $f(x,y)=g(x)h(y)$ 在矩形区域 D: $a \leqslant x \leqslant b$, $c \leqslant y \leqslant d$ 上的二重积分可化为两个定积分的乘积。

例 8 - 1　计算 $\iint\limits_{D} x\,\mathrm{d}x\,\mathrm{d}y$，其中 D 是由 $y=x^2$，$y=x+6$ 所围成的区域。

解　区域 D 如图 8 - 8 所示，由题求得直线与抛物线的交点为 $(-2,4)$ 和 $(3,9)$，则区域 D 是 x 型区域，即 $D: -2 \leqslant x \leqslant 3$，$x^2 \leqslant y \leqslant x+6$，则应选先 y 后 x 积分较为简便。

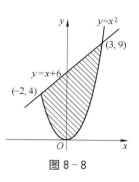

图 8 - 8

$$\iint\limits_{D} x\,\mathrm{d}x\,\mathrm{d}y = \int_{-2}^{3} \mathrm{d}x \int_{x^2}^{x+6} x\,\mathrm{d}y = \int_{-2}^{3} x\,[\,y\,]_{x^2}^{x+6}\,\mathrm{d}x$$

$$= \int_{-2}^{3}(x^2+6x-x^3)\,\mathrm{d}x$$

$$= \left[\frac{x^3}{3}+3x^2-\frac{x^4}{4}\right]_{-2}^{3} = \frac{125}{12}$$

例 8 - 2　计算 $\iint\limits_{D} x^2 y\,\mathrm{d}x\,\mathrm{d}y$，其中 D 是由双曲线 $x^2-y^2=1$ 和直线 $y=0$，$y=1$ 所围成的区域。

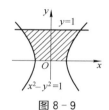

图 8 - 9

解　区域 D 如图 8 - 9 所示，这是 y 型区域，即 $D: -\sqrt{1+y^2} \leqslant x \leqslant \sqrt{1+y^2}$，$0 \leqslant y \leqslant 1$，则应选先 x 后 y 积分。

$$\iint\limits_{D} x^2 y\,\mathrm{d}x\,\mathrm{d}y = \int_{0}^{1} \mathrm{d}y \int_{-\sqrt{1+y^2}}^{\sqrt{1+y^2}} x^2 y\,\mathrm{d}x = \frac{2}{3}\int_{0}^{1} y\,(1+y^2)^{\frac{3}{2}}\,\mathrm{d}y$$

$$= \frac{2}{15}\left[(1+y^2)^{\frac{5}{2}}\right]_{0}^{1} = \frac{2}{15}(4\sqrt{2}-1)$$

例 8 - 3　计算 $\iint\limits_{D} x\,\mathrm{e}^{-y^2}\,\mathrm{d}x\,\mathrm{d}y$，其中 D 是由 $y=4x^2$，$y=9x^2$，$y=1$ 在第一象限所围成的区域。

解　区域 D 如图 8 - 10 所示，这是 y 型区域，即 $D: \dfrac{\sqrt{y}}{3} \leqslant x \leqslant \dfrac{\sqrt{y}}{2}$，$0 \leqslant y \leqslant 1$ 则应选先 x 后 y 积分。

图 8 - 10

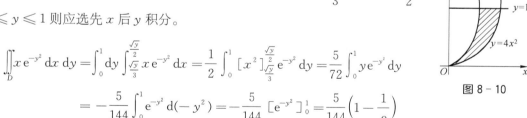

$$\iint\limits_{D} x\,\mathrm{e}^{-y^2}\,\mathrm{d}x\,\mathrm{d}y = \int_{0}^{1} \mathrm{d}y \int_{\frac{\sqrt{y}}{3}}^{\frac{\sqrt{y}}{2}} x\,\mathrm{e}^{-y^2}\,\mathrm{d}x = \frac{1}{2}\int_{0}^{1}\left[x^2\right]_{\frac{\sqrt{y}}{3}}^{\frac{\sqrt{y}}{2}} \mathrm{e}^{-y^2}\,\mathrm{d}y = \frac{5}{72}\int_{0}^{1} y\,\mathrm{e}^{-y^2}\,\mathrm{d}y$$

$$= -\frac{5}{144}\int_{0}^{1} \mathrm{e}^{-y^2}\,\mathrm{d}(-y^2) = -\frac{5}{144}\left[\mathrm{e}^{-y^2}\right]_{0}^{1} = \frac{5}{144}\left(1-\frac{1}{\mathrm{e}}\right)$$

例 8 - 4　计算 $\iint\limits_{D} y\left[1+x\,\mathrm{e}^{\frac{1}{2}(x^2+y^2)}\right]\mathrm{d}x\,\mathrm{d}y$，其中 D 是由 $y=x$，$y=-1$，$x=1$ 所围成的区域。

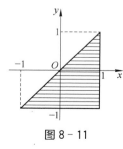

图 8 - 11

解　区域 D 如图 8 - 11 所示，它既是 x 型又是 y 型区域，故先对 x 和先对 y 积分均可，若选择先 x 后 y 积分，则将区域 D 看作 y 型区域，即 $D: y \leqslant x \leqslant 1$，$-1 \leqslant y \leqslant 1$。

$$\iint\limits_{D} y\left[1+x\,\mathrm{e}^{\frac{1}{2}(x^2+y^2)}\right]\mathrm{d}x\,\mathrm{d}y = \iint\limits_{D} y\,\mathrm{d}x\,\mathrm{d}y + \iint\limits_{D} x\,y\,\mathrm{e}^{\frac{1}{2}(x^2+y^2)}\,\mathrm{d}x\,\mathrm{d}y$$

其中，$\displaystyle\iint\limits_{D} y\,\mathrm{d}x\,\mathrm{d}y = \int_{-1}^{1} \mathrm{d}y \int_{y}^{1} y\,\mathrm{d}x = \int_{-1}^{1} y(1-y)\,\mathrm{d}y = \left[\frac{y^2}{2}-\frac{y^3}{3}\right]_{-1}^{1}$

$$= -\frac{2}{3}$$

$$\iint_D x y e^{\frac{1}{2}(x^2+y^2)} \, dx \, dy = \int_{-1}^1 y \, dy \int_y^1 x e^{\frac{1}{2}(x^2+y^2)} \, dx = \int_{-1}^1 y \left[e^{\frac{1}{2}(1+y^2)} - e^{y^2} \right] dy = 0$$

这里被积函数 $y\left[e^{\frac{1}{2}(1+y^2)} - e^{y^2} \right]$ 是 y 的奇函数,因此,原式 $= -\dfrac{2}{3}$

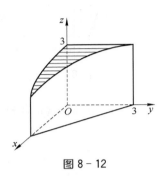

图 8 - 12

例 8 - 5 计算由平面 $x=0$, $y=0$, $z=0$, $3x+2y=6$ 及曲面 $z=3-\dfrac{1}{2}x^2$ 所围的立体体积。

解 所求的立体图形如图 8 - 12 所示,由二重积分的定义知,所求体积为:

$V = \iint_D \left(3 - \dfrac{1}{2}x^2 \right) dx \, dy$,其中,$D$ 是由 $x=0$, $y=0$, $3x+2y=6$ 所围成的既是 x 型又是 y 型区域,若选择先 y 后 x 积分,则将区域 D 看作 x 型区域,即 $D: 0 \leqslant x \leqslant 2$, $0 \leqslant y \leqslant 3-\dfrac{3}{2}x$,故有:

$$V = \iint_D \left(3 - \frac{1}{2}x^2 \right) dx \, dy = \int_0^2 dx \int_0^{3-\frac{3}{2}x} \left(3 - \frac{1}{2}x^2 \right) dy = \int_0^2 \left(3 - \frac{1}{2}x^2 \right) \left(3 - \frac{3}{2}x \right) dx$$

$$= \int_0^2 \left(9 - \frac{9}{2}x - \frac{3}{2}x^2 + \frac{3}{4}x^3 \right) dx = \left[9x - \frac{9}{4}x^2 - \frac{1}{2}x^3 + \frac{3}{16}x^4 \right]_0^2 = 8$$

例 8 - 6 更改二次积分 $\displaystyle\int_0^1 dx \int_x^{\sqrt{2x-x^2}} f(x, y) dy$ 的积分次序。

解 由题意可知 $D: 0 \leqslant x \leqslant 1$, $x \leqslant y \leqslant \sqrt{2x-x^2}$ 是 x 型积分区域,如图 8 - 13 所示,我们可以将此区域 D 看作 y 型区域进行分析,即 $D: 1-\sqrt{1-y^2} \leqslant x \leqslant y$, $0 \leqslant y \leqslant 1$,按要求更改为先对 x 积分,则有:

$$\int_0^1 dx \int_x^{\sqrt{2x-x^2}} f(x, y) dy = \int_0^1 dy \int_{1-\sqrt{1-y^2}}^y f(x, y) dx$$

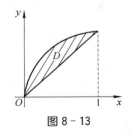

图 8 - 13

二、极坐标系下二重积分的计算

对于某些二重积分,在直角坐标系下计算会遇到一些困难,甚至得不到结果。若积分区域是圆形、扇形、环形域等区域,或被积函数为 $f(x^2+y^2)$ 型时,采用极坐标往往可使二重积分的计算得到简化。

极坐标与直角坐标之间的关系式为 $x=r\cos\theta$, $y=r\sin\theta$ 将被积函数 $f(x, y)$ 化为极坐标下的函数

$$f(x, y) = f(r\cos\theta, r\sin\theta)$$

现在来求极坐标系下的面积元素 $d\sigma$。用以极点 O 为圆心的一组同心圆和以 O 为起点的一组射线分割区域 D, 设 $\Delta\sigma_i$ 是两条极径为 r_{i-1} 和 r_i 的圆弧与极角分别为 θ_{i-1} 与 θ_i 的射线所围成的小

区域(图 8 - 14)。如果分割很细密,小区域的面积 $\Delta\sigma_i = \frac{1}{2}(\sqrt{i}+\Delta\sqrt{i})^2 \cdot \Delta\theta_i - \frac{1}{2}\sqrt{i}^2 \cdot \Delta\theta_i = \sqrt{i} \cdot \Delta\theta_i \cdot \Delta\sqrt{i} + \frac{1}{2} \cdot \Delta\theta_i \cdot \Delta\sqrt{i}^2 \approx \sqrt{i} \cdot \Delta\theta_i \cdot \Delta\sqrt{i}$(忽略第二项),那么面积元素为 $d\sigma = r d\theta dr$,于是,极坐标系下的二重积分为:

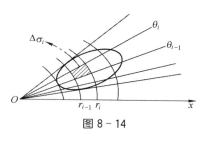

图 8 - 14

$$\iint\limits_{D} f(x,y)dx\,dy = \iint\limits_{D} f(r\cos\theta,\,r\sin\theta)r\,dr\,d\theta$$

下面分三种情况讨论将极坐标系下的二重积分化为二次积分。

1. **极点在区域 D 外面**(图 8 - 15)积分区域 D　$\alpha \leqslant \theta \leqslant \beta$, $r_1(\theta) \leqslant r \leqslant r_2(\theta)$,其中 $r_1(\theta)$, $r_2(\theta)$ 在 $[\alpha,\beta]$ 上连续,则有:

$$\iint\limits_{D} f(r\cos\theta,\,r\sin\theta)r\,dr\,d\theta = \int_{\alpha}^{\beta} d\theta \int_{r_1(\theta)}^{r_2(\theta)} f(r\cos\theta,\,r\sin\theta)r\,dr$$

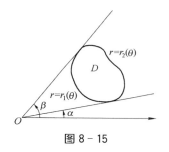

图 8 - 15

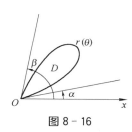

图 8 - 16

2. **极点在区域 D 的边界上**(图 8 - 16) 积分区域 D　$\alpha \leqslant \theta \leqslant \beta$, $0 \leqslant r \leqslant r(\theta)$,其中 $r(\theta)$ 在 $[\alpha,\beta]$ 上连续,则有:

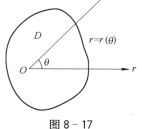

图 8 - 17

$$\iint\limits_{D} f(r\cos\theta,\,r\sin\theta)r\,dr\,d\theta = \int_{\alpha}^{\beta} d\theta \int_{0}^{r(\theta)} f(r\cos\theta,\,r\sin\theta)r\,dr$$

3. **极点在区域 D 内部**(图 8 - 17)积分区域 D　$0 \leqslant \theta \leqslant 2\pi$, $0 \leqslant r \leqslant r(\theta)$,其中 $r(\theta)$ 在 $[0,2\pi]$ 上连续,则有:

$$\iint\limits_{D} f(r\cos\theta,\,r\sin\theta)r\,dr\,d\theta = \int_{0}^{2\pi} d\theta \int_{0}^{r(\theta)} f(r\cos\theta,\,r\sin\theta)r\,dr$$

若在区域 D 上,有 $f(r\cos\theta,\,r\sin\theta)=1$,此时极坐标系下的二重积分在数值上等于区域 D 的面积 σ,即:

$$\sigma = \iint\limits_{D} f(r\cos\theta,\,r\sin\theta)r\,dr\,d\theta = \iint\limits_{D} r\,dr\,d\theta = \int_{\alpha}^{\beta} d\theta \int_{0}^{r(\theta)} r\,dr = \frac{1}{2}\int_{\alpha}^{\beta} r^2(\theta)dr$$

这正是定积分中平面图形在极坐标系下的面积计算公式。

例 8 - 7　计算 $\iint\limits_{D}\sqrt{x^2+y^2}\,dx\,dy$,其中 D 是由 $0 \leqslant y \leqslant x$, $x^2+y^2 \leqslant 2x$ 所围成的区域。

解　把 $x=r\cos\theta$ 和 $y=r\sin\theta$ 坐标变换式带入边界方程 $0 \leqslant y \leqslant x$, $x^2+y^2 \leqslant 2x$,可知区域

D 为如图 8-18 所示的极坐标系区域,即 $D: 0 \leqslant \theta \leqslant \dfrac{\pi}{4}$, $0 \leqslant r \leqslant 2\cos\theta$, 则有:

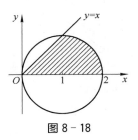

图 8-18

$$\iint\limits_{D} \sqrt{x^2+y^2}\,\mathrm{d}x\,\mathrm{d}y = \int_0^{\frac{\pi}{4}} \mathrm{d}\theta \int_0^{2\cos\theta} r \cdot r\mathrm{d}r = \frac{8}{3} \int_0^{\frac{\pi}{4}} \cos^3\theta\mathrm{d}\theta$$

$$= \frac{8}{3} \int_0^{\frac{\pi}{4}} (1-\sin^2\theta)\,\mathrm{d}\sin\theta$$

$$= \frac{8}{3} \left[\sin\theta - \frac{1}{3}\sin^3\theta \right]_0^{\frac{\pi}{4}} = \frac{10}{9}\sqrt{2}$$

例 8-8　计算 $\displaystyle\iint\limits_{D} \frac{x+y}{x^2+y^2}\,\mathrm{d}x\,\mathrm{d}y$, 其中 D 是由 $x^2+y^2 \leqslant 1$, $x+y>1$ 所围成的区域。

解　把 $x=r\cos\theta$, $y=r\sin\theta$ 坐标变换式带入边界方程 $x^2+y^2 \leqslant 1$, $x+y>1$, 可知区域 D 为极坐标系区域 $D: 0 \leqslant \theta \leqslant \dfrac{\pi}{2}$, $\dfrac{1}{\cos\theta+\sin\theta} \leqslant r \leqslant 1$, 则有:

$$\iint\limits_{D} \frac{x+y}{x^2+y^2}\,\mathrm{d}x\,\mathrm{d}y = \iint\limits_{D} \frac{r(\cos\theta+\sin\theta)}{r^2}\,r\mathrm{d}r\,\mathrm{d}\theta = \int_0^{\frac{\pi}{2}} (\cos\theta+\sin\theta)\mathrm{d}\theta \int_{\frac{1}{\cos\theta+\sin\theta}}^{1} \mathrm{d}r$$

$$= \int_0^{\frac{\pi}{2}} (\cos\theta+\sin\theta-1)\mathrm{d}\theta = \left[\sin\theta - \cos\theta - \theta \right]_0^{\frac{\pi}{2}} = 2 - \frac{\pi}{2}$$

例 8-9　有一圆环形带电体,内外半径分别为 a 和 b, 表面均匀带电,电荷面密度为 σ。 计算位于环心铅直上方 h 处的电场强度,如图 8-19 所示。

解　由对称性可知,平行于圆环的电场强度相互抵消,只有铅直方向的电场,则:

$$\mathrm{d}E_z = \mathrm{d}E \cdot \cos\alpha = \frac{\sigma\mathrm{d}x\,\mathrm{d}y}{4\pi\varepsilon_0(x^2+y^2+h^2)} \cdot \frac{h}{(x^2+y^2+h^2)^{\frac{1}{2}}}$$

$$E_z = \frac{\sigma h}{4\pi\varepsilon_0} \iint\limits_{D} \frac{1}{(x^2+y^2+h^2)^{3/2}}\,\mathrm{d}x\,\mathrm{d}y$$

$$= \frac{\sigma h}{4\pi\varepsilon_0} \int_0^{2\pi} \mathrm{d}\theta \int_a^b \frac{r}{(r^2+h^2)^{3/2}}\,\mathrm{d}r$$

$$= \frac{\sigma h}{2\varepsilon_0} \left(\frac{1}{\sqrt{a^2+h^2}} - \frac{1}{\sqrt{b^2+h^2}} \right)$$

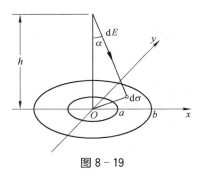

图 8-19

第三节 | 二重积分的简单应用

一、几何上的应用

有二重积分的几何意义可知,二重积分可以用来计算空间立体的体积和空间曲面的面积。这里主要讨论空间立体的体积,在具体的计算过程中,结合空间立体的性质,如对称性等进行简化计算。

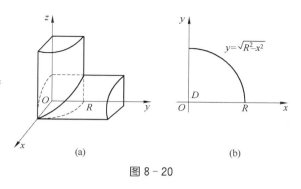

例 8-10　计算由两个圆柱面 $x^2+y^2=R^2$ 和 $x^2+z^2=R^2$ 相交所围成立体的体积,如图 8-20(a)所示。

解　利用立体关于坐标平面的对称性,只要算出第一卦限部分的体积再乘以 8 就是所要求的体积 V。第一卦限部分是一个曲顶柱体,顶是柱面 $z=\sqrt{R^2-x^2}$,其位于 xOy 平面上的底部区域如图 8-20(b)所示,它既是 x 型又是 y 型区域,故先对 x 和先对 y 积分均可,若选择先 y 后 x 积分,则将区域 D 看作 x 型区域,即 D: $0\leqslant x\leqslant R$, $0\leqslant y\leqslant\sqrt{R^2-x^2}$, 则有:

图 8-20

$$V=8\iint_D\sqrt{R^2-x^2}\,\mathrm{d}x\,\mathrm{d}y=8\int_0^R\mathrm{d}x\int_0^{\sqrt{R^2-x^2}}\sqrt{R^2-x^2}\,\mathrm{d}y=8\int_0^R\sqrt{R^2-x^2}\cdot\left[y\right]_0^{\sqrt{R^2-x^2}}\mathrm{d}x$$

$$=8\int_0^R(R^2-x^2)\mathrm{d}x=8\left[R^2x-\frac{x^3}{3}\right]_0^R=\frac{16}{3}R^3$$

例 8-11　计算圆柱面 $y^2+z^2=a^2$ 在第一卦限中被平面 $y=b$ $(0<b<a)$ 与平面 $x=y$ 所截下部分所围的体积,如图 8-21 所示。

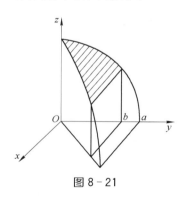

图 8-21

解　由图 8-21 可知,其位于 xOy 平面上的底部区域既是 x 型又是 y 型区域,故先对 x 和先对 y 积分均可,若选择先 x 后 y 积分,则将区域 D 看作 y 型区域,D: $0\leqslant x\leqslant y$, $0\leqslant y\leqslant b$, 则有:

$$V=\iint_D\sqrt{a^2-y^2}\,\mathrm{d}x\,\mathrm{d}y=\int_0^b\mathrm{d}y\int_0^y\sqrt{a^2-y^2}\,\mathrm{d}x$$

$$=\int_0^b y\sqrt{a^2-y^2}\,\mathrm{d}y=-\frac{1}{2}\int_0^b\sqrt{a^2-y^2}\,\mathrm{d}(a^2-y^2)$$

$$=\left[-\frac{1}{3}(a^2-y^2)^{\frac{3}{2}}\right]_0^b=\frac{1}{3}\left[a^3-(a^2-b^2)^{\frac{3}{2}}\right]$$

二、物理上的应用

1.平面薄板的质量

例 8-12　计算由螺线 $r=2\theta$ 与直线 $\theta=\dfrac{\pi}{2}$ 所围成的平面薄板(图 8-22),其面密度为 $\rho(x,y)=x^2+y^2$ 的质量。

解　由微元法可知: $\mathrm{d}m=\rho\,\mathrm{d}x\,\mathrm{d}y$, 则有:

$$m=\iint_D\rho\,\mathrm{d}x\,\mathrm{d}y=\iint_D(x^2+y^2)\mathrm{d}x\,\mathrm{d}y=\iint_D r^2\cdot r\mathrm{d}r\mathrm{d}\theta,\ 这里\ D: 0\leqslant r\leqslant 2\theta,\ 0\leqslant$$

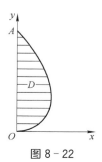

图 8-22

$\theta \leqslant \dfrac{\pi}{2}$，所以

$$m = \int_{\theta}^{\frac{\pi}{2}} \mathrm{d}\theta \int_{0}^{2\theta} r^3 \mathrm{d}r = 4 \int_{0}^{\frac{\pi}{2}} \theta^4 \mathrm{d}\theta = \frac{\pi^5}{40}$$

2. 平面薄板的重心

例 8-13　设有平面薄板，占有 xOy 平面上的区域 D，在点 (x,y) 处的面密度为 $\rho = \rho(x,y)\,(\rho \geqslant 0)$，且在 D 上连续，计算平面薄板的质量和重心。

解　在区域 D 上取面积元素 $\mathrm{d}\sigma$，其质量为 $\mathrm{d}m = \rho \mathrm{d}\sigma = \rho \mathrm{d}x \mathrm{d}y$，即平面薄板质量为：

$$m = \iint\limits_{D} \rho(x,y) \mathrm{d}x \mathrm{d}y$$

面积元素 $\mathrm{d}\sigma$ 对 x 轴和 y 轴的力矩的大小分别为：

$$\mathrm{d}M_x = y \cdot \rho \mathrm{d}x \mathrm{d}y, \quad \mathrm{d}M_y = x \cdot \rho \mathrm{d}x \mathrm{d}y$$

整个薄板对 x 轴和 y 轴的力矩大小分别为：

$$M_x = \iint\limits_{D} y\rho(x,y) \mathrm{d}x \mathrm{d}y, \quad M_y = \iint\limits_{D} x\rho(x,y) \mathrm{d}x \mathrm{d}y$$

设平面薄板的重心坐标为 $(\bar{x}, \bar{y})$，可以认为该薄板的质量集中在重心 $(\bar{x}, \bar{y})$ 处，则 $M_x = \bar{y}m$，$M_y = \bar{x}m$，故重心坐标为：

$$\bar{x} = \frac{M_y}{m} = \frac{\iint\limits_{D} x\rho(x,y) \mathrm{d}x \mathrm{d}y}{\iint\limits_{D} \rho(x,y) \mathrm{d}x \mathrm{d}y}, \quad \bar{y} = \frac{M_x}{m} = \frac{\iint\limits_{D} y\rho(x,y) \mathrm{d}x \mathrm{d}y}{\iint\limits_{D} \rho(x,y) \mathrm{d}x \mathrm{d}y}$$

如果平面薄板的面密度 $\rho(x,y)$ 是均匀的（为常数），则重心坐标为：

$$\bar{x} = \frac{M_y}{m} = \frac{\iint\limits_{D} x \mathrm{d}x \mathrm{d}y}{\iint\limits_{D} \mathrm{d}x \mathrm{d}y}, \quad \bar{y} = \frac{M_x}{m} = \frac{\iint\limits_{D} y \mathrm{d}x \mathrm{d}y}{\iint\limits_{D} \mathrm{d}x \mathrm{d}y}$$

例 8-14　设有一匀质圆形平面薄板，其密度为 ρ，计算它在第一象限部分的重心。

解　设对应平面薄板的圆方程为 $x^2 + y^2 = a^2$，现要求计算 $x \geqslant 0$，$y \geqslant 0$ 部分的重心，利用极坐标，则有：

$$M_x = \iint\limits_{D} \rho y \mathrm{d}x \mathrm{d}y = \rho \iint r^2 \sin\theta \mathrm{d}r \mathrm{d}\theta = \rho \int_{0}^{\frac{\pi}{2}} \sin\theta \mathrm{d}\theta \int_{0}^{a} r^2 \mathrm{d}r = \frac{\rho a^3}{3}$$

$$M_y = \iint\limits_{D} \rho x \mathrm{d}x \mathrm{d}y = \rho \iint r^2 \cos\theta \mathrm{d}r \mathrm{d}\theta = \rho \int_{0}^{\frac{\pi}{2}} \cos\theta \cdot \mathrm{d}\theta \int_{0}^{a} r^2 \mathrm{d}r = \frac{\rho a^3}{3}$$

$m = \iint\limits_{D} \rho \mathrm{d}x \mathrm{d}y = \rho \iint r \mathrm{d}r \mathrm{d}\theta = \rho \int_{0}^{\frac{\pi}{2}} \mathrm{d}\theta \int_{0}^{a} r \mathrm{d}r = \frac{a^2}{4}\rho\pi$，则重心坐标为：

$$\bar{x} = \frac{M_y}{m} = \frac{\dfrac{\rho a^3}{3}}{\dfrac{a^2}{4}\rho\pi} = \frac{4a}{3\pi}, \quad \bar{y} = \frac{M_x}{m} = \frac{4a}{3\pi}$$

第四节 | 曲 线 积 分

一、对弧长的曲线积分

1. 对弧长曲线积分的定义　在讨论曲线积分时,若曲线弧 L 是连续不断且自身不相交的,则称 L 为**简单曲线**。若简单曲线 L 有连续变动的切线,则称 L 为**光滑曲线**。

这里考虑非均匀分布曲线弧的质量问题。设 L 为质量非均匀分布的平面曲线弧,在 L 上任一点 (x, y) 处的线密度为 $\rho = \rho(x, y)$,现要计算该曲线弧的质量 m,如图 8-23 所示。

我们仍然采用"**分割、近似、求和、取极限**"的方法进行处理。

(1) 分割:用 L 上的点 $M_1, M_2, \cdots, M_{n-1}$ 将 L 分成 n 个小曲线段,取其中一小段 $M_{i-1}M_i$ 来分析。以 Δs_i 表示这一小段的弧长。

(2) 近似:当 Δs_i 很小时,这一小段上的线密度可近似地看成常数,在其中任取一点 (ξ_i, η_i),得到这一小段的质量约为:

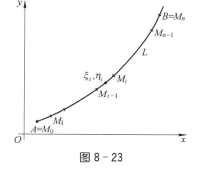

图 8-23

$$\Delta m_i \approx \rho(\xi_i, \eta_i)\Delta s_i$$

(3) 求和:将 n 个小曲线段上的质量相加,就得到整个曲线弧上的质量约为:

$$m \approx \sum_{i=1}^{n}\rho(\xi_i, \eta_i)\Delta s_i$$

(4) 取极限:用 λ 表示 n 个曲线弧中的最大长度,当 $\lambda \to 0$ 时,上述和式的极限便是曲线弧 L 的质量 m,即:

$$m = \lim_{\lambda \to 0}\sum_{i=1}^{n}\rho(\xi_i, \eta_i)\Delta s_i$$

定义 1　设 L 为 xOy 平面上的一条光滑曲线弧,函数 $z = f(x, y)$ 在曲线弧 L 上连续,用内分点 $M_1, M_2, \cdots, M_{n-1}$ 把 L 分成 n 小段,第 i 小段的长度为 $\Delta s_i(i = 1, 2, \cdots, n)$,记 $\lambda = \max\limits_{1\leqslant i\leqslant n}\{\Delta s_i\}$,在第 i 小段上任取一点 (ξ_i, η_i),作和式 $\sum\limits_{i=1}^{n}f(\xi_i, \eta_i)\Delta s_i$。若极限 $\lim\limits_{\lambda \to 0}\sum\limits_{i=1}^{n}f(\xi_i, \eta_i)\Delta s_i$ 存在,则称此极限值为函数 $f(x, y)$ 在曲线弧 L 上**对弧长的曲线积分**(也称为**第一类曲线积分**),记作:

$$\int_L f(x, y)\mathrm{d}s = \lim_{\lambda \to 0} \sum_{i=1}^{n} f(\xi_i, \eta_i)\Delta s_i$$

其中，$f(x, y)$ 称为**被积函数**，L 称为**积分路径**，$\mathrm{d}s$ 称为**弧长微元**。

若函数 $f(x, y)$ 在曲线弧 L 上有界，则 $f(x, y)$ 对弧长 L 的曲线积分也存在。

由上述定义可知，平面曲线 L 的质量 m 就等于线密度 $\rho(x, y)$ 在 L 上对弧长的曲线积分，即：

$$m = \int_L \rho(x, y)\mathrm{d}s$$

类似地，可定义三元函数 $f(x, y, z)$ 在空间曲线 Γ 上对弧长的曲线积分为：

$$\int_\Gamma f(x, y, z)\mathrm{d}s = \lim_{\lambda \to 0} \sum_{i=1}^{n} f(\xi_i, \eta_i, \zeta_i)\Delta s_i$$

2. 对弧长的曲线积分的性质　设函数 $f(x, y)$，$g(x, y)$ 在曲线弧 L 上连续，则有如下性质。

性质 1　被积函数中常数因子可以提到曲线积分的外面，即：

$$\int_L k f(x, y)\mathrm{d}s = k \int_L f(x, y)\mathrm{d}s$$

性质 2　代数和的曲线积分，等于曲线积分的代数和，即：

$$\int_L [f(x, y) \pm g(x, y)]\mathrm{d}s = \int_L f(x, y)\mathrm{d}s \pm \int_L g(x, y)\mathrm{d}s$$

性质 3　若光滑曲线弧 L 可分成两段互不相交的曲线弧 L_1 和 L_2，则：

$$\int_L f(x, y)\mathrm{d}s = \int_{L_1} f(x, y)\mathrm{d}s + \int_{L_2} f(x, y)\mathrm{d}s$$

性质 4　若在曲线弧 L 上 $f(x, y) \leqslant g(x, y)$，则：

$$\int_L f(x, y)\mathrm{d}s \leqslant \int_L g(x, y)\mathrm{d}s$$

特别地，有 $\left| \int_L f(x, y)\mathrm{d}s \right| \leqslant \int_L |f(x, y)|\mathrm{d}s$

性质 5　若在曲线弧 L 上 $f(x, y) = 1$，则：

$$\int_L f(x, y)\mathrm{d}s = \int_L \mathrm{d}s = s$$

此性质表明，被积函数为 1 时，对弧长的曲线积分等于曲线弧 L 的弧长。

3. 对弧长的曲线积分的计算　在曲线积分 $\int_L f(x, y)\mathrm{d}s$ 中，被积函数 $f(x, y)$ 虽然是二元函数，但点 (x, y) 必须在曲线 L 上，x 和 y 只有一个是独立变量。因此，只要在曲线 L 的方程中消去一个变量，就可以将对弧长的曲线积分化为定积分来计算。下面分三种情况来讨论。

（1）设曲线 L 由参数方程：$x = \phi(t)$，$y = \varphi(t)$ $(\alpha \leqslant t \leqslant \beta)$ 所确定，其中 $\phi(t)$，$\varphi(t)$ 及其导数在 $[\alpha, \beta]$ 上连续。当 $t = \alpha$，$t = \beta$ 时，分别对应于曲线 L 的端点 A 和 B，则：

$$\mathrm{d}s = \sqrt{(\mathrm{d}x)^2 + (\mathrm{d}y)^2} = \sqrt{[\phi'(t)]^2 + [\varphi'(t)]^2}\,\mathrm{d}t$$

于是

$$\int_L f(x,y)\mathrm{d}s = \int_\alpha^\beta f[\phi(t),\varphi(t)]\sqrt{[\phi'(t)]^2 + [\varphi'(t)]^2}\,\mathrm{d}t$$

由于 $\mathrm{d}s$ 总是正的,因此要求 $\alpha < \beta$。

（2）设曲线 L 由函数 $y = y(x)$ $(a \leqslant x \leqslant b)$ 所确定,则：

$$\mathrm{d}s = \sqrt{1 + [y'(x)]^2}\,\mathrm{d}x$$

于是

$$\int_L f(x,y)\mathrm{d}s = \int_a^b f[x,y(x)]\sqrt{1 + [y'(x)]^2}\,\mathrm{d}x$$

（3）设空间曲线 Γ 由参数方程：$x = \phi(t),\ y = \varphi(t),\ z = \omega(t)$ $(\alpha \leqslant t \leqslant \beta)$ 所确定,则有

$$\int_L f(x,y,z)\mathrm{d}s = \int_\alpha^\beta f[\phi(t),\varphi(t),\omega(t)]\sqrt{[\phi'(t)]^2 + [\varphi'(t)]^2 + [\omega'(t)]^2}\,\mathrm{d}t$$

例 8 - 15　计算 $\displaystyle\int_L xy\,\mathrm{d}s$,其中 $L: x = a\cos t,\ y = a\sin t$ $(a > 0)$ 位于第一象限部分。

解　因为 $x' = -a\sin t$,$y' = a\cos t$,且 $0 \leqslant t \leqslant \dfrac{\pi}{2}$,则有：

$$\int_L xy\,\mathrm{d}s = \int_0^{\frac{\pi}{2}} a\cos t \cdot a\sin t\sqrt{(-a\sin t)^2 + (a\cos t)^2}\,\mathrm{d}t = a^3\int_0^{\frac{\pi}{2}}\sin t\cos t\,\mathrm{d}t = \frac{a^3}{2}$$

例 8 - 16　计算 $\displaystyle\int_L (2x + y)\mathrm{d}s$,其中 L 是圆周 $x^2 + y^2 = 25$ 上夹于点 $(3,4)$ 与 $(4,3)$ 之间最短的一段弧。

解　由题意知：$y = \sqrt{25 - x^2}$,$\sqrt{1 + y'^2} = \sqrt{1 + \left(\dfrac{-x}{\sqrt{25 - x^2}}\right)^2} = \dfrac{5}{\sqrt{25 - x^2}}$,则有：

$$\int_L (2x + y)\mathrm{d}s = \int_3^4 (2x + \sqrt{25 - x^2}) \cdot \frac{5}{\sqrt{25 - x^2}}\,\mathrm{d}x$$

$$= 5\int_3^4\left[\frac{2x}{\sqrt{25 - x^2}} + 1\right]\mathrm{d}x = 5\left[-2\sqrt{25 - x^2} + x\right]_3^4 = 15$$

二、对坐标的曲线积分

1. 对坐标的曲线积分的定义　这里考虑变力沿曲线做功的问题。设一质点 M 在变力 $F(x,y) = P(x,y)\boldsymbol{i} + Q(x,y)\boldsymbol{j}$ 的作用下,沿平面光滑曲线弧 L 从点 A 运动到点 B（图 8 - 24）。计算变力 F 所做的功。

类似于定积分,我们继续使用"**分割、近似、求和、取极限**"的方法来计算此问题。

（1）分割：将曲线弧 L 任意分成 n 个小曲线弧,即 $\Delta L_1,\ \Delta L_2,\ \cdots,\ \Delta L_n$。各小曲线弧首尾点形成的有向线

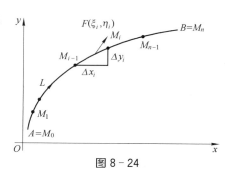

图 8 - 24

段记为 $\Delta L_i = \Delta x_i \, i + \Delta y \, j$。

(2) 近似：在小曲线弧 ΔL_i 上任取一点 (ξ_i, η_i)，用 $F(\xi_i, \eta_i)$ 来近似代替该小弧段上任意一点处的力，则沿小曲线弧所做的功为：

$$\Delta W_i \approx F(\xi_i, \eta_i) \cdot \Delta L_i = P(\xi_i, \eta_i)\Delta x_i + Q(\xi_i, \eta_i)\Delta y_i$$

(3) 求和：沿整条平面光滑曲线弧 L 所做功可以用小曲线段做功之和来表示，于是有：

$$W \approx \sum_{i=1}^n [P(\xi_i, \eta_i)\Delta x_i + Q(\xi_i, \eta_i)\Delta y_i]$$

(4) 取极限：当记 $\lambda = \max\{\Delta L_i \mid i = 1, 2, \cdots, n\} \to 0$ 时，若上述极限存在，则沿曲线 L 所做的功为：

$$W = \lim_{\lambda \to 0} \sum_{i=1}^n [P(\xi_i, \eta_i)\Delta x_i + Q(\xi_i, \eta_i)\Delta y_i]$$

定义 2　设 L 为 xOy 平面上从点 A 到点 B 的一条有向光滑曲线弧，$P(x, y), Q(x, y)$ 是定义在 L 上的连续函数。将 L 任意分成 n 个有向小曲线弧，在小曲线弧上任取一点 (ξ_i, η_i)，作和式 $\sum_{i=1}^n [P(\xi_i, \eta_i)\Delta x_i + Q(\xi_i, \eta_i)\Delta y_i]$，若极限

$$\lim_{\lambda \to 0} \sum_{i=1}^n [P(\xi_i, \eta_i)\Delta x_i + Q(\xi_i, \eta_i)\Delta y_i]$$

存在(其中 λ 为小曲线弧中的最大长度，即 $\lambda = \max\{\Delta L_i \mid i = 1, 2, \cdots, n\}$)，则称此极限值为函数 $P(x, y), Q(x, y)$ 沿曲线 L 从点 A 到点 B **对坐标的曲线积分**(也称为**第二类曲线积分**)，记作：

$$\int_L P(x, y)\mathrm{d}x + Q(x, y)\mathrm{d}y \text{ 或} \int_L P(x, y)\mathrm{d}x + \int_L Q(x, y)\mathrm{d}y$$

对坐标的曲线积分的物理意义：变力 $F(x, y) = P(x, y)i + Q(x, y)j$ 沿平面光滑曲线弧 L 从点 A 运动到点 B 所做的功，即：

$$W = \int_L P(x, y)\mathrm{d}x + Q(x, y)\mathrm{d}y$$

类似地，空间光滑曲线 Γ 上的函数 $P(x, y), Q(x, y), R(x, y)$ 对坐标的曲线积分为：

$$\int_\Gamma P(x, y, z)\mathrm{d}x + Q(x, y, z)\mathrm{d}y + R(x, y, z)\mathrm{d}z$$

2. 对坐标的曲线积分的性质　设函数 $P(x, y), Q(x, y)$ 在光滑曲线弧 L 上连续，由对坐标的曲线积分的定义可知，$\int_L P(x, y)\mathrm{d}x + Q(x, y)\mathrm{d}y$ 有如下性质。

性质 6　常数因子 k 可以提到曲线积分的外面，即：

$$\int_L kP\mathrm{d}x + kQ\mathrm{d}y = k\int_L P\mathrm{d}x + Q\mathrm{d}y$$

性质 7　代数和的曲线积分等于曲线积分的代数和，即：

$$\int_L (P_1 \pm P_2) \mathrm{d}x + (Q_1 \pm Q_2) \mathrm{d}y = \int_L P_1 \mathrm{d}x + Q_1 \mathrm{d}y \pm \int_L P_2 \mathrm{d}x + Q_2 \mathrm{d}y$$

性质 8 连续光滑曲线弧 L 可分成两段互不相交的光滑有向曲线弧 L_1 和 L_2,则:

$$\int_L P \mathrm{d}x + Q \mathrm{d}y = \int_{L_1} P \mathrm{d}x + Q \mathrm{d}y + \int_{L_2} P \mathrm{d}x + Q \mathrm{d}y$$

性质 9 若改变积分路径的方向,则对坐标的曲线积分要改变符号,即:

$$\int_{L^-} P \mathrm{d}x + Q \mathrm{d}y = -\int_L P \mathrm{d}x + Q \mathrm{d}y$$

这里 L^- 是和 L 方向相反的光滑有向曲线弧。

3. **对坐标曲线积分的计算** 设曲线弧 L 由参数方程 $x = \phi(t)$,$y = \varphi(t)$ 给出,其中 $\phi(t)$ 和 $\varphi(t)$ 在区间 $[\alpha, \beta]$ 上有连续的一阶导数。函数 $P(x, y)$,$Q(x, y)$ 在曲线弧 L 上连续,则曲线积分可转化为定积分,即:

$$\int_L P(x, y) \mathrm{d}x + Q(x, y) \mathrm{d}y = \int_\alpha^\beta \{P[\phi(t), \varphi(t)] \phi'(t) + Q[\phi(t), \varphi(t)] \varphi'(t)\} \mathrm{d}t$$

证 在 L 上从点 A 到点 B 取 n 个小弧段,在小弧段 ΔL_i 上任取一点 (x_i, y_i),对应参数为 τ_i,由拉格朗日中值定理有:

$\Delta x_i = x_i - x_{i-1} = \phi(t_i) - \phi(t_{i-1}) = \phi'(c) \Delta t_i$ ($t_{i-1} < c < t_i$),于是

$$\int_L P(x, y) \mathrm{d}x = \lim_{\lambda \to 0} \sum_{i=1}^n P(x_i, y_i) \Delta x_i = \lim_{\lambda \to 0} \sum_{i=1}^n P[x(\tau_i), y(\tau_i)] \phi'(c) \Delta t_i$$
$$= \int_\alpha^\beta P[\phi(t), \varphi(t)] \phi'(t) \mathrm{d}t$$

同理可证:$\int_L Q(x, y) \mathrm{d}y = \int_\alpha^\beta Q[\phi(t), \varphi(t)] \varphi'(t) \mathrm{d}t$

两式合并可写为:

$$\int_L P(x, y) \mathrm{d}x + Q(x, y) \mathrm{d}y = \int_\alpha^\beta \{P[\phi(t), \varphi(t)] \phi'(t) + Q[\phi(t), \varphi(t)] \varphi'(t)\} \mathrm{d}t$$

由于对坐标曲线积分的路径具有方向性,计算时要以曲线起点对应的参数 α 做下限,终点对应的参数 β 做上限,故积分上限不一定大于积分下限,而是与曲线的方向有关。

若曲线 L 的方程为 $y = f(x)$ $(a \leqslant x \leqslant b)$,其中 $f(x)$ 是 $[a, b]$ 上的单值可导函数,则取 x 为参数,曲线方程可化为定积分,即:

$$\int_L P(x, y) \mathrm{d}x + Q(x, y) \mathrm{d}y = \int_a^b \{P[x, f(x)] + Q[x, f(x)] f'(x)\} \mathrm{d}x$$

若曲线 L 的方程是 y 的单值可导函数,$x = g(y)$ $(c \leqslant y \leqslant d)$,则:

$$\int_L P(x, y) \mathrm{d}x + Q(x, y) \mathrm{d}y = \int_c^d \{P[g(y), y] g'(y) + Q[g(y), y]\} \mathrm{d}y$$

若空间曲线 Γ 的参数方程为:$x = \phi(t)$,$y = \varphi(t)$,$z = \omega(t)$ $(\alpha \leqslant t \leqslant \beta)$,则:

$$\int_{\Gamma} P(x,\ y,\ z)\mathrm{d}x + Q(x,\ y,\ z)\mathrm{d}y + R(x,\ y,\ z)\mathrm{d}z$$

$$= \int_{\alpha}^{\beta} \{ P[\phi(t),\ \varphi(t),\ \omega(t)]\phi'(t) + Q[\phi(t),\ \varphi(t),\ \omega(t)]\varphi'(t) + R[\phi(t),\ \varphi(t),\ \omega(t)]\omega'(t) \}\mathrm{d}t$$

例 8 - 17 计算 $\int_{L} 2xy\,\mathrm{d}x + x^2\mathrm{d}y$，其中 L 是曲线 $y = x^3$ 上从点 $A(0,\ 0)$ 到点 $B(1,\ 1)$ 的路径。

解 $\int_{L} 2xy\,\mathrm{d}x + x^2\mathrm{d}y = \int_{0}^{1} 2x \cdot x^3\mathrm{d}x + x^2 \cdot 3x^2\mathrm{d}x = \int_{0}^{1} 5x^4\mathrm{d}x = 1$

例 8 - 18 计算 $\int_{L} y\,\mathrm{d}x - x^2\mathrm{d}y$，其中 L 为抛物线 $y = x^2$ 上从点 $A(-1,\ 1)$ 到点 $B(1,\ 1)$，再沿直线段 BC 到点 $C(0,\ 2)$ 的路径，如图 8 - 25 所示。

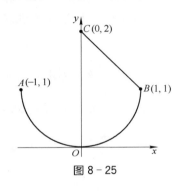

图 8 - 25

解 将路径分为弧 AB 和直线 BC 两段，直线 BC 的方程为 $y = 2 - x$，则有：

$\int_{AB} y\,\mathrm{d}x - x^2\mathrm{d}y = \int_{-1}^{1} (x^2 - x^2 \cdot 2x)\mathrm{d}x = 2\int_{0}^{1} x^2\mathrm{d}x = \dfrac{2}{3}$，这里被积函数 $2x^3$ 是奇函数，即：

$$\int_{BC} y\,\mathrm{d}x - x^2\mathrm{d}y = \int_{1}^{0} [(2-x) - x^2(-1)]\mathrm{d}x$$

$$= \int_{1}^{0} (2 - x + x^2)\mathrm{d}x$$

$$= \left[2x - \frac{1}{2}x^2 + \frac{1}{3}x^3 \right]_{1}^{0} = -\frac{11}{6}$$

于是 $\int_{L} y\,\mathrm{d}x - x^2\mathrm{d}y = \dfrac{2}{3} + \left(-\dfrac{11}{6}\right) = -\dfrac{7}{6}$

例 8 - 19 计算 $\int_{L} -y\,\mathrm{d}x + x\,\mathrm{d}y$，其中 L 是沿曲线 $y = \sqrt{2x - x^2}$ 从点 $(2,\ 0)$ 到点 $(0,\ 0)$ 的弧段，如图 8 - 26 所示。

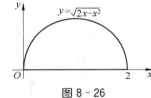

图 8 - 26

解 因为 $y = \sqrt{2x - x^2}$，故 $\mathrm{d}y = \dfrac{1-x}{\sqrt{2x - x^2}}\mathrm{d}x$，则有：

$$\int_{L} -y\,\mathrm{d}x + x\,\mathrm{d}y = \int_{2}^{0} \left(-\sqrt{2x - x^2} + x\,\frac{1-x}{\sqrt{2x - x^2}} \right)\mathrm{d}x$$

$$= -\int_{2}^{0} \frac{x}{\sqrt{2x - x^2}}\mathrm{d}x = \int_{0}^{2} \frac{x}{\sqrt{2x - x^2}}\mathrm{d}x = \int_{0}^{2} \frac{-\frac{1}{2}(-2x + 2) + 1}{\sqrt{1 - (x-1)^2}}\mathrm{d}x$$

$$= -\frac{1}{2}\int_{0}^{2} (2x - x^2)^{-\frac{1}{2}}\mathrm{d}(2x - x^2) + \int_{0}^{2} \frac{1}{\sqrt{1 - (x-1)^2}}\mathrm{d}(x-1)$$

$$= -\left[\sqrt{2x - x^2} \right]_{0}^{2} + \left[\arcsin(x-1) \right]_{0}^{2} = \pi$$

三、格林公式与应用

1. **格林公式**　若曲线 L 的起点与终点重合，则称 L 为**闭曲线**。若沿简单曲线 L 行进时，L 围成的区域 D 总在左侧，则称 L 取**正向**。简单闭曲线 L 正向上对坐标的曲线积分记为：

$$\oint_L P\mathrm{d}x + Q\mathrm{d}y$$

定理 1　设函数 $P(x, y)$，$Q(x, y)$ 在闭区域 D 内有连续的一阶偏导数，其中 D 的边界正向闭曲线 L 是分段光滑的，则有**格林公式**(Green formula)，即：

$$\oint_L P(x, y)\mathrm{d}x + Q(x, y)\mathrm{d}y = \iint_D \left(\frac{\partial Q}{\partial x} - \frac{\partial P}{\partial y}\right)\mathrm{d}x\,\mathrm{d}y$$

证　如图 $8-27$ 可知，闭区域 D 既是 x 型又是 y 型区域，故先对 x 和先对 y 积分均可，若将区域 D 看作 x 型区域，即 $D：a \leqslant x \leqslant b，\varphi_1(x) \leqslant y \leqslant \varphi_2(x)$ 时，边界正向为光滑曲线 $L = L_1 + L_2$，则有闭区域上的二重积分为：

$$\iint_D \frac{\partial P}{\partial y}\mathrm{d}x\,\mathrm{d}y = \int_a^b \mathrm{d}x \int_{\varphi_1(x)}^{\varphi_2(x)} \frac{\partial P}{\partial y}\mathrm{d}y = \int_a^b \left[P(x, y)\right]_{\varphi_1(x)}^{\varphi_2(x)}\mathrm{d}x$$

$$= \int_a^b \{P[x, \varphi_2(x)] - P[x, \varphi_1(x)]\}\mathrm{d}x$$

而

$$\oint_L P(x, y)\mathrm{d}x = \int_{L_1} P(x, y)\mathrm{d}x + \int_{L_2} P(x, y)\mathrm{d}x$$

$$= \int_a^b P[x, \varphi_1(x)]\mathrm{d}x + \int_b^a P[x, \varphi_2(x)]\mathrm{d}x$$

$$= -\int_a^b \{P[x, \varphi_2(x)] - P[x, \varphi_1(x)]\}\mathrm{d}x$$

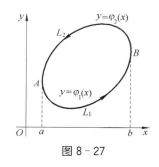

图 $8-27$

比较上述两个积分可得：

$$\iint_D \frac{\partial P}{\partial y}\mathrm{d}x\,\mathrm{d}y = -\oint_L P(x, y)\mathrm{d}x$$

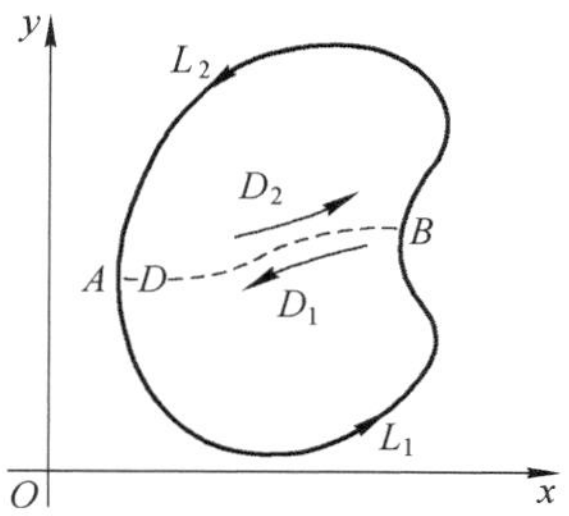

同理可证：$\displaystyle\iint_D \frac{\partial Q}{\partial x}\mathrm{d}x\,\mathrm{d}y = \oint_L Q(x, y)\mathrm{d}y$

两式相减便可得到格林公式，即：

$$\oint_L P(x, y)\mathrm{d}x + Q(x, y)\mathrm{d}y = \iint_D \left(\frac{\partial Q}{\partial x} - \frac{\partial P}{\partial y}\right)\mathrm{d}x\,\mathrm{d}y$$

若区域 D 不是简单区域，如图 $8-28$ 所示，可在 D 内作辅助曲线 AB，将 D 分成为 D_1，D_2 两个小区域，使每个小区域都是简单区域，使沿曲线 BA 和 AB 的两个曲线积分互相抵消，则：

图 $8-28$

$$\iint_D \left(\frac{\partial Q}{\partial x} - \frac{\partial P}{\partial y}\right)\mathrm{d}x\,\mathrm{d}y = \iint_{D_1} \left(\frac{\partial Q}{\partial x} - \frac{\partial P}{\partial y}\right)\mathrm{d}x\,\mathrm{d}y + \iint_{D_2} \left(\frac{\partial Q}{\partial x} - \frac{\partial P}{\partial y}\right)\mathrm{d}x\,\mathrm{d}y$$

$$=\oint_{L_1+BA} P(x, y)\mathrm{d}x + Q(x, y)\mathrm{d}y + \oint_{L_2+AB} P(x, y)\mathrm{d}x + Q(x, y)\mathrm{d}y$$

$$=\oint_{L_1} P(x, y)\mathrm{d}x + Q(x, y)\mathrm{d}y + \oint_{L_2} P(x, y)\mathrm{d}x + Q(x, y)\mathrm{d}y$$

$$=\oint_{L} P(x, y)\mathrm{d}x + Q(x, y)\mathrm{d}y$$

可见,格林公式对于非简单区域仍然是成立的。

另外,用曲线积分也可以计算平面图形的面积。在格林公式中,如取 $P(x, y)=y$, $Q(x, y)=0$,则得到区域 D 的面积 σ,即:

$$\sigma=\iint_D \mathrm{d}x\,\mathrm{d}y = -\oint_L y\,\mathrm{d}x$$

类似地,若取 $P(x, y)=0$, $Q(x, y)=x$,可得到区域 D 的面积 σ,即:

$$\sigma=\iint_D \mathrm{d}x\,\mathrm{d}y = \oint_L x\,\mathrm{d}y$$

将两式相加除以 2,也可得到区域 D 的面积 σ,即:

$$\sigma=\frac{1}{2}\oint_L x\,\mathrm{d}y - y\,\mathrm{d}x$$

格林公式给我们提供了曲线积分与二重积分在计算中的关系,因此我们在计算中,可以将某些复杂的曲线积分化为二重积分计算,或把某些复杂的二重积分化为曲线积分计算。

例 8 - 20 计算 $\oint_L x^2 y\,\mathrm{d}x + y^3\,\mathrm{d}y$,其中 L 是沿 $y^3=x^2$, $y=x$ 所构成的闭曲线的正向。

解 由题可知:$P(x, y)=x^2 y$, $Q(x, y)=y^3$,则有:

$\dfrac{\partial P}{\partial y}=x^2$, $\dfrac{\partial Q}{\partial x}=0$,则利用格林公式,即:

$$\oint_L x^2 y\,\mathrm{d}x + y^3\,\mathrm{d}y = \iint_D (0-x^2)\,\mathrm{d}x\,\mathrm{d}y = \int_0^1 \mathrm{d}x \int_x^{x^{\frac{2}{3}}} (-x^2)\,\mathrm{d}y = \int_0^1 (x^3 - x^{\frac{8}{3}})\,\mathrm{d}x = -\frac{1}{44}$$

例 8 - 21 计算 $\int_{AB} (e^x \sin y - y)\mathrm{d}x + (e^x \cos y - y)\mathrm{d}y$,其中 AB 是从起点 $A(a, 0)$ 到终点 $B(0, a)$ 的一段圆弧,圆心在原点。

解 取直线段 BO 和 OA,使 $AB+BO+OA$ 成四分之一闭圆域弧 L,由题可知:$P(x, y)=e^x \sin y - y$, $Q(x, y)=e^x \cos y - y$,则有:

$\dfrac{\partial P}{\partial y}=e^x \cos y - 1$, $\dfrac{\partial Q}{\partial x}=e^x \cos y$,利用格林公式,即:

$$\oint_L (e^x \sin y - y)\mathrm{d}x + (e^x \cos y - y)\mathrm{d}y = \iint_D (e^x \cos y - e^x \cos y + 1)\mathrm{d}x\,\mathrm{d}y = \iint_D \mathrm{d}x\,\mathrm{d}y = \frac{1}{4}\pi a^2$$

$$\int_{BO} (e^x \sin y - y)\mathrm{d}x + (e^x \cos y - y)\mathrm{d}y = \int_a^0 (\cos y - y)\mathrm{d}y = \frac{1}{2}a^2 - \sin a$$

$$\int_{OA} (\mathrm{e}^x \sin y - y)\mathrm{d}x + (\mathrm{e}^x \cos y - y)\mathrm{d}y = \int_0^a 0\mathrm{d}x = 0,\ 则有:$$

$$\int_{AB} (\mathrm{e}^x \sin y - y)\mathrm{d}x + (\mathrm{e}^x \cos y - y)\mathrm{d}y = \frac{1}{4}\pi a^2 - \frac{1}{2}a^2 + \sin a$$

2. 曲线积分与路径无关的条件

定理 2　曲线积分与路径无关的充要条件是沿闭区域 D 内任意闭曲线的曲线积分为零,即:

$$\oint_C P\mathrm{d}x + Q\mathrm{d}y = 0$$

证

（1）必要性　若曲线积分在区域 D 内与路径无关,则在 D 内任意闭曲线 C 上任取 A 和 B 两点,将 C 分为从 A 到 B 的路径 L_1 以及从 B 到 A 的路径 L_2,则有:

$$\oint_C P\mathrm{d}x + Q\mathrm{d}y = \int_{L_1} P\mathrm{d}x + Q\mathrm{d}y + \int_{L_2} P\mathrm{d}x + Q\mathrm{d}y = \int_{L_1} P\mathrm{d}x + Q\mathrm{d}y - \int_{L_2^-} P\mathrm{d}x + Q\mathrm{d}y = 0$$

（2）充分性　若对 D 内任意闭曲线 C 有 $\oint_C P\mathrm{d}x + Q\mathrm{d}y = 0$,同样利用上述 $C = AB + BA$,由于在 C 上曲线积分为 0,所以

$$\int_{L_1} P\mathrm{d}x + Q\mathrm{d}y - \int_{L_2} P\mathrm{d}x + Q\mathrm{d}y = \int_{L_1} P\mathrm{d}x + Q\mathrm{d}y + \int_{L_2^-} P\mathrm{d}x + Q\mathrm{d}y = 0,\ 即$$

$$\int_{L_1} P\mathrm{d}x + Q\mathrm{d}y = \int_{L_2} P\mathrm{d}x + Q\mathrm{d}y,\ 说明曲线积分在区域 D 内与路径无关。$$

定义 3　若区域 D 内任一简单闭曲线所围成的区域含于 D 内,则称 D 为**单连通区域**。

从直观上看,单连通区域是无孔、无洞、无缝的区域。

定理 3　若函数 $P(x, y)$, $Q(x, y)$ 在单连通区域 D 有连续的一阶偏导数,则曲线积分 $\int_C P\mathrm{d}x + Q\mathrm{d}y$ 在区域 D 内与路径无关的充要条件是:

$$\frac{\partial P}{\partial y} = \frac{\partial Q}{\partial x}$$

证

（1）必要性　若曲线积分与路径无关,则对闭区域 D 内任意一条闭曲线,有

$$\int_C P\mathrm{d}x + Q\mathrm{d}y = 0$$

设在 D 内点 $M_0(x_0, y_0)$ 处,有 $\dfrac{\partial P}{\partial y} \neq \dfrac{\partial Q}{\partial x}$, 不妨假设 $\dfrac{\partial Q}{\partial x} - \dfrac{\partial P}{\partial y} > 0$

由于 $P(x, y)$, $Q(x, y)$ 在 D 内有连续的一阶偏导数,故总可找到一个以 $M_0(x_0, y_0)$ 为圆心、半径足够小的圆形闭区域 D_0, 使 D_0 上各点恒有 $\dfrac{\partial Q}{\partial x} - \dfrac{\partial P}{\partial y} > 0$,由格林公式可知

$$\oint_C P\mathrm{d}x + Q\mathrm{d}y = \iint\limits_{D} \left(\frac{\partial Q}{\partial x} - \frac{\partial P}{\partial y} \right) \mathrm{d}x\,\mathrm{d}y > 0$$

这与在"D 内任意闭曲线 C 上的曲线积分为零"相矛盾。因此,在闭区域 D 内的曲线积分与路径无关时,在 D 内各点都有 $\dfrac{\partial P}{\partial y} = \dfrac{\partial Q}{\partial x}$ 成立。

(2) 充分性　若存在 $\dfrac{\partial P}{\partial y} = \dfrac{\partial Q}{\partial x}$,则根据格林公式有:

$$\oint_C P\,\mathrm{d}x + Q\,\mathrm{d}y = \iint_D \left(\frac{\partial Q}{\partial x} - \frac{\partial P}{\partial y} \right) \mathrm{d}x\,\mathrm{d}y = 0$$

由定理 2 可知,曲线积分与路径无关。

例 8 - 22　计算曲线积分 $\displaystyle\int_L x\,\mathrm{e}^{2y}\,\mathrm{d}x + (x^2\mathrm{e}^{2y} + y^5)\,\mathrm{d}y$,其中 L 是由点 $A(4, 0)$ 到点 $O(0, 0)$ 的半圆周(图 8 - 29)。

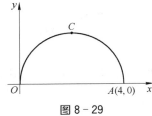

图 8 - 29

解　由题可知:$P(x, y) = x\,\mathrm{e}^{2y}$,$Q(x, y) = x^2\mathrm{e}^{2y} + y^5$

则有 $\dfrac{\partial P}{\partial y} = 2x\,\mathrm{e}^{2y} = \dfrac{\partial Q}{\partial x}$ 成立。故曲线积分与路径无关,可以选取有向线段 AO 代替曲线 L,此时 $y = 0$,$\mathrm{d}y = 0$,则有:

$$\int_L x\,\mathrm{e}^{2y}\,\mathrm{d}x + (x\,\mathrm{e}^{2y} + y^5)\,\mathrm{d}y = \int_{AO} x\,\mathrm{e}^{2y}\,\mathrm{d}x = \int_4^0 x\,\mathrm{d}x = -8$$

例 8 - 23　计算曲线积分 $\displaystyle\oint_L (3x^2 + 6xy)\,\mathrm{d}x + (3x^2 - y^2)\,\mathrm{d}y$,其中 L 是 $x^2 + y^2 = 1$ 的圆。

解　由题可知:$P(x, y) = 3x^2 + 6xy$,$Q(x, y) = 3x^2 - y^2$,则有

$\dfrac{\partial P}{\partial y} = 6x = \dfrac{\partial Q}{\partial x}$,故由定理 2 和定理 3 可知

$$\oint_L (3x^2 + 6xy)\,\mathrm{d}x + (3x^2 - y^2)\,\mathrm{d}y = 0$$

例 8 - 24　计算 $\displaystyle\int_L (2xy^3 - y^2\cos x)\,\mathrm{d}x + (1 - 2y\sin x + 3x^2y^2)\,\mathrm{d}y$,其中 L 为抛物线 $2x = \pi y^2$ 从点 $(0, 0)$ 到点 $\left(\dfrac{\pi}{2}, 1\right)$ 的一段曲线(图 8 - 30)。

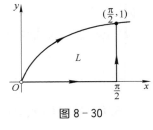

图 8 - 30

解　由题可知:$P(x, y) = 2xy^3 - y^2\cos x$,$Q(x, y) = 1 - 2y\sin x + 3x^2y^2$,则有 $\dfrac{\partial P}{\partial y} = 6xy^2 - 2y\cos x = \dfrac{\partial Q}{\partial x}$ 成立。故曲线积分与路径无关,可以选取折线段 $(0, 0)$ 到 $\left(\dfrac{\pi}{2}, 0\right)$ 再到 $\left(\dfrac{\pi}{2}, 1\right)$ 为积分路径,则有:

$$\int_L (2xy^3 - y^2\cos x)\,\mathrm{d}x + (1 - 2y\sin x + 3x^2y^2)\,\mathrm{d}y$$

$$= \int_0^{\frac{\pi}{2}} 0\,\mathrm{d}x + \int_0^1 \left[1 - 2\cdot y\sin\frac{\pi}{2} + 3\left(\frac{\pi}{2}\right)^2 y^2 \right]\mathrm{d}y = \left[y - y^2 + \frac{\pi^2}{4}y^3 \right]_0^1 = \frac{\pi^2}{4}$$

例 8 - 25　计算曲线积分 $\displaystyle\int_L (4x^3+10xy^3-3y^4)\mathrm{d}x+(15x^2y^2-12xy^3+5y^4)\mathrm{d}y$，其中 L 是从点 $(0,0)$ 到点 (x_1,y_1) 的某段曲线弧。

解　由题可知：$P(x,y)=4x^3+10xy^3-3y^4$，$Q(x,y)=15x^2y^2-12xy^3+5y^4$ 则有 $\dfrac{\partial P}{\partial y}=30xy^2-12y^3=\dfrac{\partial Q}{\partial x}$ 成立。故曲线积分与路径无关，可以选取 xOy 平面上沿 $(0,0)\rightarrow(x_1,0)\rightarrow(x_1,y_1)$ 的折线进行计算较为简便，故有：

$$\int_L (4x^3+10xy^3-3y^4)\mathrm{d}x+(15x^2y^2-12xy^3+5y^4)\mathrm{d}y$$
$$=\int_0^{x_1} 4x^3\mathrm{d}x+\int_0^{y_1}(15x_1^2y^2-12x_1y^3+5y^4)\mathrm{d}y=x_1^4+5x_1^2y_1^3-3x_1y_1^4+y_1^5$$

若将此结果记为 $u(x,y)$，求其全微分，则有：

$$\mathrm{d}u(x,y)=\frac{\partial u}{\partial x}\mathrm{d}x+\frac{\partial u}{\partial y}\mathrm{d}y=(4x^3+10xy^3-3y^4)\mathrm{d}x+(15x^2y^2-12xy^3+5y^4)\mathrm{d}y$$

此全微分正是曲线积分的被积表达式。

一般地，若 $P(x,y)$，$Q(x,y)$ 在单连通区域 D 内有连续的一阶偏导数，且 $\dfrac{\partial P}{\partial y}=\dfrac{\partial Q}{\partial x}$，则有

$$u(x,y)=\int_{(x_0,y_0)}^{(x,y)} P(x,y)\mathrm{d}x+Q(x,y)\mathrm{d}y$$

全微分为

$$\mathrm{d}u(x,y)=\frac{\partial u}{\partial x}\mathrm{d}x+\frac{\partial u}{\partial y}\mathrm{d}y=P(x,y)\mathrm{d}x+Q(x,y)\mathrm{d}y$$

称 $u(x,y)$ 是 $P(x,y)\mathrm{d}x+Q(x,y)\mathrm{d}y$ 的原函数，这些在热力学熵的计算中会用到。

拓 展 阅 读

重积分的发展简史

1687 年，牛顿（Newton）在他的《自然哲学的数学原理》中讨论球与球壳作用于质点上的万有引力时就已经涉及重积分的概念，但他是用几何形式论述的。在 18 世纪上半叶，牛顿的工作被以分析的形式加以推广。1748 年，欧拉（Euler）用累次积分计算出了某厚度的椭圆薄片对其中心正上方一质点的引力的重积分；1769 年，欧拉建立了平面有界区域上的二重积分理论，他给出了用累次积分计算二重积分的方法。而拉格朗日（Lagrange）在关于椭球作用于质点引力的著作中，用三重积分表示引力。为了克服计算中的困难，他转而使用球坐标，建立了有关的积分变换公式，开始了多重积分变换的研究。与此同时，拉普拉斯（Laplace）也使用了球坐标变换。1828 年，俄国数学家奥斯特罗格拉茨基（Ostrograski）在研究热传导理论的过程中，证明了关于三重积分和曲面积分之间

关系的公式,现在称为奥斯特罗格拉茨基-高斯公式(高斯也曾独立地证明过这个公式)。同年,英国数学家格林(Green)在研究位势方程时得到了著名的格林公式。1833 年以后,德国数学家雅克比(Jacobi)建立了多重积分变量替换的雅克比行列式。与此同时,奥斯特罗格拉茨基不仅得到了二重积分和三重积分的变换公式,而且还把奥斯特罗格拉茨基-高斯公式推广到 n 维的情形。变量替换中涉及的曲线积分与曲面积分也是在这一时期得到明确的概念和系统的研究。1854 年,英国数学、物理学家斯托克斯(Stokes)把格林公式推广到三维空间,建立了著名的斯托克斯定理。

习 题

8-1 将二重积分 $\iint\limits_{D} f(x, y)\mathrm{d}\sigma$ 化为二次积分,积分区域分别为

(1) D 为 $x + y = 1$,$x - y = 1$,$x = 0$ 围成的区域;

(2) D 为 $x = a$,$x = 2a$,$y = -b$,$y = \dfrac{b}{2}$ $(a > 0, b > 0)$围成的区域;

(3) D 为 $(x - 2)^2 + (y - 3)^2 \leqslant 4$ 围成的区域;

(4) D 为 $x^2 + y^2 \leqslant 1$,$y \geqslant x$,$x \geqslant 0$ 围成的区域;

(5) D 为 $y = x^2$,$y = 4 - x^2$ 围成的区域。

8-2 更换下列二次积分的次序。

(1) $\displaystyle\int_0^1 \mathrm{d}y \int_y^{\sqrt{y}} f(x, y)\mathrm{d}x$;

(2) $\displaystyle\int_{-1}^1 \mathrm{d}x \int_0^{\sqrt{1-x^2}} f(x, y)\mathrm{d}y$;

(3) $\displaystyle\int_0^1 \mathrm{d}y \int_y^{2-y} f(x, y)\mathrm{d}x$;

(4) $\displaystyle\int_{-1}^0 \mathrm{d}y \int_{1-y}^2 f(x, y)\mathrm{d}x$;

(5) $\displaystyle\int_1^{\mathrm{e}} \mathrm{d}x \int_0^{\ln x} f(x, y)\mathrm{d}y$;

(6) $\displaystyle\int_0^1 \mathrm{d}x \int_{-\sqrt{x}}^{\sqrt{x}} f(x, y)\mathrm{d}y + \int_1^4 \mathrm{d}x \int_{x-2}^{\sqrt{x}} f(x, y)\mathrm{d}y$。

8-3 计算下列二重积分。

(1) $\displaystyle\iint\limits_{D} xy\,\mathrm{d}x\,\mathrm{d}y$,$D$ 是 $y = x$ 与 $y = x^2$ 围成的区域;

(2) $\displaystyle\iint\limits_{D} (x^2 + y)\mathrm{d}x\,\mathrm{d}y$,$D$ 是 $y = x^2$ 与 $x = y^2$ 围成的区域;

(3) 确定常数 a,使 $\displaystyle\iint\limits_{D} a\sin(x + y)\mathrm{d}x\,\mathrm{d}y = 1$,$D$ 是 $y = x$,$y = 2x$,$x = \dfrac{\pi}{2}$ 围成的区域;

(4) $\displaystyle\iint\limits_{D} x\,\mathrm{d}x\,\mathrm{d}y$,$D$ 是以 $(0, 0)$,$(1, 2)$,$(2, 1)$ 为顶点的三角形区域;

(5) $\displaystyle\iint\limits_{D} f(x, y)\mathrm{d}x\,\mathrm{d}y$,$D$ 是 $x^2 + y^2 \geqslant 2x$,$x = 1$,$x = 2$,$y = x$ 围成的区域,设

$$f(x, y) = \begin{cases} x^2 y & (1 \leqslant x \leqslant 2, 0 \leqslant y \leqslant x) \\ 0 & (\text{其他}) \end{cases};$$

(6) $\displaystyle\iint\limits_{D} \mathrm{e}^{-y^2}\mathrm{d}x\,\mathrm{d}y$,$D$ 是以 $(0, 0)$,$(1, 1)$,$(0, 1)$ 为顶点的三角形区域;

(7)$\iint\limits_{D}(x^2-y^2)\mathrm{d}x\,\mathrm{d}y$，$D$ 是 $x=0$，$y=0$，$x=\pi$ 与 $y=\sin x$ 围成的区域。

8-4　利用极坐标计算下列二重积分。

(1)$\iint\limits_{D}(x^2+y^2)\mathrm{d}x\,\mathrm{d}y$，$D$ 是 $a^2\leqslant x^2+y^2\leqslant b^2$ 的圆形区域；

(2)$\iint\limits_{D}\sqrt{x^2+y^2}\,\mathrm{d}x\,\mathrm{d}y$，$D$ 是 $x^2+y^2=4$，$x^2+y^2=2x$ 所围成的区域；

(3)$\iint\limits_{D}y\,\mathrm{d}x\,\mathrm{d}y$，$D$ 是圆 $x^2+y^2=a^2$ 在第一象限内的区域；

(4)$\iint\limits_{D}(x+y)\mathrm{d}x\,\mathrm{d}y$，$D$ 是 $x^2+y^2\leqslant x+y$ 所围成的区域；

(5)$\iint\limits_{D}\arctan\dfrac{y}{x}\mathrm{d}x\,\mathrm{d}y$，$D$ 是 $1\leqslant x^2+y^2\leqslant 4$ 及直线 $y=x$，$y=0$ 所围成的第一象限内的区域。

8-5　利用二重积分，计算下列曲线围成的平面图形的面积。

(1) $y=x$，$y=5x$，$x=1$；

(2) $xy=a^2$，$xy=2a^2$，$y=x$，$y=2x$ $(x>0,\ y>0)$。

8-6　设 $f(x)$ 连续，证明：$\displaystyle\int_0^a\mathrm{d}x\int_0^x f(y)\mathrm{d}y=\int_0^a(a-x)f(x)\mathrm{d}x$。

8-7　计算下列对弧长的曲线积。

(1)$\displaystyle\int_L(x^2+y^2)\mathrm{d}s$，其中 L 为 $x=a\cos t$，$y=a\sin t$ $\left(0\leqslant t\leqslant\dfrac{\pi}{2}\right)$；

(2)$\displaystyle\int_L y\,\mathrm{d}s$，其中 L 为抛物线 $y^2=4x$ 在点 $(0,0)$ 到点 $(1,2)$ 的弧段；

(3)$\displaystyle\int_L(x+y)\mathrm{d}s$，其中 L 为点 $(1,0)$ 到点 $(0,1)$ 两点的直线段；

(4)$\displaystyle\int_L\sqrt{x^2+y^2}\,\mathrm{d}s$，其中 L 为圆周 $x^2+y^2=ax$。

8-8　计算下列对坐标的曲线积分。

(1)$\displaystyle\int_L xy\,\mathrm{d}x+(y-x)\mathrm{d}y$，其中 L 为抛物线 $y^2=x$ 从点 $(0,0)$ 到点 $(1,1)$ 的弧段；

(2)$\displaystyle\int_L(x+y)\mathrm{d}x+(x-y)\mathrm{d}y$，其中 L 为抛物线 $y=x^2$ 上从点 $(-1,1)$ 到点 $(1,1)$ 的弧段；

(3)$\displaystyle\int_L y^2\,\mathrm{d}x+x^2\,\mathrm{d}y$，其中 L 为 $x=a\cos t$，$y=b\sin t$ 的上半部分顺时针方向；

(4)$\displaystyle\int_L(x^2+y^2)\mathrm{d}x-2xy^2\,\mathrm{d}y$，其中 L 为从点 $(0,0)$ 到点 $(1,2)$ 的直线段。

8-9　设有一平面力 F，大小等于该点横坐标的平方，而方向与 y 轴正方向相反，求质量为 m 的质点沿抛物线 $1-x=y^2$ 从点 $(1,0)$ 移动到点 $(0,1)$ 时力所做的功。

8-10　利用格林公式计算下列曲线积分。

(1)$\displaystyle\oint_L xy^2\,\mathrm{d}x-x^2y\,\mathrm{d}y$，其中 L 为圆周 $x^2+y^2=a^2$ 的正向边界曲线；

(2)$\displaystyle\oint_L x^2y\,\mathrm{d}x+y^3\,\mathrm{d}y$，其中 L 为 $y^3=x^2$ 与 $y=x$ 所围成的正向边界曲线；

(3) $\int_L (e^x \sin y - 3y)dx + (e^x \cos y + x)dy$，其中 L 为从点 $(0, 0)$ 到点 $(0, 2)$ 的右半圆周 $x^2 + y^2 = 2y$ 的正向边界曲线。

8-11   利用曲线积分计算曲线所围成图形的面积。

(1) 椭圆 $\dfrac{x^2}{a^2} + \dfrac{y^2}{b^2} = 1$；

(2) 圆 $x^2 + y^2 = 2x$；

(3) 闭曲线 $x = 2a \cos t - a \cos 2t$，$y = 2a \sin t - a \sin 2t$。

8-12   证明下列曲线积分与路径无关，并计算积分值。

(1) $\displaystyle\int_{(0, 1)}^{(2, 3)} (x + y)dx + (x - y)dy$；

(2) $\displaystyle\int_{(1, 0)}^{(6, 8)} \dfrac{x\,dx + y\,dy}{\sqrt{x^2 + y^2}}$；

(3) $\displaystyle\int_{(\frac{\pi}{2}, 1)}^{(\pi, 2)} \left(\dfrac{\cos x}{y}\right)dx - \dfrac{\sin x}{y^2}dy$，其中 L 不经过 x 轴。

第九章　线性代数基础

导学

本章介绍线性代数的概念和性质,主要解决线性代数相关的计算问题。

(1)掌握线性代数基本概念和解题方法,行列式的基本概念、性质和计算方法,矩阵的概念与性质以及线性方程组的解法。

(2)熟悉行列式、矩阵、线性方程组和特征向量的含义。

(3)了解线性方程组在实际问题中的应用。

线性代数主要是研究矩阵和向量间的线性关系的一个数学分支,它在工业、农业、科学技术领域中有着重要的应用,特别是计算机技术的发展和普及,更加促进了线性代数的广泛应用和发展。

第一节　行　列　式

行列式的理论是人们从解线性方程组的需要中建立和发展起来的,它在线性代数和其他数学分支上都有着广泛的应用。

一、行列式的概念

行列式的概念起源于解线性方程组,它是从二元与三元线性方程组的解的公式引出来的,因此,首先讨论解方程组的问题。

设有二元线性方程组 $\begin{cases} a_{11}x_1 + a_{12}x_1 = b_1 \\ a_{21}x_1 + a_{22}x_2 = b_2 \end{cases}$,用加减消元法容易求出未知量 x_1 和 x_2 的值,当 $a_{11}a_{22} - a_{12}a_{21} \neq 0$ 时,有:

$$\begin{cases} x_1 = \dfrac{b_1 a_{22} - a_{12} b_2}{a_{11} a_{22} - a_{12} a_{21}} \\ x_2 = \dfrac{a_{11} b_2 - b_1 a_{21}}{a_{11} a_{22} - a_{12} a_{21}} \end{cases}$$

这就是一般二元线性方程组的公式解,但这个公式很不好记忆,应用时不方便。因此,我们引进新的符号来表示上面这个结果,这就是行列式的起源。

我们称 4 个数组成的符号 $\begin{vmatrix} a_{11} & a_{12} \\ a_{21} & a_{22} \end{vmatrix} = a_{11}a_{22} - a_{12}a_{21}$ 为**二阶行列式**,它含有两行、两列。横的称为**行**,纵的称为**列**。行列式中的数称为行列式的**元素**。

从上式知,二阶行列式是这样两项的代数和:一个是从左上角到右下角的对角线,又称行列式的主对角线,上两个元素的乘积,取正号;另一个是从右上角到左下角的对角线,又称次对角线,上两个元素的乘积,取负号。

根据定义,容易得知二元线性方程组的公式解中的两个分子可分别写成:

$$b_1 a_{22} - a_{12} b_2 = \begin{vmatrix} b_1 & a_{12} \\ b_2 & a_{22} \end{vmatrix}, \quad a_{11} b_2 - b_1 a_{21} = \begin{vmatrix} a_{11} & b_1 \\ a_{21} & b_2 \end{vmatrix}$$

如果记:

$$D = \begin{vmatrix} a_{11} & a_{12} \\ a_{21} & a_{22} \end{vmatrix}, \quad D_1 = \begin{vmatrix} b_1 & a_{12} \\ b_2 & a_{22} \end{vmatrix}, \quad D_2 = \begin{vmatrix} a_{11} & b_1 \\ a_{21} & b_2 \end{vmatrix}$$

则当 $D \neq 0$ 时,方程组的解可以表示成:

$$x_1 = \frac{D_1}{D} = \frac{\begin{vmatrix} b_1 & a_{12} \\ b_2 & a_{22} \end{vmatrix}}{\begin{vmatrix} a_{11} & a_{12} \\ a_{21} & a_{22} \end{vmatrix}}, \quad x_2 = \frac{D_2}{D} = \frac{\begin{vmatrix} a_{11} & b_1 \\ a_{21} & b_2 \end{vmatrix}}{\begin{vmatrix} a_{11} & a_{12} \\ a_{21} & a_{22} \end{vmatrix}}$$

像这样用行列式来表示解,形式简便整齐,便于记忆。

因为,首先 $\dfrac{D_1}{D}$ 和 $\dfrac{D_2}{D}$ 式子中分母的行列式是从式中的系数按其原有的相对位置而排成的。分子中的行列式,x_1 的分子是把系数行列式中的第 1 列换成常数项可以得到的,而 x_2 的分子则是把系数行列式的第 2 列换成常数项而得到的。

例 9-1 用二阶行列式解线性方程组 $\begin{cases} 2x_1 + 4x_2 = 1 \\ x_1 + 3x_2 = 2 \end{cases}$。

解 这时 $D = \begin{vmatrix} 2 & 4 \\ 1 & 3 \end{vmatrix} = 2 \times 3 - 4 \times 1 = 2 \neq 0$, $D_1 = \begin{vmatrix} 1 & 4 \\ 2 & 3 \end{vmatrix} = 1 \times 3 - 4 \times 2 = -5$, $D_2 = \begin{vmatrix} 2 & 1 \\ 1 & 2 \end{vmatrix} = 2 \times 2 - 1 \times 1 = 3$, 因此,方程组的解即:

$$x_1 = \frac{D_1}{D} = \frac{-5}{2}, \quad x_2 = \frac{D_2}{D} = \frac{3}{2}$$

类似地定义**三阶行列式**

$$D = \begin{vmatrix} a_{11} & a_{12} & a_{13} \\ a_{21} & a_{22} & a_{23} \\ a_{31} & a_{32} & a_{33} \end{vmatrix}$$

三阶行列式 D 是不同行不同列的三个元素的乘积,共有 $3!=6$ 项。实线上的三个元素的乘积构成的 3 项取正号,虚线上的三个元素的乘积构成的三项取负号,如图 9-1 所示。

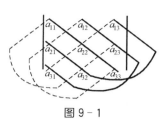

图 9-1

三阶行列式由 6 项代数和组成,其中任一项 $a_{1j_1}a_{2j_2}a_{3j_3}$,三个元素的第一个下标固定按自然数顺序 123 排列,第二个下标的顺序则记为 $j_1j_2j_3$,即:

$$\begin{vmatrix} a_{11} & a_{12} & a_{13} \\ a_{21} & a_{22} & a_{23} \\ a_{31} & a_{32} & a_{33} \end{vmatrix} = a_{11}a_{22}a_{33}+a_{12}a_{23}a_{31}+a_{13}a_{21}a_{32}-a_{11}a_{23}a_{32}-a_{12}a_{21}a_{33}-a_{13}a_{22}a_{31}$$

设 $j_1j_2\cdots j_n$ 是由 $1,2,\cdots,n$ 构成的一个**排列**,若 $j_t>j_s$,而在排列 $j_1j_2\cdots j_n$ 中 j_t 却排在 j_s 之前,则称 j_t 与 j_s 构成一个**逆序**。例如,$a_{11}a_{23}a_{32}$ 的各元素第二个下标构成的排列 132,由于 $3>2$,3 排在 2 前,所以 3 与 2 构成了一个逆序。而 $a_{13}a_{22}a_{31}$ 的各元素第二个下标构成的排列 321,由于 $3>2$,3 排在 2 前;$3>1$,3 也排在 1 前;$2>1$,2 排在 1 前;于是 321 中共有 3 个逆序。排列 $j_1j_2\cdots j_n$ 中逆序的总数称为这个排列的**逆序数**。

三阶以上的行列式称为**高阶行列式**,可类似地逐阶定义。

定义　n 阶行列式

$$\begin{vmatrix} a_{11} & a_{12} & \cdots & a_{1n} \\ a_{21} & a_{22} & \cdots & a_{2n} \\ \vdots & \vdots & \vdots & \vdots \\ a_{n1} & a_{n2} & \cdots & a_{nn} \end{vmatrix} = \sum_{(j_1j_2\cdots j_n)}(-1)^{k(j_1j_2\cdots j_n)}a_{1j_1}a_{2j_2}\cdots a_{nj_n}$$

n 阶行列式是由 n^2 个数 $a_{ij}(i=1,2,3,\cdots,n,j=1,2,3,\cdots,n)$ 通过上式确定的一个数。其中 a_{ij} 称为行列式的**元素**,第一个下标 i 表示该元素所在的**行序**,第二个下标 j 表示该元素所在的**列序**;n 为行列式的阶。"$\sum_{(j_1\cdots j_n)}$"表示对所有的 n 元排列求和,共有 $n!$ 项。和式中每一项都是取自行列式中所有既不同行又不同列的 n 个元素的乘积再乘以 $(-1)^{k(j_1j_2\cdots j_n)}$,其中 $k(j_1j_2\cdots j_n)$ 为 n 个元素的第一个下标按自然顺序排列后,其第二个下标排列的逆序数。例如,三阶行列式的第 6 项 $a_{13}a_{22}a_{31}$ 第二个下标排列的逆序数 $k(321)=3$,故 $a_{13}a_{22}a_{31}$ 前是负号。

由行列式定义可知,一阶行列式 $|a_{11}|$ 是一个数 a_{11},不是 a_{11} 的绝对值;二、三阶行列式可按十字交叉法计算结果。但是,四阶以上的行列式按定义计算就很复杂。为了使四阶以上的行列式计算简单需要化引进余子式和代数余子式的概念。

在 n 阶行列式中,把元素 a_{ij} 所在的第 i 行和第 j 列划去后,剩下来的 $n-1$ 阶行列式称为元素 a_{ij} 的**余子式**,记做 M_{ij};而 M_{ij} 前面赋以符号 $(-1)^{i+j}$ 后,称为元素 a_{ij} 的**代数余子式**,记做 A_{ij},即 $A_{ij}=(-1)^{i+j}M_{ij}$。

例如,四阶行列式 $D=\begin{vmatrix} a_{11} & a_{12} & a_{13} & a_{14} \\ a_{21} & a_{22} & a_{23} & a_{24} \\ a_{31} & a_{32} & a_{33} & a_{34} \\ a_{41} & a_{42} & a_{43} & a_{44} \end{vmatrix}$ 中元素 a_{23} 的余子式和代数余子式分别为:

$$M_{23} = \begin{vmatrix} a_{11} & a_{12} & a_{14} \\ a_{31} & a_{32} & a_{34} \\ a_{41} & a_{42} & a_{44} \end{vmatrix} \quad A_{23} = (-1)^{2+3} M_{23} = -M_{23}$$

有了代数余子式的概念,就可以把高阶行列式化为一些较低阶的行列式的代数和来计算原行列式的值。

定理　n 阶行列式等于它的任一行(列)的各元素与其相对应的代数余子式乘积之和,即:

$$D = a_{i1}A_{i1} + a_{i2}A_{i2} + \cdots + a_{in}A_{in}(按第 i 行展开)$$

或 $$D = a_{1j}A_{1j} + a_{2j}A_{2j} + \cdots + a_{nj}A_{nj}(按第 j 列展开)$$

在运用定理 1 计算行列式时,我们总是按含 0 最多的行或列展开行列式,因为 0 的位置代数余子式乘以 0 后仍然是 0。

例 9-2　计算四阶行列式 $D = \begin{vmatrix} 7 & 1 & -1 & 1 \\ -13 & 1 & 3 & -1 \\ 0 & 0 & 1 & 0 \\ -5 & -5 & 3 & 0 \end{vmatrix}$。

解　先按第 3 行展开,再按第 3 列展开,得到:

$$D = (-1)^{3+3}\begin{vmatrix} 7 & 1 & 1 \\ -13 & 1 & -1 \\ -5 & -5 & 0 \end{vmatrix} = (-1)^{1+3}\begin{vmatrix} -13 & 1 \\ -5 & -5 \end{vmatrix} + (-1)\cdot(-1)^{2+3}\begin{vmatrix} 7 & 1 \\ -5 & -5 \end{vmatrix} = 40$$

例 9-3　证明上三角形行列式(主对角线下方元素全为 0)等于主对角线元素的乘积,即:

$$D = \begin{vmatrix} a_{11} & a_{12} & \cdots & a_{1n} \\ 0 & a_{22} & \cdots & a_{2n} \\ \vdots & \vdots & \vdots & \vdots \\ 0 & 0 & \cdots & a_{nn} \end{vmatrix} = a_{11}a_{22}\cdots a_{nn}$$

证　逐阶按第 1 列展开,得到:

$$D = a_{11}\cdot(-1)^{1+1}\begin{vmatrix} a_{22} & \cdots & a_{2n} \\ \vdots & \vdots & \vdots \\ 0 & 0 & a_{nn} \end{vmatrix} = \cdots = a_{11}\cdots a_{n-1,n-1}\cdot(-1)^{1+1}|a_{nn}| = a_{11}a_{22}\cdots a_{nn}$$

同理,可求得下三角形行列式 $\begin{vmatrix} a_{11} & 0 & \cdots & 0 \\ a_{21} & a_{22} & \cdots & 0 \\ \vdots & \vdots & \vdots & \vdots \\ a_{n1} & a_{n2} & \cdots & a_{nn} \end{vmatrix} = a_{11}a_{22}\cdots a_{nn}$

特别地,对角形行列式 $\begin{vmatrix} a_{11} & 0 & \cdots & 0 \\ 0 & a_{22} & \cdots & 0 \\ \vdots & \vdots & \vdots & \vdots \\ 0 & 0 & \cdots & a_{nn} \end{vmatrix} = a_{11}a_{22}\cdots a_{nn}$

上(下)三角形行列式及对角形行列式的值,均等于主对角线上元素的乘积。

例 9 - 4　计算行列式 $\begin{vmatrix} 0 & 0 & \cdots & 0 & a_{1n} \\ 0 & 0 & \cdots & a_{2n-1} & 0 \\ \vdots & \vdots & \vdots & \vdots & \vdots \\ a_{n1} & 0 & \cdots & 0 & 0 \end{vmatrix}$。

解　这个行列式除了 $a_{1n}a_{2n-1}\cdots a_{n1}$ 这一项外,其余项均为零,现在来看这一项的符号,列标的 n 级排列为 $n(n-1)\cdots21$,$N(n(n-1)\cdots21)=(n-1)+(n-2)+\cdots+2+1=\dfrac{n(n-1)}{2}$,所以

$$\begin{vmatrix} 0 & 0 & \cdots & 0 & a_{1n} \\ 0 & 0 & \cdots & a_{2n-1} & 0 \\ \vdots & \vdots & \vdots & \vdots & \vdots \\ a_{n1} & 0 & \cdots & 0 & 0 \end{vmatrix} = (-1)^{\frac{n(n-1)}{2}} a_{1n}a_{2n-1}\cdots a_{n1}$$

同理,可计算出

$$\begin{vmatrix} a_{11} & a_{12} & \cdots & \cdots & a_{1n} \\ a_{21} & a_{22} & \cdots & a_{2n-1} & 0 \\ \vdots & \vdots & \vdots & \vdots & \vdots \\ a_{n1} & 0 & \cdots & 0 & 0 \end{vmatrix} = \begin{vmatrix} 0 & \cdots & 0 & a_{1n} \\ 0 & \cdots & a_{2n-1} & a_{2n} \\ \vdots & \vdots & \vdots & \vdots \\ a_{n1} & \cdots & a_{nn-1} & a_{nn} \end{vmatrix} = (-1)^{\frac{n(n-1)}{2}} a_{1n}a_{2n-1}\cdots a_{n1}$$

由行列式的定义,行列式中的每一项都是取自不同的行不同的列的 n 个元素的乘积,所以可得出:如果行列式有一行(列)的元素全为 0,则该行列式等于 0。

对于三元线性方程组 $\begin{cases} a_{11}x_1 + a_{12}x_2 + a_{13}x_3 = b_1 \\ a_{21}x_1 + a_{22}x_2 + a_{23}x_3 = b_2 \\ a_{31}x_1 + a_{32}x_2 + a_{33}x_3 = b_3 \end{cases}$,可用三阶行列式来解,记为

$$D = \begin{vmatrix} a_{11} & a_{12} & a_{13} \\ a_{21} & a_{22} & a_{23} \\ a_{31} & a_{32} & a_{33} \end{vmatrix}, \ D_1 = \begin{vmatrix} b_1 & a_{12} & a_{13} \\ b_2 & a_{22} & a_{23} \\ b_3 & a_{32} & a_{33} \end{vmatrix}, \ D_2 = \begin{vmatrix} a_{11} & b_1 & a_{13} \\ a_{21} & b_2 & a_{23} \\ a_{31} & b_3 & a_{33} \end{vmatrix}, \ D_3 = \begin{vmatrix} a_{11} & a_{12} & b_1 \\ a_{21} & a_{22} & b_2 \\ a_{31} & a_{32} & b_3 \end{vmatrix}$$

若 $D \neq 0$,其解为

$$x_1 = \frac{D_1}{D}, \ x_2 = \frac{D_2}{D}, \ x_3 = \frac{D_3}{D}$$

同样对于 n 元线性方程组 $\begin{cases} a_{11}x_1 + a_{12}x_2 + \cdots + a_{1n}x_n = b_1 \\ a_{21}x_1 + a_{22}x_2 + \cdots + a_{2n}x_n = b_2 \\ \vdots \quad \vdots \quad \vdots \quad \vdots \quad \vdots \\ a_{n1}x_1 + a_{n2}x_2 + \cdots + a_{nn}x_n = b_n \end{cases}$

类似定义 n 阶行列式 $D, D_1, D_2 \cdots D_n$,若 $D \neq 0$ 有唯一解:

$$x_i = \frac{D_i}{D}, \ i = 1, 2 \cdots n$$

其中,D 是 n 元线性方程组的系数保持原位置构成的行列式,称为系数行列式:$D_i(i=1,2,\cdots,n)$ 是把系数行列式 D 的第 i 列元素换成方程组相应的常数列所得的 n 阶行列。这就是用**克莱姆(Cramer)法则**求解线性方程组的方法。

二、行列式的性质

将行列式 D 的行列互换后得到的行列式称为行列式 D 的转置行列式,记作 D^T,即若

$$D=\begin{vmatrix} a_{11} & a_{12} & \cdots & a_{1n} \\ a_{21} & a_{22} & \cdots & a_{2n} \\ \vdots & \vdots & \vdots & \vdots \\ a_{n1} & a_{n2} & \cdots & a_{nn} \end{vmatrix},\ 则\ D^T=\begin{vmatrix} a_{11} & a_{21} & \cdots & a_{n1} \\ a_{12} & a_{22} & \cdots & a_{n2} \\ \vdots & \vdots & \vdots & \vdots \\ a_{1n} & a_{2n} & \cdots & a_{nn} \end{vmatrix}。$$

反之,行列式 D 也是行列式 D^T 的转置行列式,即行列式 D 与行列式 D^T 互为转置行列式。

性质 1 行列式 D 与它的转置行列式 D^T 的值相等。

这一性质表明,行列式中的行、列的地位是对称的,即对于"行"成立的性质,对"列"也同样成立;反之亦然。

性质 2 交换行列式的两行(列),行列式变号。

例 9-5 计算行列式 $D=\begin{vmatrix} 4 & 2 & 9 & -3 & 0 \\ 6 & 3 & -5 & 7 & 1 \\ 5 & 0 & 0 & 0 & 0 \\ 8 & 0 & 0 & 4 & 0 \\ 7 & 0 & 3 & 5 & 0 \end{vmatrix}$。

解 将第1、第2行互换,第3、第5行互换,得到:

$$D=(-1)^2\begin{vmatrix} 6 & 3 & -5 & 7 & 1 \\ 4 & 2 & 9 & -3 & 0 \\ 7 & 0 & 3 & 5 & 0 \\ 8 & 0 & 0 & 4 & 0 \\ 5 & 0 & 0 & 0 & 0 \end{vmatrix}$$

将第1、第5列互换,得到:

$$D=(-1)^3\begin{vmatrix} 1 & 3 & -5 & 7 & 6 \\ 0 & 2 & 9 & -3 & 4 \\ 0 & 0 & 3 & 5 & 7 \\ 0 & 0 & 0 & 4 & 8 \\ 0 & 0 & 0 & 0 & 5 \end{vmatrix}=-1\cdot2\cdot3\cdot4\cdot5=-5!\ =-120$$

推论 1 若行列式有两行(列)的对应元素相同,则此行列式的值等于零。

证 将行列式 D 中对应元素相同的两行互换,结果仍是 D,但由性质2有 $D=-D$,所以 $D=0$。

性质3　行列式某一行(列)所有元素的公因子可以提到行列式符号的外面,即:

$$
\begin{vmatrix}
a_{11} & a_{12} & \cdots & a_{1n} \\
\vdots & \vdots & \vdots & \vdots \\
ka_{i1} & ka_{i2} & \cdots & ka_{in} \\
\vdots & \vdots & \vdots & \vdots \\
a_{n1} & a_{n2} & \cdots & a_{nn}
\end{vmatrix}
= k
\begin{vmatrix}
a_{11} & a_{12} & \cdots & a_{1n} \\
\vdots & \vdots & \vdots & \vdots \\
a_{i1} & a_{i2} & \cdots & a_{in} \\
\vdots & \vdots & \vdots & \vdots \\
a_{n1} & a_{n2} & \cdots & a_{nn}
\end{vmatrix}
$$

此性质也可表述为:用数 k 乘行列式的某一行(列)的所有元素,等于用数 k 乘此行列式。

推论2　如果行列式中有两行(列)的对应元素成比例,则此行列式的值等于零。

证　由性质3和性质2的推论即可得到。

性质4　如果行列式的某一行(列)的各元素都是两个数的和,则此行列式等于两个相应的行列式的和,即:

$$
\begin{vmatrix}
a_{11} & a_{12} & \cdots & a_{1n} \\
\vdots & \vdots & \vdots & \vdots \\
b_{i1}+c_{i1} & b_{i2}+c_{i2} & \cdots & b_{in}+c_{in} \\
\vdots & \vdots & \vdots & \vdots \\
a_{n1} & a_{n2} & \vdots & a_{nn}
\end{vmatrix}
=
\begin{vmatrix}
a_{11} & a_{12} & \cdots & a_{1n} \\
\vdots & \vdots & \vdots & \vdots \\
b_{i1} & b_{i2} & \cdots & b_{in} \\
\vdots & \vdots & \vdots & \vdots \\
a_{n1} & a_{n2} & \cdots & a_{nn}
\end{vmatrix}
+
\begin{vmatrix}
a_{11} & a_{12} & \cdots & a_{1n} \\
\vdots & \vdots & \vdots & \vdots \\
c_{i1} & c_{i2} & \cdots & c_{in} \\
\vdots & \vdots & \vdots & \vdots \\
a_{n1} & a_{n2} & \cdots & a_{nn}
\end{vmatrix}
$$

性质5　把行列式的某一行(列)的所有元素乘以数 k 加到另一行(列)的相应元素上,行列式的值不变,即:

$$
D =
\begin{vmatrix}
a_{11} & a_{12} & \cdots & a_{1n} \\
\vdots & \vdots & \vdots & \vdots \\
a_{i1} & a_{i2} & \cdots & a_{in} \\
\vdots & \vdots & \vdots & \vdots \\
a_{s1} & a_{s2} & \cdots & a_{sn} \\
\vdots & \vdots & \vdots & \vdots \\
a_{n1} & a_{n2} & \cdots & a_{nn}
\end{vmatrix}
$$

$$
\xrightarrow[\text{到第 } s \text{ 行}]{i \text{ 行} \times k \text{ 加}}
\begin{vmatrix}
a_{11} & a_{12} & \cdots & a_{1n} \\
\vdots & \vdots & \vdots & \vdots \\
a_{i1} & a_{i2} & \cdots & a_{in} \\
\vdots & \vdots & \vdots & \vdots \\
ka_{i1}+a_{s1} & ka_{i2}+a_{s2} & \cdots & ka_{in}+a_{sn} \\
\vdots & \vdots & \vdots & \vdots \\
a_{n1} & a_{n2} & \cdots & a_{nn}
\end{vmatrix}
$$

证　由性质4,得到:

$$
右端 = \begin{vmatrix} a_{11} & a_{12} & \cdots & a_{1n} \\ \vdots & \vdots & \vdots & \vdots \\ a_{i1} & a_{i2} & \cdots & a_{in} \\ \vdots & \vdots & \vdots & \vdots \\ ka_{i1} & ka_{i2} & \cdots & ka_{in} \\ \vdots & \vdots & \vdots & \vdots \\ a_{n1} & a_{n2} & \cdots & a_{nn} \end{vmatrix} + \begin{vmatrix} a_{11} & a_{12} & \cdots & a_{1n} \\ \vdots & \vdots & \vdots & \vdots \\ a_{i1} & a_{i2} & \cdots & a_{in} \\ \vdots & \vdots & \vdots & \vdots \\ a_{s1} & a_{s2} & \cdots & a_{sn} \\ \vdots & \vdots & \vdots & \vdots \\ a_{n1} & a_{n2} & \cdots & a_{nn} \end{vmatrix} = k \cdot 0
$$

$$
+ \begin{vmatrix} a_{11} & a_{12} & \cdots & a_{1n} \\ \vdots & \vdots & \vdots & \vdots \\ a_{i1} & a_{i2} & \cdots & a_{in} \\ \vdots & \vdots & \vdots & \vdots \\ a_{s1} & a_{s2} & \cdots & a_{sn} \\ \vdots & \vdots & \vdots & \vdots \\ a_{n1} & a_{n2} & \cdots & a_{nn} \end{vmatrix} = 左端
$$

作为行列式性质的应用,我们来看下面几个例子。

例 9 - 6　计算行列式 $D = \begin{vmatrix} 1 & -2 & 5 & 0 \\ -2 & 3 & -8 & -1 \\ 3 & 1 & -2 & 4 \\ 1 & 4 & 2 & -5 \end{vmatrix}$。

解　把第一行非主对角元素化为 0,再按第一行展开得:

$$
D = \begin{vmatrix} 1 & 0 & 0 & 0 \\ -2 & -1 & 2 & -1 \\ 3 & 7 & -17 & 4 \\ 1 & 6 & -3 & -5 \end{vmatrix} = \begin{vmatrix} -1 & 2 & -1 \\ 7 & -17 & 4 \\ 6 & -3 & -5 \end{vmatrix} = \begin{vmatrix} -1 & 0 & 0 \\ 7 & -3 & -3 \\ 6 & 9 & -11 \end{vmatrix} = -60
$$

例 9 - 7　计算行列式 $D = \begin{vmatrix} 3 & 1 & 1 & 1 \\ 1 & 3 & 1 & 1 \\ 1 & 1 & 3 & 1 \\ 1 & 1 & 1 & 3 \end{vmatrix}$。

解　这个行列式的特点是各行 4 个数的和都是 6,我们把第 2、第 3、第 4 各列同时加到第 1 列,把公因子提出,然后把第 1 行×(-1)加到第 2、第 3、第 4 行上就成为三角形行列式,具体计算如下。

$$
D = \begin{vmatrix} 6 & 1 & 1 & 1 \\ 6 & 3 & 1 & 1 \\ 6 & 1 & 3 & 1 \\ 6 & 1 & 1 & 3 \end{vmatrix} = 6 \begin{vmatrix} 1 & 1 & 1 & 1 \\ 1 & 3 & 1 & 1 \\ 1 & 1 & 3 & 1 \\ 1 & 1 & 1 & 3 \end{vmatrix} = 6 \begin{vmatrix} 1 & 1 & 1 & 1 \\ 0 & 2 & 0 & 0 \\ 0 & 0 & 2 & 0 \\ 0 & 0 & 0 & 2 \end{vmatrix} = 6 \times 2^3 = 48
$$

例 9-8 试证明 $D = \begin{vmatrix} 1 & a & b & c+d \\ 1 & b & c & a+d \\ 1 & c & d & a+b \\ 1 & d & a & b+c \end{vmatrix} = 0$。

证 把第 2、第 3 列同时加到第 4 列上去,则得:

$$D = \begin{vmatrix} 1 & a & b & a+b+c+d \\ 1 & b & c & a+b+c+d \\ 1 & c & d & a+b+c+d \\ 1 & d & a & a+b+c+d \end{vmatrix} = (a+b+c+d) \begin{vmatrix} 1 & a & b & 1 \\ 1 & b & c & 1 \\ 1 & c & d & 1 \\ 1 & d & a & 1 \end{vmatrix} = 0$$

例 9-9 计算 $n+1$ 阶行列式 $D = \begin{vmatrix} x & a_1 & a_2 & \cdots & a_n \\ a_1 & x & a_2 & \cdots & a_n \\ a_1 & a_2 & x & \cdots & a_n \\ \vdots & \vdots & \vdots & \vdots & \vdots \\ a_1 & a_2 & a_3 & \cdots & x \end{vmatrix}$。

解 将 D 的第 2、第 3 … 第 $n+1$ 列全加到第 1 列上,然后从第 1 列提取公因子 $x + \sum\limits_{i=1}^{n} a_i$ 得:

$$D = (x + \sum_{i=1}^{n} a_i) \begin{vmatrix} 1 & a_1 & a_2 & \cdots & a_n \\ 1 & x & a_2 & \cdots & a_n \\ 1 & a_2 & x & \cdots & a_n \\ \vdots & \vdots & \vdots & \vdots & \vdots \\ 1 & a_2 & a_3 & \cdots & x \end{vmatrix} = (x + \sum_{i=1}^{n} a_i) \begin{vmatrix} 1 & 0 & 0 & \cdots & 0 \\ 1 & x-a_1 & 0 & \cdots & 0 \\ 1 & a_2-a_1 & x-a_2 & \cdots & 0 \\ \vdots & \vdots & \vdots & \vdots & \vdots \\ 1 & a_2-a_1 & a_3-a_2 & \cdots & x-a_n \end{vmatrix}$$

$$= (x + \sum_{i=1}^{n} a_i)(x-a_1)(x-a_2)\cdots(x-a_n)$$

第二节 │ 矩 阵

一、矩阵的概念

例 9-10 对肥胖症与血压的联系所作的一次调查结果如表 9-1 所示。

表 9-1 肥胖症与血压的联系

体 型	低血压人数	正常血压人数	高血压人数
肥 胖	50	50	100
正 常	170	30	100
体 瘦	380	20	100

解 这个调查结果,可以列成一个矩形数表,即:

$$A = \begin{bmatrix} 50 & 50 & 100 \\ 170 & 30 & 100 \\ 380 & 20 & 100 \end{bmatrix}$$

例 9-11 由 m 个方程构成的 n 元线性方程组,即 $\begin{cases} a_{11}x_1 + a_{12}x_2 + \cdots + a_{1n}x_n = b_1 \\ a_{21}x_1 + a_{22}x_2 + \cdots + a_{2n}x_n = b_2 \\ \vdots \qquad \vdots \qquad \vdots \qquad \vdots \qquad \vdots \\ a_{m1}x_1 + a_{m2}x_2 + \cdots + a_{mn}x_n = b_m \end{cases}$ 。

解 保持各个量的位置,省去变量记号,可简写为一个矩形数表,即:

$$\overline{A} = \begin{bmatrix} a_{11} & a_{12} & \cdots & a_{1n} & b_1 \\ a_{21} & a_{22} & \cdots & a_{2n} & b_2 \\ \vdots & \vdots & \vdots & \vdots & \vdots \\ a_{m1} & a_{m2} & \cdots & a_{mn} & b_m \end{bmatrix}$$

从例 9-10 和例 9-11,我们可以发现,矩形数表具有简单、直观、明了的优点。

定义 1 由 $m \times n$ 个数排列成 m 行 n 列的矩形数表,即:

$$A = \begin{bmatrix} a_{11} & a_{12} & \cdots & a_{1n} \\ a_{21} & a_{22} & \cdots & a_{2n} \\ \vdots & \vdots & \vdots & \vdots \\ a_{m1} & a_{m2} & \cdots & a_{mn} \end{bmatrix}$$

称为一个 **$m \times n$ 矩阵**,构成矩阵的数称为元素。$m \times n$ 矩阵可以用大写字母或其第 i 行第 j 列元素 a_{ij} 表示为 $A_{m \times n}$ 或 $(a_{ij})_{m \times n}$,矩阵记号右下角的 $m \times n$ 也可以省略掉不写。

只有一行的矩阵称**行矩阵**或**行向量**,只有一列的矩阵称**列矩阵**或**列向量**。元素全为零的矩阵称**零矩阵**或**零向量**,记做 **0**。

例 9-11 是一个系数矩阵与常数列矩阵合在一起的矩阵,称为**增广矩阵**。

对于两个 $m \times n$ 矩阵 $A = (a_{ij})_{m \times n}$,$B = (b_{ij})_{m \times n}$,若它们对应元素都相等,即

$$a_{ij} = b_{ij}(i = 1, 2, \cdots, n; j = 1, 2, \cdots, n)$$

则称矩阵 **A** 与矩阵 **B** 相等,记做 **$A = B$**。

此外,还需要注意矩阵是一个由 $m \times n$ 个元素组成的数表,行列式是按一定法则计算的一个数。

二、矩阵的运算

1. 矩阵的加法

定义 2 设 $A = \begin{bmatrix} a_{11} & a_{12} & \cdots & a_{1n} \\ a_{21} & a_{22} & \cdots & a_{2n} \\ \vdots & \vdots & \vdots & \vdots \\ a_{m1} & a_{m2} & \cdots & a_{mn} \end{bmatrix}$,$B = \begin{bmatrix} b_{11} & b_{12} & \cdots & b_{1n} \\ b_{21} & b_{22} & \cdots & b_{2n} \\ \vdots & \vdots & \vdots & \vdots \\ b_{m1} & b_{m2} & \cdots & b_{mn} \end{bmatrix}$ 是两个 $m \times n$ 矩阵,则矩阵

$$C = \begin{pmatrix} c_{11} & c_{12} & \cdots & c_{1n} \\ c_{21} & c_{22} & \cdots & c_{2n} \\ \vdots & \vdots & \vdots & \vdots \\ c_{m1} & c_{m2} & \cdots & c_{mn} \end{pmatrix} = \begin{pmatrix} a_{11}+b_{11} & a_{12}+b_{12} & \cdots & a_{1n}+b_{1n} \\ a_{21}+b_{21} & a_{22}+b_{22} & \cdots & a_{2n}+b_{2n} \\ \vdots & \vdots & \vdots & \vdots \\ a_{m1}+b_{m1} & a_{m2}+b_{m2} & \cdots & a_{mn}+b_{mn} \end{pmatrix}$$

称为 A 与 B 的和,记为 $C = A + B$。

注意:相加的两个矩阵必须具有相同的行数和列数。

例 9 - 12　品尝出苯硫脲(PTC)味道的能力与遗传有关。有品尝能力者记为 T(taster),无品尝能力者记为 NT,第一批调查数据如表 9 - 2 所示,记为矩阵 $\boldsymbol{A}$。第二批调查数据按同样格式记录,得到矩阵 $\boldsymbol{B}$。

表 9 - 2　品尝能力与遗传的关系

父母婚配型	子女 T 型	子女 NT 型
T*T	88	13
NT*T	52	25
NT*NT	0	19

$$A = \begin{pmatrix} 88 & 13 \\ 52 & 25 \\ 0 & 19 \end{pmatrix} \qquad B = \begin{pmatrix} 122 & 18 \\ 102 & 73 \\ 0 & 91 \end{pmatrix}$$

这两批数据合起来,也就是把矩阵 $\boldsymbol{A}$,$\boldsymbol{B}$ 对应元素相加,构成一个新矩阵 $\boldsymbol{A} + \boldsymbol{B}$,即

$$A + B = \begin{pmatrix} 88 & 13 \\ 52 & 25 \\ 0 & 19 \end{pmatrix} + \begin{pmatrix} 122 & 18 \\ 102 & 73 \\ 0 & 91 \end{pmatrix} = \begin{pmatrix} 210 & 31 \\ 154 & 98 \\ 0 & 110 \end{pmatrix}$$

矩阵的加法运算满足的规律有:① 交换律:$A + B = B + A$。② 结合律:$(A + B) + C = A + (B + C)$。③ 零矩阵特性:$A + 0 = 0 + A = A$。

可类似定义对应元素之差构成矩阵 $C = (a_{ij} - b_{ij})_{m \times n}$ 记为矩阵 $\boldsymbol{A}$,$\boldsymbol{B}$ 的差,记为 $C = A - B$。

2. 矩阵数量乘法

由定义 2,设有矩阵 $A = (a_{ij})_{m \times n} = \begin{pmatrix} a_{11} & a_{12} & \cdots & a_{1n} \\ a_{21} & a_{22} & \cdots & a_{2n} \\ \vdots & \vdots & \vdots & \vdots \\ a_{m1} & a_{m2} & \cdots & a_{mn} \end{pmatrix}$,$k$ 是实数集 P 中任一个数,则矩阵

$$(ka_{ij})_{m \times n} = \begin{pmatrix} ka_{11} & ka_{12} & \cdots & ka_{1n} \\ ka_{21} & ka_{22} & \cdots & ka_{2n} \\ \vdots & \vdots & \vdots & \vdots \\ ka_{m1} & ka_{m2} & \cdots & ka_{mn} \end{pmatrix}$$

称为数 k 与矩阵 $A = (a_{ij})_{m \times n}$ 的数量乘积,记为 kA。

注意:用数乘一个矩阵,就是把矩阵的每个元素都乘上 k,而不是用 k 乘矩阵的某一行(列)。

由定义 2,我们可以得出矩阵的数量乘法具有以下性质。

设 A, B 都是 $m\times n$ 矩阵,k, l 为数域 P 中的任意数,则有

(1) $k(A+B)=kA+kB$。

(2) $(k+l)A=kA+lB$。

(3) $(kl)A=k(lA)=l(kA)$。

(4) $1A=A$;$0A=0$。

例 9 - 13 求矩阵 X 使 $2A+3X=2B$,其中 $A=\begin{pmatrix} 2 & 0 & 5 \\ -6 & 1 & 0 \end{pmatrix}$,$B=\begin{pmatrix} 1 & 3 & -1 \\ 0 & -2 & 1 \end{pmatrix}$。

解 由 $2A+3X=2B$,得到

$3X=2B-2A=2(B-A)$,于是

$X=\dfrac{2}{3}(B-A)$,即:

$$X=\frac{2}{3}\left[\begin{pmatrix} 1 & 3 & -1 \\ 0 & -2 & 1 \end{pmatrix} - \begin{pmatrix} 2 & 0 & 5 \\ -6 & 1 & 0 \end{pmatrix}\right] = \begin{pmatrix} -\dfrac{2}{3} & 2 & -4 \\ 4 & -2 & \dfrac{2}{3} \end{pmatrix}$$

例 9 - 14 解矩阵方程 $3\begin{pmatrix} 1 & -2 & 3 \\ 2 & 0 & 1 \\ 4 & -5 & 2 \end{pmatrix} + X = \begin{pmatrix} 0 & 1 & 2 \\ -1 & 0 & 3 \\ 4 & 5 & -6 \end{pmatrix}$。

解 矩阵 X 保持在等式左边,其余矩阵移到等式右边,得到:

$$X=\begin{pmatrix} 0 & 1 & 2 \\ -1 & 0 & 3 \\ 4 & 5 & -6 \end{pmatrix} - 3\begin{pmatrix} 1 & -2 & 3 \\ 2 & 0 & 1 \\ 4 & -5 & 2 \end{pmatrix} = \begin{pmatrix} -3 & 7 & -7 \\ -7 & 0 & 0 \\ -8 & 20 & -12 \end{pmatrix}$$

3. 矩阵乘法 矩阵乘法的定义最初是在研究线性变换时提出来的,为了更好地理解这个定义,我们先看一个例子。

例 9 - 15 某单位出现两名流行病患者,甲组 3 名工作人员中,第 j 名人员与第 i 名患者近期内接触情况用 a_{ij} 表示,有临床意义的接触记为 1,否则记为 0,构成矩阵 $\boldsymbol{A}$,即:

$$A=\begin{pmatrix} a_{11} & a_{12} & a_{13} \\ a_{21} & a_{22} & a_{23} \end{pmatrix} = \begin{pmatrix} 1 & 1 & 0 \\ 0 & 1 & 1 \end{pmatrix}$$

乙组 2 名工作人员与患者无直接接触,但与甲组联系密切,接触情况构成矩阵 $\boldsymbol{B}$,即:

$$B=\begin{pmatrix} b_{11} & b_{12} \\ b_{21} & b_{22} \\ b_{31} & b_{32} \end{pmatrix} = \begin{pmatrix} 1 & 0 \\ 0 & 1 \\ 1 & 1 \end{pmatrix}$$

乙组人员 1 通过甲组人员与患者 1 间接触 1 次,即 $a_{11}b_{11}+a_{12}b_{21}+a_{13}b_{31}=1\times 1+1\times 0+0\times 1=1$。

类似计算乙组人员 1 与患者 2 间接接触 1 次,乙组人员 2 与患者 1、2 间接接触 1、2 次,构成矩

阵 C,即:

$$C = \begin{pmatrix} a_{11}b_{11}+a_{12}b_{21}+a_{13}b_{31} & a_{11}b_{12}+a_{12}b_{22}+a_{13}b_{32} \\ a_{21}b_{11}+a_{22}b_{21}+a_{23}b_{31} & a_{21}b_{12}+a_{22}b_{22}+a_{23}b_{32} \end{pmatrix}$$

于是引进矩阵乘积的定义。

定义 3 设矩阵 $A=(a_{ik})_{m\times s}$，$B=(b_{kj})_{s\times n}$，则由元素

$$c_{ij}=a_{i1}b_{1j}+a_{i2}b_{2j}+\cdots+a_{is}b_{sj}(i=1,2,\cdots,m;j=1,2,\cdots,n)$$

构成的 $m\times n$ 矩阵 $C=(c_{ij})_{m\times n}$ 称为矩阵 A 与 B 的乘积，记为 $C=AB$。

从这个定义,我们可看出,应注意矩阵乘法有以下三个特点: ① 左矩阵 A 的列数必须等于右矩阵 B 的行数,矩阵 A 与 B 才可以相乘,即 AB 才有意义;否则 AB 没有意义。 ② 矩阵 A 与 B 的乘积 C 的第 i 行、第 j 列的元素等于左矩阵 A 的第 i 行与右矩阵 B 的第 j 列的对应元素的乘积之和 $(i=1,2,\cdots,m;j=1,2,\cdots,n)$。 ③ 在上述条件下,矩阵 $A_{m\times s}$ 与 $B_{s\times m}$ 相乘所得的矩阵 C 的行数等于左矩阵 A 的行数 m,列数等于右矩阵 B 的列数 n,即 $A_{m\times s}B_{s\times n}=C_{m\times n}$。

例 9-16 设 $A=\begin{pmatrix} 1 & 2 & 0 \\ 2 & 1 & 3 \end{pmatrix}$，$B=\begin{pmatrix} 2 & 3 & 0 \\ 1 & -2 & -1 \\ 3 & 1 & 1 \end{pmatrix}$，求 AB。

解 因为 A 的列数与 B 的行数均为 3,所以 AB 有意义,且 AB 为 2×3 矩阵,则:

$$A=\begin{pmatrix} 1 & 2 & 0 \\ 2 & 1 & 3 \end{pmatrix}\begin{pmatrix} 2 & 3 & 0 \\ 1 & -2 & -1 \\ 3 & 1 & 1 \end{pmatrix}$$

$$=\begin{pmatrix} 1\times2+2\times1+0\times3 & 1\times3+2\times(-2)+0\times1 & 1\times0+2\times(-1)+0\times1 \\ 2\times2+1\times1+3\times3 & 2\times3+1\times(-2)+3\times1 & 2\times0+1\times(-1)+3\times1 \end{pmatrix}$$

$$=\begin{pmatrix} 4 & -1 & -2 \\ 14 & 7 & 2 \end{pmatrix}$$

如果将矩阵 B 作为左矩阵,A 作为右矩阵相乘,则没有意义,即 BA 没意义,因为 B 的列数为 3,而 A 的行数为 2。此例说明,AB 有意义,但 BA 不一定有意义。

例 9-17 设 $A=\begin{pmatrix} a_1 \\ a_2 \\ \vdots \\ a_n \end{pmatrix}_{n\times1}$，$B=(b_1,b_2,\cdots,b_n)_{1\times n}$，求 AB 和 BA。

解 $AB=\begin{pmatrix} a_1 \\ a_2 \\ \vdots \\ a_n \end{pmatrix}(b_1,b_2,\cdots,b_n)=\begin{pmatrix} a_1b_1 & a_1b_2 & \cdots & a_1b_n \\ a_2b_1 & a_2b_2 & \cdots & a_2b_n \\ \vdots & \vdots & \vdots & \vdots \\ a_nb_1 & a_nb_2 & \cdots & a_nb_n \end{pmatrix}_{n\times n}$，又有:

$$BA=(b_1,b_2,\cdots,b_n)\begin{pmatrix} a_1 \\ a_2 \\ \vdots \\ a_n \end{pmatrix}=(b_1a_1+b_2a_2+\cdots+b_na_n)=b_1a_1+b_2a_2+\cdots+b_na_n$$

在运算结果中,我们可以将一级矩阵看成一个数。此例说明,即使 AB 和 BA 都有意义,AB 和 BA 的行数及列数也不一定相同。

例 9-18 设 $A = \begin{pmatrix} 1 & 1 \\ -1 & -1 \end{pmatrix}$,$B = \begin{pmatrix} 1 & -1 \\ -1 & 1 \end{pmatrix}$,求 AB 和 BA。

解 $AB = \begin{pmatrix} 1 & 1 \\ -1 & -1 \end{pmatrix} \begin{pmatrix} 1 & -1 \\ -1 & 1 \end{pmatrix} = \begin{pmatrix} 0 & 0 \\ 0 & 0 \end{pmatrix}$,$BA = \begin{pmatrix} 1 & -1 \\ -1 & 1 \end{pmatrix} \begin{pmatrix} 1 & 1 \\ -1 & -1 \end{pmatrix} = \begin{pmatrix} 2 & 2 \\ -2 & -2 \end{pmatrix}$

例 9-18 说明,即使 AB 和 BA 都有意义且它们的行列数相同,AB 与 BA 也不相等。同时,此例还说明两个非零矩阵的乘积可以是零矩阵。

例 9-19 设 $A = \begin{pmatrix} 3 & 1 \\ 4 & 6 \end{pmatrix}$,$B = \begin{pmatrix} 2 & 1 \\ 4 & 6 \end{pmatrix}$,$C = \begin{pmatrix} 0 & 0 \\ 1 & 1 \end{pmatrix}$,求 AC 和 BC。

解 $AC = \begin{pmatrix} 3 & 1 \\ 4 & 6 \end{pmatrix} \begin{pmatrix} 0 & 0 \\ 1 & 1 \end{pmatrix} = \begin{pmatrix} 1 & 1 \\ 6 & 6 \end{pmatrix}$,$BC = \begin{pmatrix} 2 & 1 \\ 4 & 6 \end{pmatrix} \begin{pmatrix} 0 & 0 \\ 1 & 1 \end{pmatrix} = \begin{pmatrix} 1 & 1 \\ 6 & 6 \end{pmatrix}$

例 9-18 说明,由 $AC = BC$,$C \neq 0$,一般不能推出 $A = B$。

以上几个例子说明了数的乘法的运算律不一定都适合矩阵的乘法。对矩阵乘法请注意下述问题: ① 矩阵乘法不满足交换律,一般来讲 $AB \neq BA$。② 矩阵乘法不满足消去律,一般来说,当 $AB = AC$ 或 $BA = CA$ 且 $A \neq 0$ 时,不一定有 $B = C$。③ 两个非零矩阵的乘积,可能是零矩阵。因此,一般不能由 $AB = 0$ 推出 $A = 0$ 或 $B = 0$。

若矩阵 A 与 B 满足 $AB = BA$,则称 A 与 B 可交换。

根据矩阵乘法定义,还可以直接验证下列性质(假定这些矩阵可以进行有关运算): ① 结合律: $(AB)C = A(BC)$。② 分配律: $A(B+C) = AB + BC$,$(A+B)C = AC + BC$。③ 对任意数 k,有 $k(AB) = (kA)B = A(kB)$。④ E_m 和 E_n 为单位矩阵,对任意矩阵 $A_{m \times n}$ 有 $E_m A_{m \times n} = A_{m \times n}$,$A_{m \times n} E_n = A_{m \times n}$。

特别地,若 A 是 n 阶矩阵,则有 $EA = AE = A$,即单位矩阵 E 在矩阵乘法中起的作用类似于数 1 在数的乘法中的作用。

利用矩阵的乘法运算,可以使许多问题表达简明。

例 9-20 若记线性方程组 $\begin{cases} a_{11}x_1 + a_{12}x_2 + \cdots + a_{1n}x_n = b_1 \\ a_{21}x_1 + a_{22}x_2 + \cdots + a_{2n}x_n = b_2 \\ \vdots \quad \vdots \quad \vdots \quad \vdots \\ a_{m1}x_1 + a_{m2}x_2 + \cdots + a_{mn}x_n = b_m \end{cases}$ 的系数矩阵为 $A = $

$\begin{pmatrix} a_{11} & a_{12} & \cdots & a_{1n} \\ a_{21} & a_{22} & \cdots & a_{2n} \\ \vdots & \vdots & \vdots & \vdots \\ a_{m1} & a_{m2} & \cdots & a_{mn} \end{pmatrix}$,并记未知量 $\begin{pmatrix} x_1 \\ x_2 \\ \vdots \\ x_n \end{pmatrix}$ 和常数项矩阵 $\begin{pmatrix} b_1 \\ b_2 \\ \vdots \\ b_m \end{pmatrix}$ 分别为 $X = \begin{pmatrix} x_1 \\ x_2 \\ \vdots \\ x_n \end{pmatrix}$,$B = \begin{pmatrix} b_1 \\ b_2 \\ \vdots \\ b_m \end{pmatrix}$,

则有:

$$AX = \begin{pmatrix} a_{11} & a_{12} & \cdots & a_{1n} \\ a_{21} & a_{22} & \cdots & a_{2n} \\ \vdots & \vdots & \vdots & \vdots \\ a_{m1} & a_{m2} & \cdots & a_{mn} \end{pmatrix} \begin{pmatrix} x_1 \\ x_2 \\ \vdots \\ x_n \end{pmatrix} = \begin{pmatrix} a_{11}x_1 + a_{12}x_2 + \cdots + a_{1n}x_n \\ a_{21}x_1 + a_{22}x_2 + \cdots + a_{2n}x_n \\ \vdots \quad \vdots \quad \vdots \quad \vdots \\ a_{m1}x_1 + a_{m2}x_2 + \cdots + a_{mn}x_n \end{pmatrix}$$

所以,上面的方程组可以简记为矩阵形式 $AX=B$。

例 9 - 21　由已知的线性变换式 $\begin{cases} z_1=2y_1+y_2+3y_3 \\ z_2=-y_1+5y_2+4y_3 \end{cases}$, $\begin{cases} y_1=3x_1+x_2 \\ y_2=-4x_1+2x_2 \\ y_3=7x_2 \end{cases}$,用 x_1, x_2 分别

表示 z_1, z_2。

解　把线性变换式写成矩阵方程形式,进行代换,得到:

$$\begin{bmatrix} z_1 \\ z_2 \end{bmatrix}=\begin{pmatrix} 2 & 1 & 3 \\ -1 & 5 & 4 \end{pmatrix}\begin{bmatrix} y_1 \\ y_2 \\ y_3 \end{bmatrix}=\begin{pmatrix} 2 & 1 & 3 \\ -1 & 5 & 4 \end{pmatrix}\begin{pmatrix} 3 & 1 \\ -4 & 2 \\ 0 & 7 \end{pmatrix}\begin{bmatrix} x_1 \\ x_2 \end{bmatrix}=\begin{pmatrix} 2 & 25 \\ -23 & 37 \end{pmatrix}\begin{bmatrix} x_1 \\ x_2 \end{bmatrix}, 即$$

$$\begin{cases} z_1=2x_1+25x_2 \\ z_2=-23x_1+37x_2 \end{cases}$$

三、转置矩阵

定义 4　设 $m \times n$ 矩阵 $A=\begin{bmatrix} a_{11} & a_{12} & \cdots & a_{1n} \\ a_{21} & a_{22} & \cdots & a_{2n} \\ \vdots & \vdots & \vdots & \vdots \\ a_{m1} & a_{m2} & \cdots & a_{mn} \end{bmatrix}$,将 A 的行变成列所得的 $n \times m$ 矩阵

$\begin{bmatrix} a_{11} & a_{21} & \cdots & a_{m1} \\ a_{12} & a_{22} & \cdots & a_{m2} \\ \vdots & \vdots & \vdots & \vdots \\ a_{1n} & a_{2n} & \cdots & a_{mn} \end{bmatrix}$,则称为矩阵 A 的转置矩阵,记为 A^T。

例如,$A=\begin{pmatrix} 1 & 2 & 4 & 0 \\ -3 & 5 & 1 & -2 \end{pmatrix}$,则 $A^T=\begin{bmatrix} 1 & -3 \\ 2 & 5 \\ 4 & 1 \\ 0 & -2 \end{bmatrix}$。

矩阵的转置满足以下规律:① $(A^T)^T=A$。② $(A+B)^T=A^T+B^T$。③ $(kA)^T=kA^T$(k 为常数)。④ $(AB)^T=B^TA^T$。

例 9 - 22　设 $A=\begin{pmatrix} -1 & 1 & 2 \\ 0 & 1 & 1 \end{pmatrix}$, $B=\begin{bmatrix} -1 & 0 \\ 1 & 3 \\ 2 & 1 \end{bmatrix}$,求 $(AB)^T$ 和 A^TB^T。

解　因为 $A^T=\begin{bmatrix} -1 & 0 \\ 1 & 1 \\ 2 & 1 \end{bmatrix}$, $B^T=\begin{pmatrix} -1 & 1 & 2 \\ 0 & 3 & 1 \end{pmatrix}$,所以有

$$(AB)^T=B^TA^T=\begin{pmatrix} -1 & 1 & 2 \\ 0 & 3 & 1 \end{pmatrix}\begin{bmatrix} -1 & 0 \\ 1 & 1 \\ 2 & 1 \end{bmatrix}=\begin{pmatrix} 6 & 3 \\ 5 & 4 \end{pmatrix}$$

$$A^T B^T = \begin{bmatrix} -1 & 0 \\ 1 & 1 \\ 2 & 1 \end{bmatrix} \begin{pmatrix} -1 & 1 & 2 \\ 0 & 3 & 1 \end{pmatrix} = \begin{bmatrix} 1 & -1 & -2 \\ -1 & 4 & 3 \\ -2 & 5 & 5 \end{bmatrix}$$

注意：一般情况下 $(AB)^T \neq A^T B^T$。

四、方阵的行列式

定义 5　由 n 阶方阵 $A = (a_{ij})$ 的元素按原来位置所构成的行列式,称为 n 阶方阵 A 的行列式,记为 $|A|$。

设 A,B 是 n 阶方阵,k 是常数,则 n 阶方阵的行列式具有如下性质：① $|A^T| = |A|$。② $|kA| = k^n |A|$。③ $|AB| = |A| \cdot |B|$。

性质 1,2 可由行列式的性质直接得到,性质 3 的证明较冗长,此处略去。

把性质 3 推广到 m 个 n 阶方阵相乘的情形,有：

$$|A_1 A_2 \cdots A_m| = |A_1| |A_2| |\cdots| |A_m|$$

例 9 - 23　设 $A = \begin{pmatrix} 1 & 0 \\ -1 & 2 \end{pmatrix}$,$B = \begin{pmatrix} 3 & 1 \\ 1 & 0 \end{pmatrix}$,验证：$|A||B| = |AB| = |BA|$。

证　显然有 $|A||B| = -2$,因为 $AB = \begin{pmatrix} 1 & 0 \\ -1 & 2 \end{pmatrix} \begin{pmatrix} 3 & 1 \\ 1 & 0 \end{pmatrix} = \begin{pmatrix} 3 & 1 \\ -1 & -1 \end{pmatrix}$,则有：

$|AB| = \begin{vmatrix} 3 & 1 \\ -1 & -1 \end{vmatrix} = -2$,从而

$BA = \begin{pmatrix} 3 & 1 \\ 1 & 0 \end{pmatrix} \begin{pmatrix} 1 & 0 \\ -1 & 2 \end{pmatrix} = \begin{pmatrix} 2 & 2 \\ 1 & 0 \end{pmatrix}$,即：

$$|BA| = \begin{vmatrix} 2 & 2 \\ 1 & 0 \end{vmatrix} = -2$$

因此,$|A||B| = |AB| = |BA|$

定义 6　设 A 是 n 阶方阵,当 $|A| \neq 0$ 时,称 A 为非奇异的(或非退化的)；当 $|A| = 0$ 时,称 A 为奇异的(或退化的)。

定理　设 A,B 为 n 阶方阵,则 AB 为非奇异的充分必要条件是 A 与 B 都是非奇异的。

例 9 - 24　已知 A 为 n 阶方阵,且 AA^T 是非奇异的,证明 A 是非奇异的。

证　因为 AA^T 非奇异的,所以 $|AA^T| \neq 0$,则有 $|AA^T| = |A||A^T| = |A|^2 \neq 0$ 从而 $|A| \neq 0$,即 A 是非奇异的。

第三节　逆 矩 阵

在本章第二节中已详细介绍了矩阵的加法、乘法。根据加法,定义了减法。因此,我们要问有

了乘法,能否定义矩阵的除法,即矩阵的乘法是否存在一种逆运算? 如果这种逆运算存在,它的存在应该满足什么条件? 下面,我们将探索什么样的矩阵存在这种逆运算,以及这种逆运算如何去实施等问题。

我们知道,在数的运算中,对于数 $a \neq 0$,总存在唯一的一个数 a^{-1} 使得:

$$aa^{-1} = a^{-1}a = 1$$

类似地,在矩阵的运算中我们也可以考虑,对于矩阵 A,是否存在唯一的一个类似于 a^{-1} 的矩阵 B,使得:

$$AB = BA = E$$

定义 1　对于 n 阶矩阵 A,如果存在一个 n 阶矩阵 B,使得:

$$AB = BA = E$$

则称 A 为可逆矩阵,称 B 为 A 的逆矩阵。

例 9 - 25　请问矩阵 $A = \begin{pmatrix} 2 & 0 \\ 3 & 1 \end{pmatrix}$ 与矩阵 $B = \begin{pmatrix} \dfrac{1}{2} & 0 \\ -\dfrac{3}{2} & 1 \end{pmatrix}$ 是否互为逆矩阵。

解　因为 $AB = \begin{pmatrix} 2 & 0 \\ 3 & 1 \end{pmatrix} \begin{pmatrix} \dfrac{1}{2} & 0 \\ -\dfrac{3}{2} & 1 \end{pmatrix} = \begin{pmatrix} 1 & 0 \\ 0 & 1 \end{pmatrix}$, $BA = \begin{pmatrix} \dfrac{1}{2} & 0 \\ -\dfrac{3}{2} & 1 \end{pmatrix} \begin{pmatrix} 2 & 0 \\ 3 & 1 \end{pmatrix} = \begin{pmatrix} 1 & 0 \\ 0 & 1 \end{pmatrix}$

所以,A 为可逆矩阵,B 为 A 的逆矩阵。

例 9 - 26　因为 $EE = E$,所以 E 是可逆矩阵,E 的逆矩阵为其自身。

例 9 - 27　因为对任何方阵 B,都有 $B \cdot 0 = 0 \cdot B = 0$,所以零矩阵不是可逆矩阵。

在定义 1 中,由于矩阵 A 与 B 在等式 $AB = BA = E$ 中的地位是平等的。所以,若 A 可逆,B 是 A 的逆矩阵,那么 B 也可逆,且 A 是 B 的逆矩阵,即 A,B 互为逆矩阵。

下面我们分别讨论可逆矩阵几个基本性质。

性质 1　若矩阵 A 可逆,则 A 的逆矩阵是唯一的。

证　设 B_1,B_2 都是 A 的逆矩阵,则有 $AB_1 = B_1A = E$,$AB_2 = B_2A = E$,于是

$$B_1 = B_1 E = B_1(AB_2) = (B_1A)B_2 = EB_2 = B_2$$

所以,A 的逆矩阵是唯一的。

既然可逆矩阵的逆矩阵是唯一的,我们就把 A 的逆矩阵记为 A^{-1},这样在定义 1 中,如果 $AB = BA = E$,则有 $A^{-1} = B$,或 $B^{-1} = A$ 且 $AA^{-1} = A^{-1}A = E$。

性质 2　如果矩阵 A 可逆,则 A 的逆矩阵 A^{-1} 也可逆,且 $(A^{-1})^{-1} = A$。

性质 3　如果 A,B 是两个同阶可逆矩阵,则 AB 也可逆,且 $(AB)^{-1} = B^{-1}A^{-1}$。

证　因为 A,B 都可逆,所以存在 A^{-1},B^{-1},使 $AA^{-1} = A^{-1}A = E$,$BB^{-1} = B^{-1}B = E$,于是

$$(AB)(B^{-1}A^{-1}) = A(BB^{-1})A^{-1} = AEA^{-1} = AA^{-1} = E,$$
$$(B^{-1}A^{-1})(AB) = B^{-1}(A^{-1}A)B = B^{-1}EB = E$$

由定义 1 知：AB 可逆，且 $(AB)^{-1} = B^{-1}A^{-1}$

此性质 3 可推广到有限个可逆矩阵相乘的情形，即：如果 A_1，A_2，$\cdots$，A_n 为同阶可逆矩阵，则有：

$$(A_1 A_2 \cdots A_n)^{-1} = A_n^{-1} A_{n1}^{-1} \cdots A_2^{-1} A_1^{-1}$$

性质 4　如果 A 可逆，数 $k \neq 0$，则 kA 也可逆，且 $(kA)^{-1} = \dfrac{1}{k}A^{-1}$。

证　因为 A 可逆，由 $AA^{-1} = A^{-1}A = E$，于是 $(kA)\left(\dfrac{1}{k}A^{-1}\right) = k \cdot \dfrac{1}{k}(AA^{-1}) = E$，则有：

$$\left(\dfrac{1}{k}A^{-1}\right)(kA) = \dfrac{1}{k} \cdot k(A^{-1}A) = E$$

由定义 1 知，kA 可逆，且 $(kA)^{-1} = \dfrac{1}{k}A^{-1}$。

性质 5　如果矩阵 A 可逆，则 A 的转置矩阵 A^T 也可逆，且 $(A^T)^{-1} = (A^{-1})^T$。

证　由 A 可逆，有 $AA^{-1} = A^{-1}A = E$，于是 $A^T(A^{-1})^T = (A^{-1}A)^T = E^T = E$，又有 $(A^{-1})^T A^T = (AA^{-1})^T = E^T = E$，则由定义 1 可知，$A^T$ 可逆，且 $(A^T)^{-1} = (A^{-1})^T$。

对于一个 n 阶矩阵 A 来说，逆矩阵可能存在，也可能不存在。我们需要研究：在什么条件下 n 阶矩阵 A 可逆？如果可逆，如何求逆矩阵 A^{-1}？为此先给出伴随矩阵的定义。

定义 2　设 A_{ij} 是 n 阶方阵 $A = (a_{ij})_{n \times n}$ 的行列式 $|A|$ 中的元素 a_{ij} 的代数余子式，矩阵

$$A^* = \begin{pmatrix} A_{11} & A_{21} & \cdots & A_{n1} \\ A_{12} & A_{22} & \cdots & A_{n2} \\ \vdots & \vdots & \vdots & \vdots \\ A_{1n} & A_{2n} & \cdots & A_{nn} \end{pmatrix}$$

称为矩阵 A 的伴随矩阵。

例 9–28　设 $A = \begin{pmatrix} 1 & 0 & 2 \\ -1 & 1 & 3 \\ 3 & 1 & 0 \end{pmatrix}$，试求伴随矩阵 A^*。

解　$A_{11} = \begin{vmatrix} 1 & 3 \\ 1 & 0 \end{vmatrix} = -3$，$A_{12} = -\begin{vmatrix} -1 & 3 \\ 3 & 0 \end{vmatrix} = 9$

$A_{13} = \begin{vmatrix} -1 & 1 \\ 3 & 1 \end{vmatrix} = -4$，$A_{21} = -\begin{vmatrix} 0 & 2 \\ 1 & 0 \end{vmatrix} = 2$

$A_{22} = \begin{vmatrix} 1 & 2 \\ 3 & 0 \end{vmatrix} = -6$，$A_{23} = -\begin{vmatrix} 1 & 0 \\ 3 & 1 \end{vmatrix} = -1$

$A_{31} = \begin{vmatrix} 0 & 2 \\ 1 & 3 \end{vmatrix} = -2$，$A_{32} = -\begin{vmatrix} 1 & 2 \\ -1 & 3 \end{vmatrix} = -5$

$A_{33} = \begin{vmatrix} 1 & 0 \\ -1 & 1 \end{vmatrix} = 1$

所以　　$A^* = \begin{pmatrix} -3 & 2 & -2 \\ 9 & -6 & -5 \\ -4 & -1 & 1 \end{pmatrix}$

由第一节中行列式按一行展开的公式,可得

$$AA^* = \begin{pmatrix} a_{11} & a_{12} & \cdots & a_{1n} \\ a_{21} & a_{22} & \cdots & a_{2n} \\ \vdots & \vdots & \vdots & \vdots \\ a_{n1} & a_{n2} & \cdots & a_{nn} \end{pmatrix} \begin{pmatrix} A_{11} & A_{21} & \cdots & A_{n1} \\ A_{12} & A_{22} & \cdots & A_{n2} \\ \vdots & \vdots & \vdots & \vdots \\ A_{1n} & A_{2n} & \cdots & A_{nn} \end{pmatrix} = \begin{pmatrix} |A| & 0 & \cdots & 0 \\ 0 & |A| & \cdots & 0 \\ \vdots & \vdots & \vdots & \vdots \\ 0 & 0 & \cdots & |A| \end{pmatrix} = |A|E$$

同理,利用行列式按列展开公式可得:

$$A^*A = |A|E$$

即,对任一 n 阶矩阵 A,有:

$$AA^* = A^*A = |A|E$$

若 $|A| \neq 0$,则有:　　　　$A\left(\dfrac{1}{|A|}A^*\right) = \left(\dfrac{1}{|A|}A^*\right)A = E$

由此我们得到:

定理　n 阶矩阵 A 可逆的充分必要条件是 A 是非奇异的,且当 A 可逆时

$$A^{-1} = \frac{1}{|A|} \cdot A^*$$

证　必要性:设 A 可逆,则存在 A^{-1},使 $AA^{-1} = E$,两边取行列式,有 $|AA^{-1}| = |E| = 1$,而 $|AA^{-1}| = |A||A^{-1}|$,得 $|A||A^{-1}| = 1 \neq 0$,所以 $|A| \neq 0$,即 A 非奇异。

充分性:设 A 非奇异,则 $|A| \neq 0$,因此,等式成立。有定义 1 知 A 可逆,且 $A^{-1} = \dfrac{1}{|A|}A^*$。

推论　若 A, B 为同阶方阵,且 $AB = E$,则 A, B 都可逆,且 $A^{-1} = B$, $B^{-1} = A$。

证　因 $|AB| = |A||B| = |E| = 1 \neq 0$,所以 $|A| \neq 0$, $|B| \neq 0$,由定理 1 得,A, B 都可逆。在等式 $AB = E$ 的两边左乘 A^{-1},有 $A^{-1}(AB) = A^{-1}E$,得 $B = A^{-1}$,在 $AB = E$ 的两边右乘 B^{-1},得 $A = B^{-1}$。

定理 1 不但给出了一个矩阵可逆的充分必要条件,而且也给出了求逆矩阵的公式。

例 9 - 29　设 $A = \begin{pmatrix} a & b \\ c & d \end{pmatrix}$,问:当 a, b, c, d 满足什么条件时,矩阵 A 可逆? 当 A 可逆时,求 A^{-1}。

解　$|A| = \begin{vmatrix} a & b \\ c & d \end{vmatrix} = ad - bc$,当 $ad - bc \neq 0$ 时,$|A| \neq 0$,从而 A 可逆。此时

$$A^{-1} = \frac{1}{|A|}A^* = \frac{1}{ad-bc}\begin{pmatrix} d & -b \\ -c & a \end{pmatrix} = \begin{pmatrix} \dfrac{d}{ad-bc} & -\dfrac{b}{ad-bc} \\ -\dfrac{c}{ad-bc} & \dfrac{a}{ad-bc} \end{pmatrix}$$

当 $ad-bc=0$ 时，$|A|=0$，从而 A 不可逆。

例 9 - 30 在例 9 - 28 中的矩阵 A 是否可逆？若可逆，求 A^{-1}。

解 经计算可得 $|A|=-11$，所以 A 可逆，而由例 9 - 28 知

$$A^* = \begin{pmatrix} -3 & 2 & -2 \\ 9 & -6 & -5 \\ -4 & -1 & 1 \end{pmatrix} , \text{于是}$$

$$A^{-1} = \frac{1}{|A|}A^* = -\frac{1}{11}\begin{pmatrix} -3 & 2 & -2 \\ 9 & -6 & -5 \\ -4 & -1 & 1 \end{pmatrix} = \begin{pmatrix} \dfrac{3}{11} & -\dfrac{2}{11} & \dfrac{2}{11} \\ -\dfrac{9}{11} & \dfrac{6}{11} & \dfrac{5}{11} \\ \dfrac{4}{11} & \dfrac{1}{11} & -\dfrac{1}{11} \end{pmatrix}$$

第四节 | 矩阵的初等变换与线性方程组

一、矩阵的秩和初等变换

定义 1 在 $m \times n$ 矩阵 A 中，任何 k 行 k 列位于这些行列的交点处的元素构成的行列式（$k \leqslant \min(m, n)$)，称为矩阵 A 的 **k 阶子式**。

例如，$A = \begin{bmatrix} 2 & -3 & 8 & 2 \\ 2 & -12 & -2 & 12 \\ 1 & 3 & 1 & 4 \end{bmatrix}$，则 $\begin{vmatrix} 2 & -3 & 2 \\ 2 & -12 & 12 \\ 1 & 3 & 4 \end{vmatrix}$，$\begin{vmatrix} 2 & -3 \\ 2 & -12 \end{vmatrix}$，$|-3|$ 分别是 A 的三阶、二阶、一阶子式，$m \times n$ 矩阵 A 的 k 阶子式共有 $C_m^k \cdot C_n^k$ 个。

定义 2 若在矩阵 A 中有一个 r 阶子式 $D \neq 0$，而所有大于 r 阶的子式都等于零，则称矩阵 A 的**秩**为 r，记为 $R(A)=r$。

例 9 - 31 已知矩阵 $A = \begin{bmatrix} 2 & -3 & 8 & 2 \\ 2 & -12 & -2 & 12 \\ 1 & 3 & 1 & 4 \end{bmatrix}$，求矩阵 A 的秩。

解 因为 A 的所有三阶子式都等于零，而二阶子式 $\begin{vmatrix} 2 & -3 \\ 2 & -12 \end{vmatrix} = -18 \neq 0$，

所以，矩阵 A 的**秩** $R(A)=2$。

一般来讲，利用定义计算矩阵 $A_{m \times n}$ 的 k 阶子式共有 $C_m^k \cdot C_n^k$ 个行列式，为化简计算过程，下面引进矩阵的初等变换。

定义 3 下面的三种变换，统称为矩阵的**初等行变换**：① 交换 i，j 两行，记为 $(i) \leftrightarrow (j)$。② 用一个非零数 $k \neq 0$ 去乘 i 行的所有元素，记为 $k(i)$。③ 第 i 行被加上第 j 行对应元素的 k

倍,记为 $(i)+k(j)$。

把定义中的"行"换成"列"即得矩阵的初等列变换的定义。矩阵的初等行变换和初等列变换,统称为矩阵的初等变换。

注意:初等变换后矩阵不相等,故写作箭头连接。行变换写在箭头上方,列变换写在箭头下方。

如果矩阵 A 经过有限次初等变换变成矩阵 B,就称矩阵 A 与矩阵 B 等价,记作 $A \sim B$。

对任何矩阵经过初等变换后,其秩有如下关系。

定理1　若 $A \sim B$,则 $R(A)=R(B)$。

例 9-32　已知 $A=\begin{bmatrix} 1 & -2 & 3 & -1 \\ 3 & -1 & 5 & -3 \\ 2 & 1 & 2 & -2 \end{bmatrix}$, 求矩阵 A 的秩。

解　$A \xrightarrow[\substack{(2)-3(1) \\ (3)-2(1)}]{} \begin{bmatrix} 1 & -2 & 3 & -1 \\ 0 & 5 & -4 & 0 \\ 0 & 5 & -4 & 0 \end{bmatrix} \xrightarrow{(3)-(2)} \begin{bmatrix} 1 & -2 & 3 & -1 \\ 0 & 5 & -4 & 0 \\ 0 & 0 & 0 & 0 \end{bmatrix}=B$

显然,矩阵 B 的三阶子式都等于零,而 $\begin{vmatrix} 1 & -2 \\ 0 & 5 \end{vmatrix}=5 \neq 0$

故 $R(A)=R(B)=2$,即矩阵 A 的秩为 2。

一般来说,一个矩阵 $A_{m \times n}$ 经初等行变换变成矩阵 $B_{m \times n}$ 形式为

$$B=\begin{bmatrix} b_{11} & b_{12} & \cdots & b_{1r} & \cdots & b_{1n} \\ 0 & b_{22} & \cdots & b_{2r} & \cdots & b_{2n} \\ \vdots & \vdots & \vdots & \vdots & \vdots & \vdots \\ 0 & 0 & \cdots & b_{rr} & \cdots & b_{rn} \\ 0 & 0 & \cdots & 0 & \cdots & 0 \\ 0 & 0 & \cdots & 0 & \cdots & 0 \end{bmatrix}$$

这是很容易看出 A 的秩为 r,这也是求矩阵秩的常用的方法。用计算机计算矩阵的秩数,通常也采用此方法。

二、利用初等变换求逆矩阵

用初等变换求逆矩阵的方法是:将所求得可逆矩阵 $A(|A| \neq 0)$ 的右翼添置一个与 A 同阶的单位矩阵 E_n,构成一个 $n \times 2n$ 的矩阵 $[A \mid E]$,对此矩阵施以经初等行变换(不能同时进行列变换),将它的左半部化成单位矩阵后,右半部便是 A^{-1},即:

$$[A \mid E]_{n \times 2n} \xrightarrow{\text{经初等行变换}} [E \mid A^{-1}]_{n \times 2n}$$

例 9-33　设 $A=\begin{bmatrix} 1 & 2 & 3 \\ 2 & 2 & 1 \\ 3 & 4 & 3 \end{bmatrix}$, 求 A^{-1}。

解

$$\begin{bmatrix} 1 & 2 & 3 & | & 1 & 0 & 0 \\ 2 & 2 & 1 & | & 0 & 1 & 0 \\ 3 & 4 & 3 & | & 0 & 0 & 1 \end{bmatrix} \xrightarrow[\;(3)-3(1)\;]{\;(2)-2(1)\;} \begin{bmatrix} 1 & 2 & 3 & | & 1 & 0 & 0 \\ 0 & -2 & -5 & | & -2 & 1 & 0 \\ 0 & -2 & -6 & | & -3 & 0 & 1 \end{bmatrix}$$

$$\xrightarrow[\;(3)-(2)\;]{\;(1)+(2)\;} \begin{bmatrix} 1 & 0 & -2 & | & -1 & 1 & 0 \\ 0 & -2 & -5 & | & -2 & 1 & 0 \\ 0 & 0 & -1 & | & -1 & -1 & 1 \end{bmatrix} \xrightarrow[\;(2)-5(3)\;]{\;(1)-2(3)\;} \begin{bmatrix} 1 & 0 & 0 & | & 1 & 3 & -2 \\ 0 & -2 & 0 & | & 3 & 6 & -5 \\ 0 & 0 & -1 & | & -1 & -1 & 1 \end{bmatrix}$$

$$\xrightarrow{\;-\frac{1}{2}(2)-(1)\;} \begin{bmatrix} 1 & 0 & 0 & | & 1 & 3 & -2 \\ 0 & 1 & 0 & | & -\frac{3}{2} & -3 & \frac{5}{2} \\ 0 & 0 & 1 & | & 1 & 1 & -1 \end{bmatrix}$$

所以 $A^{-1} = \begin{pmatrix} 1 & 3 & -2 \\ -\frac{3}{2} & -3 & \frac{5}{2} \\ 1 & 1 & -1 \end{pmatrix}$

对可逆矩阵 $\boldsymbol{A}$ 也可以进行初等列变换求逆矩阵,用如下方式进行。

$$\left[\frac{A}{E}\right]_{2n\times n} \xrightarrow{\;经初等列变换\;} \left[\frac{E}{A^{-1}}\right]_{2n\times n}$$

这里需要特别指出的是:用初等变换求逆矩阵时,或对行变换或对列变换,两者不能同时进行。

三、矩阵初等行变换与线性方程组

1. 高斯消元法

例 9-34 解方程组 $\begin{cases} x_1 + x_2 - 2x_3 - x_4 = 1 \\ 3x_1 - x_2 + x_3 + 4x_4 = 4 \\ x_1 + 5x_2 - x_3 - 2x_4 = 0 \end{cases}$。

回顾代入消元法及加减消元法,下面三种变形,可以得到同解的方程组,即:① 交换两个方程的位置。② 用一个非零数去乘方程。③ 一个方程被加上另一个方程的 k 倍。

若把方程组写为增广矩阵,方程组的同解变形,可总结为矩阵的初等行变换。以上三种变形恰好对应矩阵初等行变换的三种情形。

这样,消元法解方程组的过程可以用增广矩阵的初等行变换写为:

$$\overline{A} = (A \mid B) = \begin{bmatrix} 1 & 1 & -2 & -1 & | & 1 \\ 3 & -1 & 1 & 4 & | & 4 \\ 1 & 5 & -1 & -2 & | & 0 \end{bmatrix} \xrightarrow[\;(3)-(1)\;]{\;(2)-3(1)\;} \begin{bmatrix} 1 & 1 & -2 & -1 & | & 1 \\ 0 & -4 & 7 & 7 & | & 1 \\ 0 & 4 & 1 & -1 & | & -1 \end{bmatrix}$$

$$\xrightarrow{\;(3)+(2)\;} \begin{bmatrix} 1 & 1 & -2 & -1 & | & 1 \\ 0 & -4 & 7 & 7 & | & 1 \\ 0 & 0 & 8 & 6 & | & 0 \end{bmatrix}$$

对应的同解方程组为 $\begin{cases} x_1+x_2-2x_3-x_4=1 \\ -4x_2+7x_3+7x_4=1 \\ 8x_3+6x_4=0 \end{cases}$

增广矩阵的左 4 列为系数矩阵 A，最后 1 列常为常数列 B，用竖线分隔代表等号位置，上面最后一个矩阵，对应方程组中，第三个方程已不含 x_1，x_2，至多只能用 x_4 表示出 x_3，代入第二个方程就能用 x_4 表示出 x_2，再代入第一个方程就能用 x_4 表示出 x_1。这时，三个变量 x_1，x_2，x_3 能用自由变量 x_4 表示，这种形式的解称为**一般解**。

为得出一般解，继续进行初等行变换，得到：

$$(A\mid B)\xrightarrow[\substack{(1)+2(3)}]{\substack{(3)/8(2)-7(3)}}\begin{pmatrix}1&1&0&\frac{1}{2}&1\\0&-4&0&\frac{7}{4}&1\\0&0&1&\frac{3}{4}&0\end{pmatrix}\xrightarrow[\substack{(1)-(2)}]{\substack{(-2)/4}}\begin{pmatrix}1&0&0&\frac{15}{16}&\frac{5}{4}\\0&1&0&-\frac{7}{16}&-\frac{1}{4}\\0&0&1&\frac{3}{4}&0\end{pmatrix}$$

得出原方程组的一般解为：

$$\begin{cases} x_1=-\frac{15}{16}x_4+\frac{5}{4} \\ x_2=\frac{7}{16}x_4-\frac{1}{4} \\ x_3=-\frac{3}{4}x_4 \end{cases}$$

用增广矩阵进行初等行变换，解线性方程组的方法，称为**高斯(Gauss)消元法**。

从高斯消元法的过程可以看出，线性方程组"同解"的本质是被自由变量表示的变量个数 3，反映到增广矩阵就是其秩为 3。

增广矩阵去掉最后一列就是系数矩阵 A。在例 9-34 中 $R(\overline{A})=R(A)=3$，有无穷多解。若有 $R(\overline{A})\neq R(A)$，则对应同解方程组会出现"$0=k$"形式的方程，原方程组无解。从而，得出下面的线性方程组的判定定理。

定理 2　$AX=B$ 为 n 元线性方程组，则

(1) $R(\overline{A})=R(A)=n$ 时，$AX=B$ 有唯一解。

(2) $R(\overline{A})=R(A)<n$ 时，$AX=B$ 有无穷多解。

(3) $R(\overline{A})\neq R(A)$ 时，$AX=B$ 无解。

2.齐次线性方程组解的结构　n 元齐次线性方程组 $AX=0$，$R(\overline{A})=R(A)$，总是有解。$X=0$ 是一个解，由定理 2 有 $R(A)=n$ 时，$AX=0$**只有零解**；$R(A)<n$ 时，$AX=0$ 有**非零解**。

$AX=0$ 有非零解时，能不能用部分特殊的解表示出全部的解，称为**解的结构问题**。为此，引入线性相关、线性无关的概念。

定义 4　设 a_1，a_2，$\cdots$，a_n 是 n 个 $1\times m$ (或 $m\times1$)矩阵，称为 m 维向量，若存在不全为零的数 k_1，k_2，$\cdots$，k_n，使得向量 a_1，a_2，$\cdots$，a_n 的线性组合为 0，即

$$k_1a_1+k_2a_2+\cdots+k_na_n=0$$

则称向量 a_1，a_2，$\cdots$，a_n 是**线性相关**。

若只有 k_1，k_2，$\cdots$，k_n 全为零能使向量的线性组合为 0，则称 a_1，a_2，$\cdots$，a_n **线性无关**。

设 $a_i = (a_{1i}, a_{2i}, \cdots, a_{mi})^T$，$(i = 1, 2, \cdots, n)$，则：

$$k_1a_1 + k_2a_2 + \cdots + k_na_n = (a_1, a_2, \cdots, a_n)\begin{pmatrix} k_1 \\ k_2 \\ \vdots \\ k_n \end{pmatrix} = \begin{pmatrix} a_{11} & a_{12} & \cdots & a_{1n} \\ a_{21} & a_{22} & \cdots & a_{2n} \\ \vdots & \vdots & \vdots & \vdots \\ a_{m1} & a_{m2} & \cdots & a_{mn} \end{pmatrix}\begin{pmatrix} k_1 \\ k_2 \\ \vdots \\ k_n \end{pmatrix} = AK$$

故向量 a_1，a_2，$\cdots$，a_n 线性相关的充分必要条件是齐次线性方程 $AK = 0$ 有非零解。

例 9-35 判断向量 $a = (1, 2, -1, 0)$，$b = (2, -3, 1, 0)$，$c = (4, 1, -1, 0)$ 的线性关系。

解 a，b，c 是行向量，改为列向量组成矩阵 A，即：

$$A = (a^T, b^T, c^T) = \begin{pmatrix} 1 & 2 & 4 \\ 2 & -3 & 1 \\ -1 & 1 & -1 \\ 0 & 0 & 0 \end{pmatrix} \rightarrow \begin{pmatrix} 1 & 2 & 4 \\ 0 & -7 & -7 \\ 0 & 3 & 3 \\ 0 & 0 & 0 \end{pmatrix} \rightarrow \begin{pmatrix} 1 & 0 & 2 \\ 0 & 1 & 1 \\ 0 & 0 & 0 \\ 0 & 0 & 0 \end{pmatrix}$$

$R(A) = 2 < 3 = n$，向量 a，b，c 线性相关。

由例 9-35 可以看出，$R(a^T, b^T) = 2$，这说明向量 a，b 线性无关。向量 a，b 称为向量 a，b，c 的一个**极大线性无关组**。a，b，c 中任一向量可以由向量 a，b 线性表出。

例 9-36 解齐次线性方程组 $\begin{cases} x_1 + 2x_2 - x_3 + 3x_5 = 0 \\ 2x_1 - x_2 + x_4 - x_5 = 0 \\ 3x_1 + x_2 - x_3 + x_4 + 2x_5 = 0 \\ -5x_2 + 2x_3 + x_4 - 7x_5 = 0 \end{cases}$

解 用初等行变换化系数矩阵为行简化的阶梯形矩阵，得到：

$$A = \begin{pmatrix} 1 & 2 & -1 & 0 & 3 \\ 2 & -1 & 0 & 1 & -1 \\ 3 & 1 & -1 & 1 & 2 \\ 0 & -5 & 2 & 1 & -7 \end{pmatrix} \rightarrow \begin{pmatrix} 1 & 2 & -1 & 0 & 3 \\ 0 & -5 & 2 & 1 & -7 \\ 0 & -5 & 2 & 1 & -7 \\ 0 & -5 & 2 & 1 & -7 \end{pmatrix}$$

$$\rightarrow \begin{pmatrix} 1 & 0 & -\dfrac{1}{5} & \dfrac{2}{5} & \dfrac{1}{5} \\ 0 & 1 & -\dfrac{2}{5} & -\dfrac{1}{5} & \dfrac{7}{5} \\ 0 & 0 & 0 & 0 & 0 \\ 0 & 0 & 0 & 0 & 0 \end{pmatrix}$$

$R(A) = 2 < 5 = n$，齐次线性方程组有非零解，一般解为：

$$\begin{cases} x_1 = \dfrac{1}{5}x_3 - \dfrac{2}{5}x_4 - \dfrac{1}{5}x_5 \\ x_2 = \dfrac{2}{5}x_3 + \dfrac{1}{5}x_4 - \dfrac{7}{5}x_5 \end{cases}$$

取自由变量 $x_3 = 5$，$x_4 = 0$，$x_5 = 0$，得解向量 $X_1 = (1, 2, 5, 0, 0)^T$。

取自由变量 $x_3=0$，$x_4=5$，$x_5=0$，得解向量 $X_2=(-2,1,0,5,0)^T$。

取自由变量 $x_3=0$，$x_4=0$，$x_5=5$，得解向量 $X_3=(-1,-7,0,0,5)^T$。

解向量 X_1，X_2，X_3 是解空间的一个极大线性无关组，称为一个**基础解系**，解空间的任一个解可以由基础解系线性表出，称为齐次线性方程组的**通解**，即：

$$X=C_1X_1+C_2X_2+C_3X_3=C_1\begin{pmatrix}1\\2\\5\\0\\0\end{pmatrix}+C_2\begin{pmatrix}-2\\1\\0\\5\\0\end{pmatrix}+C_3\begin{pmatrix}-1\\-7\\0\\0\\5\end{pmatrix}\quad(C_i\text{ 为任意常数})$$

一般地，n 元齐次线性方程组 $AX=0$ 的自由变量为 $n-R(A)$ 个时就可以得下面定理 3 的结论。

定理 3 n 元齐次线性方程组 $AX=0$ 的基础解系含 $n-R(A)$ 个线性无关的**解向量**，其任一解可以表示为基础解系的线性组合，称为**通解**。

第五节 | 矩阵的特征值与特征向量

矩阵的特征值与特征向量在理论研究和实际应用中有重要意义，如数学意义上的特征向量空间、医学上的莱斯利人口模型、医学统计中多变量分析等，都用到矩阵的特征值与特征向量。

定义 A 为 n 阶方阵，若存在数 λ 及非零向量 X 使下式成立，即

$$AX=\lambda X$$

则称数 λ 为方阵 A 的**特征值**，非零向量 X 为 A 的特征值 λ 对应的**特征向量**。

由于 $AX=\lambda X$，有 $AX=\lambda EX$，$AX-\lambda EX=0$，$(A-\lambda E)X=0$，方程的个数与未知量个数相等的齐次方程组 $(A-\lambda E)X=0$ 有非零解，其系数行列式为 0，即：

$$|A-\lambda E|=\begin{vmatrix}a_{11}-\lambda & a_{12} & \cdots & a_{1n}\\ a_{21} & a_{22}-\lambda & \cdots & a_{2n}\\ \vdots & \vdots & \vdots & \vdots\\ a_{n1} & a_{n2} & \cdots & a_{nn}-\lambda\end{vmatrix}=0$$

系数行列式 $|A-\lambda E|$ 称为方阵 A 的**特征多项式**，$|A-\lambda E|=0$ 称为 A 的**特征方程**。

解特征方程 $|A-\lambda E|=0$，可以求出方阵 A 的特征值 λ，即求齐次线性方程组 $(A-\lambda E)X=0$ 的非零解 X，得到属于 λ 的特征向量。

例 9-37 求矩阵 $A=\begin{pmatrix}-1 & 1 & 0\\ -4 & 3 & 0\\ 1 & 0 & 2\end{pmatrix}$ 特征值和特征向量。

解 $|\lambda I - A| = \begin{vmatrix} \lambda+1 & -1 & 0 \\ 4 & \lambda-3 & 0 \\ -1 & 0 & \lambda-2 \end{vmatrix} = (\lambda-2)(\lambda-1)^2$

令 $|\lambda I - A| = 0$ 得：$\lambda_1 = 2, \lambda_2 = \lambda_3 = 1$ 是 A 的全部特征值。

以 $\lambda_1 = 2$ 代入 $(\lambda E - A)X = 0$ 得：

$$\begin{cases} 3x_1 - x_2 + 0x_3 = 0 \\ 4x_1 - x_2 + 0x_3 = 0 \\ -x_1 + 0x_2 + 0x_3 = 0 \end{cases}, \quad 即：$$

$$\begin{cases} 3x_1 - x_2 = 0 \\ 4x_1 - x_2 = 0 \\ -x_1 + 0x_2 = 0 \end{cases}$$

它的基础解系是 $\begin{bmatrix} 0 \\ 0 \\ 1 \end{bmatrix}$，因此，$c_1 \begin{bmatrix} 0 \\ 0 \\ 1 \end{bmatrix}$（$c_1$ 是任意的非实数）是 A 属于 $\lambda_1 = 2$ 的全部特征向量。

同理，可求出 A 的属于 $\lambda_2 = \lambda_3 = 1$ 的所有特征向量为 $c_2 \begin{bmatrix} 1 \\ 2 \\ -1 \end{bmatrix}$（$c_2$ 是任意的非零实数）。

例 9-38 求矩阵 $A = \begin{bmatrix} 4 & 6 & 0 \\ -3 & -5 & 0 \\ -3 & -6 & 1 \end{bmatrix}$ 的特征值和特征向量。

解 由 $\begin{vmatrix} \lambda-4 & -6 & 0 \\ 3 & \lambda+5 & 0 \\ 3 & 6 & \lambda-1 \end{vmatrix} = (\lambda+2)(\lambda-1)^2 = 0$，得 A 的特征值 $\lambda_1 = -2, \lambda_2 = \lambda_3 = 1$

当 $\lambda_1 = -2$ 时有

$$\begin{cases} -6x_1 \qquad\quad -6x_3 = 0 \\ 3x_1 \qquad\quad\ +3x_3 = 0 \\ 3x_1 + 6x_2\ -3x_3 = 0 \end{cases}$$

它的基础解系是 $\begin{bmatrix} -1 \\ 1 \\ 1 \end{bmatrix}$，所以 A 的属于 $\lambda_1 = -2$ 的全部特征向量 $c_1 \begin{bmatrix} -1 \\ 1 \\ 1 \end{bmatrix}$（$c_1$ 是任意的非零实数）。

当 $\lambda_2 = \lambda_3 = 1$ 时有

$$\begin{cases} -3x_1 - 6x_2 + 0x_3 = 0 \\ 3x_1 - 6x_2 + 0x_3 = 0 \\ 3x_1 - 6x_2 + 0x_3 = 0 \end{cases}$$

它的基础解系是向量 $\begin{bmatrix} -2 \\ 1 \\ 0 \end{bmatrix}$ 及 $\begin{bmatrix} 0 \\ 0 \\ 1 \end{bmatrix}$，所以，$A$ 的属于 $\lambda_2=\lambda_3=1$ 的所有特征向量是

$c_1\begin{bmatrix} -2 \\ 1 \\ 0 \end{bmatrix}+c_2\begin{bmatrix} 0 \\ 0 \\ 1 \end{bmatrix}$（$c_1$，$c_2$ 是不全为零的实数）。

拓 展 阅 读

矩阵理论的发展简史

矩阵是数学中的一个重要的基本概念，是代数学的一个主要研究对象，也是数学研究和应用的一个重要工具。"矩阵"这个词是由西尔维斯特（Silvestre）首先使用的，他是为了将数字的矩形阵列区别于行列式而发明了这个术语。实际上，矩阵这个课题在诞生之前就已经有相当的发展。从行列式计算的大量工作中明显表现出来，不管行列式的值是否与具体问题有关，方阵本身就可以研究和使用，矩阵的许多基本性质也是在行列式的发展中建立起来的。在逻辑上，矩阵的概念应先于行列式的概念，然而在历史上次序正好相反。英国数学家凯莱（Cayley）一般被公认为是矩阵论的创立者，因为他首先把矩阵作为一个独立的数学概念提出来，并首先发表了关于这个题目的一系列文章。凯莱同研究线性变换下的不变量相结合，首先引进矩阵以简化记号。1858年，他发表了关于这一课题的第一篇论文《矩阵论的研究报告》，系统地阐述了关于矩阵的理论。文中他定义了矩阵的相等、矩阵的运算法则、矩阵的转置和矩阵的逆等一系列基本概念，指出了矩阵加法的可交换性与可结合性。此外，凯莱还给出了方阵的特征方程和特征根（特征值）以及有关矩阵的一些基本结果。凯莱出生于一个古老而有才能的英国家庭，剑桥大学三一学院毕业后留校讲授数学，3年后他转从律师职业，工作卓有成效，并利用业余时间研究数学，发表了大量的数学论文。1855年，埃米特（Hermite）证明了其他数学家发现的一些矩阵类的特征根的特殊性质，如现在称为埃米特矩阵的特征根性质等。后来，克莱伯施（Clebsch）、布克海姆（Buchheim）等证明了对称矩阵的特征根性质。泰伯（Taber）引入矩阵的迹的概念并给出了一些有关的结论。在矩阵论的发展史上，弗罗伯纽斯（Frobenius）也有重要的贡献。他讨论了最小多项式问题，引进了矩阵的秩、不变因子和初等因子、正交矩阵、矩阵的相似变换、合同矩阵等概念，以合乎逻辑的形式整理了不变因子和初等因子的理论，并讨论了正交矩阵与合同矩阵的一些重要性质。1854年，约当（Yuedang）研究了矩阵化为标准型的问题。1892年，梅茨勒（Metzler）引进了矩阵的超越函数概念并将其写成矩阵的幂级数的形式。傅立叶（Fourier）、西尔（Xier）和庞加莱（Poincare）的著作中还讨论了无限阶矩阵问题，这主要是为了适用方程发展的需要。

矩阵本身所具有的性质依赖于元素的性质，矩阵由最初作为一种工具经过两个多世纪的发展，现在已成为独立的一门数学分支——矩阵论，而矩阵论又可分为矩阵方程论、矩阵分解论和广义逆矩阵论等矩阵的现代理论。矩阵及其理论现已广泛地应用于现代科技的各个领域。

习   题

9-1 利用对角线法则计算下列三阶行列式。

(1) $\begin{vmatrix} 2 & 0 & 1 \\ 1 & -4 & -1 \\ -1 & 8 & 3 \end{vmatrix}$;

(2) $\begin{vmatrix} a & b & c \\ b & c & a \\ c & a & b \end{vmatrix}$;

(3) $\begin{vmatrix} 1 & 1 & 1 \\ a & b & c \\ a^2 & b^2 & c^2 \end{vmatrix}$;

(4) $\begin{vmatrix} x & y & x+y \\ y & x+y & x \\ x+y & x & y \end{vmatrix}$ 。

9-2 计算下列各行列式。

(1) $\begin{vmatrix} 4 & 1 & 2 & 4 \\ 1 & 2 & 0 & 2 \\ 10 & 5 & 2 & 0 \\ 0 & 1 & 1 & 7 \end{vmatrix}$;

(2) $\begin{vmatrix} 2 & 1 & 4 & 1 \\ 3 & -1 & 2 & 1 \\ 1 & 2 & 3 & 2 \\ 5 & 0 & 6 & 2 \end{vmatrix}$;

(3) $\begin{vmatrix} -ab & ac & ae \\ bd & -cd & de \\ bf & cf & -ef \end{vmatrix}$;

(4) $\begin{vmatrix} a & 1 & 0 & 0 \\ -1 & b & 1 & 0 \\ 0 & -1 & c & 1 \\ 0 & 0 & -1 & d \end{vmatrix}$ 。

9-3 已知线性变换 $\begin{cases} x_1 = 2y_1 + 2y_2 + y_3 \\ x_2 = 3y_1 + y_2 + 5y_3 \\ x_3 = 3y_1 + 2y_2 + 3y_3 \end{cases}$,求从变量 x_1 , x_2 , x_3 到变量 y_1 , y_2 , y_3 的线性变换。

9-4 已知两个线性变换 $\begin{cases} x_1 = 2y_1 + y_3 \\ x_2 = -2y_1 + 3y_2 + 2y_3 \\ x_3 = 4y_1 + y_2 + 5y_3 \end{cases}$ 和 $\begin{cases} y_1 = -3z_1 + z_2 \\ y_2 = 2z_1 + z_3 \\ y_3 = -z_2 + 3z_3 \end{cases}$,求从 z_1 , z_2 , z_3 到 x_1 , x_2 , x_3 的线性变换。

9-5 设 $A = \begin{pmatrix} 1 & 1 & 1 \\ 1 & 1 & -1 \\ 1 & -1 & 1 \end{pmatrix}$, $B = \begin{pmatrix} 1 & 2 & 3 \\ -1 & -2 & 4 \\ 0 & 5 & 1 \end{pmatrix}$,求 $3AB - 2A$ 及 $A^T B$ 。

9-6 计算下列乘积

(1) $\begin{pmatrix} 4 & 3 & 1 \\ 1 & -2 & 3 \\ 5 & 7 & 0 \end{pmatrix} \begin{pmatrix} 7 \\ 2 \\ 1 \end{pmatrix}$;

(2) $(1, 2, 3) \begin{pmatrix} 3 \\ 2 \\ 1 \end{pmatrix}$;

(3) $\begin{pmatrix} 2 \\ 1 \\ 3 \end{pmatrix} (-1, 2)$;

(4) $\begin{pmatrix} 2 & 1 & 4 & 0 \\ 1 & -1 & 3 & 4 \end{pmatrix} \begin{pmatrix} 1 & 3 & 1 \\ 0 & -1 & 2 \\ 1 & -3 & 1 \\ 4 & 0 & -2 \end{pmatrix}$;

(5) $(x_1, x_2, x_3)\begin{pmatrix} a_{11} & a_{12} & a_{13} \\ a_{12} & a_{22} & a_{23} \\ a_{13} & a_{23} & a_{33} \end{pmatrix}\begin{pmatrix} x_1 \\ x_2 \\ x_3 \end{pmatrix}$;

(6) $\begin{pmatrix} 1 & 2 & 1 & 0 \\ 0 & 1 & 0 & 1 \\ 0 & 0 & 2 & 1 \\ 0 & 0 & 0 & 3 \end{pmatrix}\begin{pmatrix} 1 & 0 & 3 & 1 \\ 0 & 1 & 2 & -1 \\ 0 & 0 & -2 & 3 \\ 0 & 0 & 0 & -3 \end{pmatrix}$。

9-7　设 $A = \begin{pmatrix} 1 & 2 \\ 1 & 3 \end{pmatrix}$, $B = \begin{pmatrix} 1 & 0 \\ 1 & 2 \end{pmatrix}$, 问:

(1) $AB = BA$ 吗?

(2) $(A+B)^2 = A^2 + 2AB + B^2$ 吗?

(3) $(A+B)(A-B) = A^2 - B^2$ 吗?

9-8　求下列矩阵的逆矩阵。

(1) $\begin{pmatrix} 1 & 2 \\ 2 & 5 \end{pmatrix}$;

(2) $\begin{pmatrix} \cos\theta & -\sin\theta \\ \sin\theta & \cos\theta \end{pmatrix}$;

(3) $\begin{pmatrix} 1 & 2 & -1 \\ 3 & 4 & -2 \\ 5 & -4 & 1 \end{pmatrix}$;

(4) $\begin{pmatrix} 1 & 0 & 0 & 0 \\ 1 & 2 & 0 & 0 \\ 2 & 1 & 3 & 0 \\ 1 & 2 & 1 & 4 \end{pmatrix}$;

(5) $\begin{pmatrix} 5 & 2 & 0 & 0 \\ 2 & 1 & 0 & 0 \\ 0 & 0 & 8 & 3 \\ 0 & 0 & 5 & 2 \end{pmatrix}$;

(6) $\begin{pmatrix} a_1 & & & \\ & a_2 & & 0 \\ 0 & & \ddots & \\ & & & a_n \end{pmatrix}$ $(a_1 a_2 \cdots a_n \neq 0)$。

9-9　解下列矩阵方程。

(1) $\begin{pmatrix} 2 & 5 \\ 1 & 3 \end{pmatrix} X = \begin{pmatrix} 4 & -6 \\ 2 & 1 \end{pmatrix}$;

(2) $X\begin{pmatrix} 2 & 1 & -1 \\ 2 & 1 & 0 \\ 1 & -1 & 1 \end{pmatrix} = \begin{pmatrix} 1 & -1 & 3 \\ 4 & 3 & 2 \end{pmatrix}$;

(3) $\begin{pmatrix} 1 & 4 \\ -1 & 2 \end{pmatrix} X \begin{pmatrix} 2 & 0 \\ -1 & 1 \end{pmatrix} = \begin{pmatrix} 3 & 1 \\ 0 & -1 \end{pmatrix}$;

(4) $\begin{pmatrix} 0 & 1 & 0 \\ 1 & 0 & 0 \\ 0 & 0 & 1 \end{pmatrix} X \begin{pmatrix} 1 & 0 & 0 \\ 0 & 0 & 1 \\ 0 & 1 & 0 \end{pmatrix} = \begin{pmatrix} 1 & -4 & 3 \\ 2 & 0 & -1 \\ 1 & -2 & 0 \end{pmatrix}$。

9-10　下列矩阵的秩,并求一个最高阶非零子式。

(1) $\begin{pmatrix} 3 & 1 & 0 & 2 \\ 1 & -1 & 2 & -1 \\ 1 & 3 & -4 & 4 \end{pmatrix}$;

(2) $\begin{pmatrix} 3 & 2 & -1 & -3 & -2 \\ 2 & -1 & 3 & 1 & -3 \\ 7 & 0 & 5 & -1 & -8 \end{pmatrix}$;

(3) $\begin{pmatrix} 2 & 1 & 8 & 3 & 7 \\ 2 & -3 & 0 & 7 & -5 \\ 3 & -2 & 5 & 8 & 0 \\ 1 & 0 & 3 & 2 & 0 \end{pmatrix}$。

9-11　解下列齐次线性方程组。

(1) $\begin{cases} x_1 + x_2 + 2x_3 - x_4 = 0 \\ 2x_1 + x_2 + x_3 - x_4 = 0 \\ 2x_1 + 2x_2 + x_3 + 2x_4 = 0 \end{cases}$;

(2) $\begin{cases} x_1 + 2x_2 + x_3 - x_4 = 0 \\ 3x_1 + 6x_2 - x_3 - 3x_4 = 0 \\ 5x_1 + 10x_2 + x_3 - 5x_4 = 0 \end{cases}$;

$$(3) \begin{cases} 2x_1 + 3x_2 - x_3 + 5x_4 = 0 \\ 3x_1 + x_2 + 2x_3 - 7x_4 = 0 \\ 4x_1 + x_2 - 3x_3 + 6x_4 = 0 \\ x_1 - 2x_2 + 4x_3 - 7x_4 = 0 \end{cases};$$

$$(4) \begin{cases} 3x_1 + 4x_2 - 5x_3 + 7x_4 = 0 \\ 2x_1 - 3x_2 + 3x_3 - 2x_4 = 0 \\ 4x_1 + 11x_2 - 13x_3 + 16x_4 = 0 \\ 7x_1 - 2x_2 + x_3 + 3x_4 = 0 \end{cases}°$$

参 考 文 献

［1］同济大学数学系.高等数学[M].7 版.北京：高等教育出版社,2014.

［2］同济大学数学系.微积分[M].3 版.北京：高等教育出版社,2011.

［3］金路,童裕孙,於崇华,等.高等数学[M].4 版.北京：高等教育出版社,2016.

［4］秦侠,吕丹.医用高等数学[M].7 版.北京：人民卫生出版社,2018.

［5］同济大学数学系.工程数学——线性代数[M].6 版.北京：高等教育出版社,2014.

［6］上海交通大学数学系.线性代数[M].3 版.北京：科学出版社,2014.

［7］卓金武,王鸿钧.MATLAB 数学建模方法与实践[M].3 版.北京：北京航空航天大学出版社,2018.

［8］吴军.数学之美[M].2 版.北京：人民邮电出版社,2014.